JN004785

ゲーム作家として生きていくための「めんどくさいこと」の極意

インディーゲーム サバイバルガイド

著：一條 貴彰　監修：PLAYISM

技術評論社

はじめに

まずは本書を手にとっていただき、ありがとうございます。表紙のイラストと『インディーゲーム・サバイバルガイド』という書名から、これがインディーゲーム開発者向けの書籍であることは気づいてもらえたかと思います。本書の対象者と目的についてお話します。

本書の意図と対象読者

本書は、個人または少人数チームによるゲーム開発プロジェクトのための本です。まずは書籍の意図についてご説明します。

本書は、すでにゲーム開発の活動をはじめており、**プログラムコードを書いている**か**ゲーム開発エディタを使ってみずからゲームを開発し**、そのゲームを配信して収益をあげようと考えている人に向けた本です。本書では、ゲームデザインやゲームの企画、アイデアの出し方など、「ゲームの面白さ」を作ることについては解説しません。それ以外の、「つまらないけれど、必要な活動」についてまとめた本です。必要な活動とは、大きく分けて「ゲームを完成させる」「ゲームを知ってもらう」「ゲームを配信する」「ゲーム開発を継続する」の4つです。それぞれのカテゴリについて順番に紹介し、いまゲームを作りはじめている個人や小規模チームが、その作品で売上を得ていくまでを目指します。そのため機能の実装に関しても記述しており、開発を外注したり実装担当を別に雇う予定だったりする人のための本ではありません。自発的に企画を考え、自分の手でゲームを作っている開発者のために書かれています。また、本書では創作の**持続性**（**サステナビリティ**）も重要視しています。ひとつの作品を完成させるだけでく、「作品からどのように収益を得て、どのように次作につなげるか」といったことも視野に入れて解説します。

本書の解説範囲と活用方法

本書は、ゲーム開発で収入を得て活動を続けたいという方に役立つ知見を、**フックとなる範囲に絞って**提供します。なにかの手続きや解法となる「答え」がすべて書いてあるわけではありません。「気をつけるポイント」の紹介、確認すべき情報のソースや、相談すべき専門家への道筋を中心に紹介しています。なぜなら、ゲームにおける個別の機能実装やストアのルールなどは日々更新されており、文書化してもすぐに古くなってしまうからです。

また、本書で紹介しているノウハウをすべてこなす必要はありません。あなたが開発しているゲームジャンルや、狙っている市場、あなたのポリシーやスキルよって、活用できることは異なります。本書に書いてあることを無闇に実行する前に、「これはいまのプロジェクトに本当に必要なのか」を常に考えていただけると嬉しいです。やったことがむしろ時間の無駄になる可能性だってあるのです。

本書で紹介している手法は、より多くのプレイヤーがあなたのゲームを遊んでくれる可能性を高めるものですが、ゲームの成功にはえてして運の要素が大きく絡みます。すべての準備を完璧にこなしたとしても、残念ながら売り上げが開発にかけた労力に釣り合わないこともあります。

基本的にゲーム開発は「自由」

本書はゲームで収入を得て生活したい開発者に向けて書かれていますが、そうではないゲーム開発のスタイルを否定するものではありません。週末限定で趣味としてゲームを作って楽しむことも、もちろんあなたの自由です。「イベント出展」「ファンコミュニティ」など、趣味としてゲーム開発を楽しむ方にも役立つ情報がたくさんあります。

ゲーム制作にかけるモチベーションや思いは開発者それぞれで異なっており、そこに優劣はありません。「特定のファン層にだけ小さく届けたい」というスタンスもあれば、「Web上でフリーゲームとして公開して創作活動を楽しみたい」というスタンスもあるでしょう。本書で紹介しているゲーム開発活動の事業化は、単なるひとつの選択肢です。筆者自身、全員がこうなるべきとは考えていません。

ただ、あえて筆者の気持ちを言うならば、「公開しなかったゲーム」は誰の心も動かせませんから、どんな形でもいいのでプレイヤーに届けるまでを頑張ってもらえると嬉しいです。本書のノウハウを参考に、お蔵入りの回避率を上げてもらえれば幸いです。

つまらない作業が必要な理由

ゲームを完成させて販売するためには「予算管理」「販売プラットフォームへの対応」「宣伝素材の制作」「展示会の出展とアワード獲得」「メディア対応」など、多大な準備と努力、学習が必要です。それらの作業はたいていはつまらないものです。なぜそれらが必要なのでしょうか？

野菜を育てることを考えてみましょう。まず、販売を目的とせず趣味として野菜を育てる道として、家庭菜園というやり方があります。週末に楽しく育てながら、うまくいけば自分や知人の食卓の彩りになるでしょう。小さな鉢でベランダで育て、最悪腐ってしまっても経済にダメージはないはずです（精神的なダメージはもちろんありますが……）。

一方、職業としての農家にとって野菜の販売量は収入に関わってきます。野菜をしっかり育てることのみならず、品種や育成方法についての知識、機材の購入と維持、販路の確保、近隣農家との協力、業界団体とのやりとりなど、「野菜を育てること」以外の仕事をこなさなくては収入が得られません。野菜にブランドをつけるためにアワードの獲得を目指したり、物産展に出展したりといった戦略も必要です。それによって多くの人に育てた野菜を味わってもらえますし、もしかしたらそれが野菜業界を変えるかもしれません。

本書では、こうした活動の「インディーゲーム版」とも言えるノウハウをまとめています。自分の作品を世界中の人に遊んでもらうには、そしてそれを本業として続けるために、生きるために必要な収入を得るには、なにが必要なのでしょうか？

ゲームに実装しなければならない機能がある理由

ゲームを完成させるためには、「ゲームそのものの面白さとは関係ない機能」の制作が不可欠です。この機能は大きく3つに分類できます。

第一には、プレイヤーがゲームを快適に遊ぶために必要な機能です。プレイヤーにゲームに没頭してもらうためには、チュートリアルや各種オプション設定の提供、メニューやセーブシステムの快適さなどは欠かせません。これらの機能がおろそかになっていると、体験版や試遊の時点で興味を失ってしまったり、購入後に遊び続けてくれなくなったりするかもしれません。

第二には、特定のゲーム販売ストアにリリースする際に、必須あるいは推奨とされている機能です。たとえば、Steamの場合は「実績」機能の実装が推奨されています。また、なんらかの画像素材やフォントを使用したときにゲーム内に権利表記画面が必要になったり、個人情報保護に関する表記が必要になったりといったケースがあります。

第三には、プロジェクトが破綻してしまわないための予防策としての機能です。翻訳データをすぐに反映できるシステム、修正した箇所をすぐに確認できるデバッグ機能、大量の画像・音声素材の管理を補佐する機能などがこれにあたります。なるべく自動化されたワークフローを導入し、単純作業であなたの大切な創作時間が減ってしまうことを防げます。

これらの機能の実装やワークフローの導入が、ゲームを完成させ、より多くのプレイヤーに遊んでもらうために必要なのです。

宣伝が重要である理由

宣伝が重要な理由はシンプルです。宣伝しなければ、誰もあなたのゲームを知らないままだからです。ゲームの溢れる現代において、ただストアに置いただけではあなたのゲームはほぼ見つけてもらえません。宣伝活動を行い、より多くの人にゲームのことを伝え、興味を持ってもらうことで、より多くの人がプレイヤーになってくれる可能性が上がります。ゲーム開発そのものに集中したい気持ちはわかりますが、良いゲームを作っただけでは売れません。逆に言えば、多くの人に遊んでもらうことを目的としていないならば、宣伝はしなくともかまいませんし、それは開発者の自由です。

本書ではゲームの面白さについて触れませんが、あなたが作っているゲームはきっとすばらしいものでしょう。一方、そのすばらしさにプレイヤーがたどり着くまで、大量の作品のなかから画像を見てもらい、名前を知ってもらい、実際に購入してもらうまでのハードルはたくさんあります。それらをひとつひとつ取り除いていかなくてはなりません。

ゲームで収入を得る理由

ゲームで収入を得る理由は、自身のクリエイティビティで対価を得て生活し、次の作品を作っていくためです。本書は「ゲームの創作で収入を得て生活し、創作活動を続けたい」という開発者向けに書かれています。逆に言えば、「十分な収入を得なければならない」などという必要はありません。筆者は、ゲーム開発をする個人や小規模チームすべてに対して「全世界で大ヒットするゲーム開発者を目指そう！」と言いたいわけではありません。大ヒットすればもちろん嬉しいですが、そうそうたやすくヒットは目指せません。ゲームが大量に生まれるいま、ゲームビジネスは、周到な準備と資金調達、優秀なメンバーの集結、大きな宣伝予算、そのうえに「運」まで乗ってやっとヒットが成しうるかどうか、という世界になっています。

本書ではそういった大ヒットを目指すビジネスではなく、「あなたのゲームの売上であなたが生活していける範囲で続ける」ということをコンセプトにしています。「個人または数人のチームが、自己資本で、関係各社とやりとりしながら、1～10万本販売ぐらいを目指す」というのがモデルケースです。「ゲームの開発者が活動を継続しながら、文化的な暮らしも続けられるためにはどうしたらいいか」という観点が主軸となっています。

本書の構成

本書では、まずインディーゲームの成り立ちを紐解きながら、開発者としてどのようにキャリアを積むべきかを説明します。次に「ゲームを完成させる」ために必要なシステム面の要件と、翻訳やイラスト素材の発注について解説します。そして、「ゲームを知ってもらう」ために必要な宣伝活動と「ゲームを配信する」ために必要なストアルールや法律、パブリッシャー契約などを紹介します。最後に「ゲーム開発を継続する」ためのイベント出展やファン活動、継続的に収入を得ることについて解説します。そして、8人の開発者と開発者コミュニティ運営から、インディーゲーム開発に取り組むうえで重要なことについてのインタビューを掲載しています。

本書は全体をインディーゲームパブリッシャーであるPLAYISMに監修いただいているほか、第3章のプレスリリースに関する情報はゲームライターである一筆社の秦亮彦氏に、第5章のSNS活用、イベント出展、ファンとの交流については『Strange Telephone』を開発したゲーム作家のyuta氏に、それぞれ執筆協力をいただいて構成しています。

これから紹介する内容は、ゲームの面白さと直接関係がないものばかりですし、もしかしたら「こんなにやることがあるのか」と絶望してしまうかもしれません。しかし、今後の活動に取り入れていくことで、あなたのゲームのファンをひとりでも増やすことにつながります。あなたがゲームという自己表現で、ひとりでも多くの人を笑わせたり、感動させたり、人生を狂わせたりしてほしい。そういう気持ちで本書を書いています。開発の合間に読み進めていただき、あなたが生み出したゲームで世界中のゲームファンを楽しませましょう！

インディーゲーム・サバイバルガイド

目次

第4章

第5章 ゲーム開発を「継続する」ために必要なこと

第1章

誰でもゲームを全世界へ販売できる時代

インディーゲーム、ゲーム文化の発信チャネル

あらためて、インディーゲームとはなんでしょうか。また、なぜその文化が勃興し、今日の発展があるのでしょうか。

本書における「インディーゲーム」とは

あなたは「インディーゲーム」という言葉からどんなイメージを思い浮かべますか？ 小規模、独創的、野心的、チャレンジング、創造性、作りたいものを作る……人によってイメージはさまざまあるでしょう。実際、インディーゲームという言葉には明確な定義がありません。広義には「小規模で独創的なゲーム」と言われています。

本書における定義

本書では便宜上、次のように定義します。

- プロジェクト発案者が中心的にプログラムを書くまたはゲームエディタを操作する
- プロジェクト開始時は自己資本が中心となっている
- 開発者が表現したいことを重視する

プロジェクトによっては、発案者・中心人物がアーティストやプロデューサーで、実際の開発は外注したり、あとからプログラマーを雇用したりするケースもあるでしょう。本書においては、それを「通常のゲーム開発の事業」とみなして、テーマから意図的に除外しています。本書の実際の内容に鑑みても、みずから実装を行う人物が読むことを前提とした解説が多くを占めています。このように本書では、個人または小規模チームで実際に手を動かしてゲームを作るスタイルを「インディーゲーム」としています。

また、本書ではゲームが「開発者が表現したいこと」であることを最も重視しています。「このジャンルが一番売れているから」「社長がこんなゲームを作れと言ったから」などの動機ではじまったプロジェクトについても、「通常のゲーム開発の事業」と見なします。業務ではなく、自己表現としてのゲー

ム開発が本書の対象です。

ただしプロジェクトによっては、表現したいことを実現するためにゲームのジャンルをマーケティング的なアプローチで決めたり、ゲームの収益を考えていくにあたってプレイヤーの分析によって課金や広告収入を改善していったりというスタイルももちろんあります。

本書での定義は以上となりますが、インディーとしての活動にはライセンスのようなものはありません。筆者は誰でもインディーを名乗ってもよいと考えています。30人の開発チームを有し、大型の資金援助を受けている有名クリエイターでも、その人が「私はインディー」と名乗ればそれはインディーになります。端的には、インディーはゲームのマーケティング的な見せ方の一つになってしまったといえます。本書のタイトルは「インディーゲーム・サバイバルガイド」ですが、「インディー」という言葉の意味は実は人によって主張が異なるのです。

インディーゲーム？　インディー「ズ」ゲーム？

雑誌やWebの記事では、「インディーズゲーム」のように途中に「ズ」が入る表記が時折見受けられます。しかし、これは和製英語であり、ヘンな英語になってしまっているため、利用は推奨しません。本来の英語では「Indie」「Indie game」「Indies」「Indie games」のいずれかですので、複数系で呼びたいならインディーズかインディーゲームズとなります。音楽分野で「インディーズ」という言葉があるため、このような誤表記ができてしまったものと思われます。

インディーゲームが広まった理由

今日のゲーム産業においては、「インディーゲーム」が大きな存在感を示しています。ここまでインディーゲームが世界中で広まった理由はなんでしょうか。そして、これからどうなっていくのでしょうか。

開発環境のコモディティ化

まず、Unity、Unreal Engine 4など高性能なゲームエンジンやツールが、小規模なチームであれば無料で利用できるようになったことが挙げられます。かつては、ゲームの開発技術は開発会社の重要な資産であり、表に出ることも少なかったようです。また、ゲームエンジンも高額なものでした。こうした開発環境のコモディティ化は、インディーゲームの作り手が増加した大きな要因として挙げられるでしょう。

さらには、ゲームそのものの開発だけではなく、作曲ツールや3DCG制作ツールの低価格化も、インディーが広まった遠因といえます。

ゲームはダウンロード販売が一般的に

かつてPCゲームはCD-ROMやフロッピーディスクなどでの物理メディア販売で流通していました。その後90年代後半ごろからインターネットが普及していくにつれ、オンラインでゲームを公開する開発者が現れてきました。日本ではここから、「Flashゲーム」や「フリーゲーム」と呼ばれるゲーム文化が花開くことになります。

そして、PC向けのダウンロード販売プラットフォームとしてSteamが登場しました。はじめのうちは選ばれたタイトルのみが配信できましたが、やがて少ない費用で誰もがゲームの公開に向けた審査に提出できるようになりました。今日ではitch.ioやGOG.com、Humble Store、Epic Games Storeなどさまざまな PCゲームストアがありますが、Steamは2021年現在においてもプレイヤーからのトップレベルの知名度を持ち、インディーゲームのリリース先としてほとんどの場合Steamが選ばれます。

家庭用ゲーム機参入の障壁が小さく

ダウンロード販売が一般化するまでは、家庭用ゲーム機向けゲームの販売には特定のゲームプラットフォーム専用のカートリッジや専用ディスクを生産委託するための資金力が必要でした。 その状況を大きく変えたのはXboxです。2000年代の後半ごろ、Xbox 360のサービスとして「Xbox Live Indie Games」というストアが存在していました。このストアでは誰もが配信に向けた審査にゲームを提出でき、その審査には開発者どうしで行う「ピアレビュー」の形式がとられていました。

一方のPlayStationプラットフォームでは、PlayStation Vita向けの

「PlayStation Mobile」というサービスが存在しており、このサービスにおいても個人で開発したゲームが販売できるしくみがありました。

現在はどちらのサービスも終了しましたが、個人が家庭用ゲーム機向けのゲームを販売できる可能性が開けた、黎明期だったといえます。

そして2021年現在において、家庭用ゲーム機でのゲーム販売のハードルは大きく下がっています。詳しくは第4章の「家庭用ゲーム機への展開」を参照してください。

スマートフォンの登場

家庭用ゲーム機での変革と同時に、別のデバイスによる大きな変革が起きます。スマートフォンです。スマートフォンの登場により、ゲームが動作する小型端末をほぼすべての人が所有することになりました。そして、アプリのダウンロード販売ストアがそれらのスマートフォンに搭載されることによって、数千〜数万円の登録料を払えば誰でも全世界に向けてゲームを公開できるようになるという大きな変化が起きたのです。

ただし後述するように、スマートフォンはその「老若男女問わず持っている」特徴がゲームデザインの制約にもなっています。

作家性が発揮しにくいゲームビジネスの台頭

PCや家庭用ゲーム機で多くの販売本数を誇る莫大な予算のかかった「AAA（トリプルエー）」と呼ばれるゲームでは、多いときは1,000人以上でひとつのゲームを作ります。そうなると、ひとりが担当できる部分は非常に限られてしまうため、たとえ制作に参加しても「これは自分の作品だ」とは感じづらいでしょう。キャリアを積んでプロジェクトを統括するプロデューサークラスになればよいかもしれませんが、それには長い時間と運、そして開発技術とは別のセンスが必要です。

他方のスマートフォン用ゲームにはまた別の問題があります。スマートフォンは老若男女が持つ端末です。誰にでもゲームが提供できるのはたしかですが、裏を返せば娯楽の中でゲームの優先度がそれほど高くない人も視野に入れたゲームビジネスを構築しなくてはならないともいえます。

さらには、毎週・毎月のゲーム内イベントを提供しデジタルアイテムの販売で課金を行う「運営型ゲーム」が登場し、ゲームビジネスの中心を占めるようになりました。こうなると作品というよりも継続的な「サービス」としての側面が重要視されるようになります。もちろんすべてのゲーム開発会社がこの路線に変わったわけではありませんが、会社に所属して作ることのできるゲームは、運営型ゲームである可能性が大きいでしょう。これは日本に限らず、世界的にそうなっているといえます。

こうした事情により、開発現場と自身のクリエイティビティが噛み合わなくなった開発者が独立したり、学生のうちからゲームの開発・販売を重ねていき、そのまま作家として自立したりといったケースが少しずつ増えつつあります。

大学生がNintendo Switchのゲームを出せる時代

2019年12月、日本のインディーゲームにおいて大きな瞬間がありました。当時大学1年生であったゲーム開発者のmumimumi氏が、パブリッシャー「Play, Doujin!」を通じてオリジナル作品『モチ上ガール』をNintendo Switch向けにリリースしたのです。彼はこれまでもさまざまなジャンルの作品を20作ほどフリーゲームとして公開していた「ベテラン」でしたが、それでも家庭用ゲーム機への進出は驚きをもって受け止められました。

彼の活躍が見せたのは、キャリア、技能、年齢に関係なく、手を動かしている者が活躍できる時代になってきているということです。ゲーム開発者としてのキャリアは「目指す」ものではなく、手を動かしている学生は作品をコンスタントにリリースして力をつけ、収入を得て独立していきます。新しいゲームのムーブメントは個人・小規模の開発者からもやって来る時代になったのです。

インディーゲームはこうしたさまざまな背景によって広がり、今後も開発者の数は増加し、ツールやパブリッシングなどでインディー活動のサポート事業を行う企業の数も増えていくと筆者は考えています。

ゲーム作りをどうはじめて、どう続けていくのか

このように誰もがゲーム開発者になれる世の中ではありますが、ゲーム開発者になったからといってゲームの販売だけで生活していけるわけではありません。あなたはゲーム開発を通じてなにを表現したいのでしょうか。そのためには、どんな経験が必要なのでしょうか。

まずはゲーム開発の経験を積む

ゲーム開発者は目指すものではなく、ゲームを作りはじめた瞬間からあなたは開発者です。開発者となったあなたは、まず以下のようなステップで小さな作品を完成させるところからスタートしましょう。

なにをしたいか、なにを目指したいのかを分析する

はじめに、あなたはゲームを通じてなにがしたいかを考えてみましょう。「自分の世界観を見せたい」「斬新なゲームシステムのアイディアで勝負したい」「ジャンルへの愛を作品制作で表現したい」など、ゲーム作りをはじめるきっかけに立ち返り、言語化しておきましょう。ゲームを通じてなにがしたいのかを分析することで、挑むべきプラットフォームや作品制作のスタイル、学ぶべき範囲が定まってきます。

はじめから大きなものを目指さず、基礎力をつける

インディーゲームの開発を行うには、プログラミングの学習またはゲーム開発ツールの習得が必須です。UnityならばC#コーディング、Unreal Engine 4ならブループリントの使い方を時間をかけて学んでいく必要があります。ゲーム開発の初期段階では夢が広がりますが、よく言われるように、はじめから長大な作品を作ることはできません。なぜならば、大きなプロジェクトは制作の見通しがつかずに挫折してしまうからです。コツは「作るゲームの規模感をだんだん大きくしていく」ことです。

とはいえ、自分が作りたくないものを作ってもしかたがありません。どう

しても壮大な作品を作りたいと考えるならば、たとえば「その世界観の『スピンオフ』のような立ち位置のミニゲームを作ってみる」と考えてみてはどうでしょう。ゲームの世界観を構成する重要な最初の一歩として、サブキャラクターの物語、序章、作中で流行っているゲームであると位置付けるなど、ゲームの世界観を構成するための最初の一歩と考えることでモチベーションを高めるとよいでしょう。そのときに練った設定や画像素材、楽曲などは、ゴールである大作への礎になります。

いくらスキルと経験を順調につけたとしても、自分のやりたいことが100%入ったゲームを作れることはほとんどありません。リリース時にはどこかに必ず悔いが残ります。ゲーム開発を長く続けていくことで、その理想に少しずつ近づいていきましょう。

ゲーム開発開始から配信までを1回経験する

最低限の開発力が身に付いたら、次は最低1本、ゲームを配信して、広告または有償での販売によって収入を得ることにチャレンジしましょう。その際、プロジェクトは小さければ小さいほどよいです。筆者のはじめてのゲームはワンタップ操作かつ1分で終わるスマートフォン用のゲームでした。収益化の方法はバナー広告です。配信からしばらくして、18円の収益が出ました。これではまったく生活できませんが、配信までの経験を積んだことでたくさんの学びを得られました。

また、もしあなたが最初からチームでゲームを開発しているなら、この「ゲームの開発から販売までを1回経験する」ことによって、そのチームが機能するかどうか、弱点はないかを体感できます。インディーゲーム開発をバンドにたとえるならば、「アルバムを作る前にまず1回セッションしてレコーディングしてみようか」といえばわかりやすいでしょうか。

さらに、ゲームの配信に関わる手続きに関する「クセ」をあらかじめ知っておけることも重要です。アプリストアやSteamでゲームを配信する際、いきなり命運をかけたプロジェクトで挑戦してしまうと、致命的なミスによって大きな金銭的ダメージを受けかねません。まずは小さめのプロジェクトで試して、慣らすことでコツを学びましょう。予期せぬ不具合や見落としを急いで修正したり、申請やシステムの都合で1日待たされたり、サポートと英語でやり取りするなどの苦労をまずは小型プロジェクトで経験するのです。そうした体験から得られるのは、「ゲーム開発では、なんでも想像の3倍の時間と手間がかかる」という知見です。開発開始から配信までを短く体験することで、さまざまな手続きや準備ににかかる時間の感覚を養うことができるのです。

自分がゲーム開発にどれだけ集中できるか確認する

仕事や学業を休んでゲーム開発を一日中続けたいと思っているならば、なにも予定がない1日をまるまる使って実際に取り組んでみましょう。土日があったとして、あなたはゲーム開発に8時間×2セット全部投入できましたか？ 連休にどのくらい進捗しましたか？ ごく一部の集中力が優れた開発者ならば丸一日集中して開発ができるとしても、世の中の8割の人は「集中して作業できない」時間がほとんどになってしまうだろう、というのが著者の持論です。自分がどのくらい集中できるかを知っておくことで、開発日数の見積もりがより正確になります。

徐々にゲームのサイズを大きくする

はじめてゲーム作りにチャレンジする人は、まずはプレイヤーが入力できる要素がひとつだけで完結する「ワンボタン・ワンアクションゲーム」を個人で作ることをお勧めします。すなわち、なにか箱をよけたり、ジャンプで穴をよけたりするようなゲームで、ゲームのスタートからエンド、リトライまでが入った作品です。次に、もう少しそのゲームを発展させて、「難易度が上がっていく」「ステージ制にする」「途中から操作できることが増える」など、ゲームの進行によって内容を変化させてみましょう。

たくさんの小さなゲーム作りを重ねていき、ユニークなものができたと感じたら、次は「マネタイズ」を意識します。有料で販売するか、アプリストアなら広告をつけて無料で公開するという選択肢もあります。ゲームのサイズが小さいうちから収益を意識することで、大きなプロジェクトに取り組んだ際のマネタイズの失敗を減らせます。

そうやって完成したゲームが増えてきて、少しでもお金が入るようになったら、もっとプレイ時間が長いゲームを作ってみましょう。ストーリー要素ややり込み要素の追加など、徐々にゲームのサイズを大きくします。
そのあとは、個人でゲームを作り続けるか、チームを組むかを選んで、作品制作活動を続けていきましょう。チームを組む場合、あなたの手元にある、完成させたたくさんの小さなゲームは、人を誘うときの実績と信頼の証になります。

締め切り駆動で基礎力をつける

個人や小規模なチームでのゲーム開発は、締め切りを延ばそうと思えばいくらでも延ばせてしまいます。そこで、オンラインコンテストや、後述するゲームジャム（開発者どうしでチームを組み、2日間などの短期間でゲームを開発するイベント）に参加することで、「締め切り駆動」の開発ができます。短い期間でゲームを作らなくてはならないため、プロジェクト開始から完了までを小さく抑えるための取捨選択が生じ、「ゲームを完成させる」ための基礎力が付きます。ただし、締め切り駆動は「非人道的な」スケジュールになりがちなので、心身の健康維持には気を付けましょう。

動くものができたら、遊んでもらおう

「これが私の作品です」と見せられるものができてきたら、まずは学友やSNS上でつながりのある人など、身近な人に遊んでもらうといいでしょう。その後、Webで公開したり、ゲーム開発者向けのコミュニティに参加してみて、経験を積むことをお勧めします。

Web上で公開する

はじめてのPCゲーム公開にお勧めのサイトは「itch.io」です。これは、誰でも登録できるゲーム販売ストアで、PWYW（Pay What You Want）、すなわち購入者が価格を決める形式で公開できます。もちろん、無料での公開も可能になっています。無料公開でも、プレイヤーが任意で支払い料金を上乗せできます。Steamなどそのほかのストアでの販売については第3章で紹介します。

itch.io
https://itch.io/

ゲームジャムに参加する

次に小さな作品をたくさん作ってゲーム開発の経験を積むために、各種ゲームジャムに参加するのもお勧めです。最近はひとりで参加できるゲームジャムも多くあり、ゲーム開発に役立つ製品がスポンサーから贈られることもあります。かつては実地イベントも多かったのですが、昨今はほとんどがオンラインです。日本では、Unityユーザー向けの「Unity 1週間ゲームジャム」や、Unreal Engine 4ユーザー向けの「UE4ぷちコン」内でのゲームジャムイベントなどが例として挙げられます。

Unity 1週間ゲームジャム
https://unityroom.com/unity1weeks

UE4ぷちコン
https://historia.co.jp/ue4petitcon/

こうしたオンラインイベントを通じて開発した作品は、ほとんどの場合Webで公開されます。なお、ゲームジャムは世界各国で開催されています。itch.ioでは大量のゲームジャムが開催されており、多種多様なテーマの作品公募があります。

Game Jams on itch.io
https://itch.io/jams

実際にアクセスしてみるとわかるとおり「百合ゲームジャム」「ゲームボーイゲームジャム」「初挑戦者ゲームジャム」「1分間ホラーゲームジャム」など、本当に幅が広いです。自分の興味と近いゲームジャムを見つけて、ぜひ参加してみましょう。

ゲーム開発者コミュニティに参加する

「コミュニティに参加する」ことは、なにも「友達をたくさん作ろう！」という意味ではありません。コミュニケーション能力は関係なく、同じ志のある仲間とのつながりを作ることに意味があります。コミュニティに参加することで得られる恩恵は、ゲームのフィードバックを得られることや、開発や販売に関する悩みを相談する相手がいること、コンテストや展示会などこの先の展開に役立つ情報を得られることです。もちろん、ひとたび作品がストアに並べばライバルでもあります。

以前はオフラインで開催されるゲーム開発者のコミュニティイベントもありましたが、新型コロナウイルスの影響により、多くがオンラインコミュニティに移行しています。

asobu Discord
https://discord.gg/asobu

Unityゲーム開発者ギルド
https://unity-game-dev-guild.github.io/

また、SlackやDiscordなどのチャットツールで、独自の少人数コミュニティを作ることもお勧めです。イベントで知り合った同ジャンルの開発者や、同じツールを使っている者どうしでチャットサーバーを立てるとさまざまな情報交換の場になります。

コミュニティ参加における注意点

コミュニティは開発者のための場所ですので、自分が作っているゲームを見せられる状態になってから参加することが重要です。なにも見せられるものがない状態でコミュニティに飛び込むことは危険で、「なにかの勧誘か、営業行為かな？」と警戒されてしまいます。キャラクターが単なる四角や丸の状態でもかまわないので、なにか自分で作った動くものがあることがコミュニティに関わる第一歩です。有名なインディーゲーム開発者が来場することもあり、負い目に感じるかもしれませんが、しっかりと自分の手で作っている作品を見せて説明できれば、それがあなたの肩書代わりとなります。

また、大小さまざまなゲーム開発者向けコミュニティがありますが、トラブルを避けるために運営主体をよく確認してから参加しましょう。インディーゲーム開発者向けコミュニティを謳いながら、実際は企業案件に斡旋する開発者のリクルート目的だった、などということもありえます。

どんな順番でキャリアを積んでいくべきか?

ゲーム開発をはじめたあとは、どのようにして開発者としてのキャリアを積んでいくべきでしょうか。

無計画に学業や仕事を辞めない

ゲームが作れるようになってきたことと、「それで食べていけるかどうか」は別です。本書を選んでくださった、ゲーム開発の道を歩みはじめているみなさんにまずお伝えしたいのは、「いまやっている仕事をいきなり辞めるな」ということです。「会社勤めだと自分の使える時間が足りない、辞職してゲーム作り一本で食べていきたい」と考える気持ちはよくわかりますが、筆者の聞くかぎりゲームのリリース経験がないまま辞めた人は辛い未来を進む可能性のほうが高いです。無鉄砲さ、無謀さがカッコいいなどと思うような惨めな人にならないでください。

作品を出し続け、ゲームの割合を高めていく

理想的なキャリアの第一歩は、すでに述べたようにPCやスマートフォンなどで小規模なゲームを1本完成させてリリースし、そこから少しでも収入を得ることです。しかし、収入が得られるようになったかといってすぐ専業化できるわけではありません。本業があるなら、ゲームからの収入がそれと並ぶぐらい大きくなってはじめて検討しましょう。ゲームに限らずITベンチャーもそうですが、「脱サラ」の憧れや成功像に惑わされてはいけません。

2021年現在の日本において、インディーゲームの開発・販売だけで生活している開発者はあまり多くありません。ほとんどの開発者には別の本業があったり、インディーゲームを本業としつつ、なんらかの副業を並行して収入を得たりしています。しかし、それは悪いことではありません。イラストレーターや漫画家と同じで、自己表現のために生活を維持することは重要です。筆者もインディーゲームの開発を行いつつ、副業も組み込んで日々の収入を得ています。「事業か趣味か」のゼロイチで考えるのではなく、その2つのバランスは人ぞれぞれであり、また状況に応じて割合が変わっていくものです。

起業するべきか?

結論から言えば、必要でないかぎりするべきではありません。どんなビジネスもそうですが、起業は手段であり、目的ではありません。作品作りの経験がたまってきた段階で、どうしても必要になったときに法人化しましょう。具体的には、「年間売上が1,000万円を超えた」「融資を受ける見通しがある」「法人でないとやり取りできない会社がある」「従業員を雇いたい」といった場合です。法人化に関するより詳しい情報は、第4章で紹介しています。

生きていなければゲームはリリースされない

自分の維持費を知れば、どのくらいゲームを売ればいいのか、どのくらい副業をすれば生きていけるかの戦略を立てられます。あなたが健康で文化的な生活を維持するには、毎月いくら必要でしょうか? 家賃、食費、光熱費などを計算して、無収入でどのくらい生きられるか考えてみましょう。

1作目が無事に完成したとしても、それがゴールではありません。その作品を単価いくらで売り、何本売る計画なのかを考え続けなくてはいけません。ゲームの販売価格はそのまま手元には入ってきません。Steamなどのストア利用料、そのほかのツールライセンスやパブリッシングなどを考えると、手元に入るお金はどんどん減っていきます。

独立はある程度収入のめどがついてからをお勧めしますが、やるならば最低でも2年間無収入でも暮らしていける貯金をしておくことが最善の道です。

私たちは動物で、霞を食べて生きていくことはできません。私は、あなたが無茶をしてしまうことで、あなたの内側にある情熱が世の中に出ずに消えてしまうことを一番恐れています。どうか無謀なことはせず、副収入や資金の獲得を考えながらゲームを作ってください。創作のためのお金を得る方法については、第5章の「ゲームの売上以外で活動資金を得る」で紹介しています。

学生のあなたに

学生の方がまず就職すべきかどうかについては、こちらも結論からいえば、就職すべきだと筆者は考えています。例外は、学生時代からSteamやアプリストアなどで作品をコンスタントにリリースし、すでに収益が出ている場合だけです。ゲームからの収入が十分でない場合は、一度ゲーム開発会社に勤めることをお勧めします。プログラマーやデザイナーとしての就職が難しそうであれば、ゲーム開発会社の広報や営業といった職で業界に加わるという道もあります。インディーゲーム開発者なれど、ゲーム産業の一員です。プラットフォーマーやゲーム開発ツールメーカーなどとの付き合いはゲーム開発会社と同様にありますから、そのときに業界で学んだことが大いに役立つでしょう。

インディーゲームに関する日本固有の特徴

日本のインディーゲーム開発者をとりまく環境には、諸外国と異なる特徴があります。優れた技術やアートスタイルを持つ個人・小規模のゲーム開発者がたくさんいる中で、業界の歴史や商慣習などの事情により、世界的なヒットにつながるチャンスを掴みにくい状況にありました。

開発者が自立しにくい状況

日本固有の問題としてあるのが、「行政・業界団体の支援不足」「ゲームに興味ある投資家、アクセラレーターが不在」「個人・小規模チームでのゲーム開発が事業としてあまり確立されいない」などです。これはひとえに、作品や文化としての「ゲーム」の認知度が低いことが根底にあると考えています。

また、インディーゲーム開発者のための支援団体がないことも問題のひとつです。イラストレーターやデザイナー業界など、個人の作家を有するほかの業界には、文芸美術国民健康保険の加入資格を提供したり、作家を毀損する事件があったときに抗議の声明を出したり、法的な側面をサポートしてくれたりするようなしくみがあります。一方、日本のインディーゲーム開発者が自由に加入できる、扶助のしくみをもつ団体はまだありません。

しかしながら、改善してきた部分もあります。2019年、インディーゲーム開発者のためのコミュニティー「asobu」が生まれました。また2021年には、日本のインディーゲーム開発者をサポートするインキュベーションプログラム「iGi indie Game incubator」がスタートしています（iGiについては、第5章で詳しく述べます）。まさにいま、日本のインディーゲーム開発者が成長するための土壌が整いつつあるのです。

同人ゲームとインディーゲーム

日本には1980年代から、個人や小規模チームでゲームを開発する「同人ゲーム（同人ソフト）」の文化があります。同人ゲームとインディーゲームはオーバーラップする部分がほとんどで、さほど違いはありません。強いて言うならば「活動の中心となる場」が相違点として考えられます。同人ゲームはコミックマーケットをはじめとした即売会が活動の中心で、インディーゲームの場合はSteamや家庭用ゲーム機のオンラインストアが主なリリース場所となっています。

ただ、最近はそれすら曖昧になってきており、開発者によってその心もちは多様です。これら「同人ゲーム」「インディーゲーム」を含め、日本にはさまざまな名前で呼ばれる小規模なゲーム開発者文化があります。このほかにも、「フリーゲーム」「ゲームアプリ系」といったカテゴリが考えられるでしょう。そして、それぞれのカテゴリ内でも「ホビイスト（趣味）」から「プロの作家」まではグラデーションがあり、一概に何派といえるような明確な違いはありません。

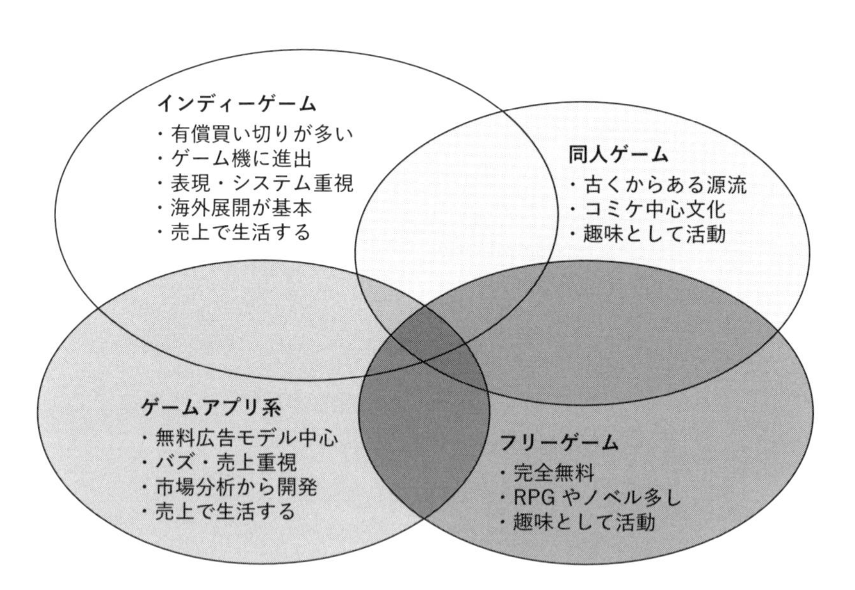

筆者個人としては「同人ゲームのほうが創作を楽しむ比重が大きいかな」「法人化や投資の話はインディーゲームのほうが多いかな」という感覚的な差はありますが、Steamで趣味全振りのゲームを販売している方もいますし、法人化した同人ゲームの開発チームもあります。いずれにしても、「ゲーム開発はほぼ趣味だけど少し収入がある」「ゲームの収入が大きいが趣味としてこだわった面もある」といったようにグラデーションがあり、相反するものではありません。どちらが良い悪いということはなく、大切にしていること、目指していることが開発者によって異なり、ときには作品ごとに変化することもあります。

海外展開の前に考えること

本書は海外も含めて広くゲームを販売したい方に向けた内容の比重が重めになっていますが、「全員が海外に展開していきましょう」と言いたいわけではありません。どんな市場に対して作品をリリースするかは、開発者の自由です。

日本国内のゲームファンだけでも大きな市場がありますから、個人が生きられるだけの売上を立てられる可能性はあります。

そして海外への展開は、単にゲームを翻訳してストアに置くだけでは終わりません。世界中のゲームファンから毎日届く質問や問い合わせ、バグ報告に答えていく体力と、英語ベースでの文書コミュニケーション能力が必要になります。「誰でも全世界へ販売できる時代」といっても、リリースが物理的に可能なだけであって、世界のゲームファンに良いかたちで作品が届けられる体制を作るには大きな努力が必要です。

「まずは日本向けにローンチして、海外展開はパブリッシャーとともに行う」というアプローチもあります。海外展開を検討するなら、全世界のゲームファンとコミュニケーションするコストを投じられるかどうかを事前にしっかり考えましょう。

つくったゲームをたくさんの人に遊んでもらうために

さて、インディーゲームの歴史と現状を知っていただいたところで、これから先に解説する重要な点を紹介していきます。本書では、ゲームを完成させて、販売し、ゲーム作りを維持するために役立つノウハウをできるかぎりまとめてあります。こうした情報は実のところWeb上に散らばっていますが、体系だってまとまってはいません。本書に書いてあることは、正直面白くないことが多いです。ただし、以降で紹介するさまざまなノウハウを知らずにリリースしてしまうと、本来ゲームを楽しんでくれたはずのプレイヤーをみすみす逃がすことになるかもしれません。まずは一読していただき、「ゲームを届けるためにはこれだけやれることがあるんだな」と頭に入れてください。そのあとで、あなたの技能や使える時間、リソースを鑑みながら、なにをやってなにをしないかの戦略を立てましょう。

ゲームを「完成させる」ために必要なこと

ゲームの完成には、「ゲームの面白さ」に関係なく用意すべき機能や仕様があります。ゲームエンジンの発展や各種開発者向けツールの登場でゲームを作りはじめることの敷居は下がりましたが、それでも開発者がみずから実装しなくてはならないことは大量にあります。本書では、ゲームが「完成」といえるようになるまでのシステムの実装、翻訳やイラスト素材の依頼、デバッグやQAなどの必要な工程について解説します。

ゲームを「知ってもらう」ために必要なこと

ゲームを手に取ってもらうためには、ゲームの存在をより多くの人に知ってもらわなければなりません。プレスリリースの配信やトレイラームービーの制作、公式サイトの用意など、開発以外にやるべきことは多岐にわたります。本書ではこれらについても解説します。

ゲームを「配信する」ために必要なこと

ゲームを発売するというのは、ただストアにゲームの完成データをアップロードすることではありません。ゲームの配信には、プラットフォームや課金モデルなどによってさまざまな手続きがあります。ストアの仕様を満たすようにゲームを修正する作業、ストアが求める画像素材の準備、パブリッシャーとの契約や法的な手続きや各省庁への申請などが必要になる場合があります。しかしながら、ストアルールは日々更新されるため、情報はすぐに古くなってしまいます。また、法律に関する判断はケースバイケースであり、開発者が専門家へ個別に相談すべきことです。そこで本書では、注意を払うべきポイントや確認すべきWebサイトなどを紹介するに留めています。

ゲーム開発を「継続する」ために必要なこと

「ゲームが配信できたら万々歳」ではありません。そこから継続的に収入を得ること、場合によっては作品作りの継続のためにさまざまな副業を検討すること、そして自分の活動をプレイヤーとコミュニティに知らせ続けることが大事です。本書では、ゲームイベントへの出展やファンとの交流、活動資金の確保について解説します。

対談

みずからのスタイルを貫くための個人制作ゲーム

「アンリアルライフ」
hako生活
×
「果てのマキナ」
おづみかん

みずからのスタイルを貫くための個人制作ゲーム

近年ではスマートフォンゲームの開発でキャリアをスタートさせた個人のインディーゲーム開発者が、Nintendo Switchをはじめとした家庭用ゲーム機への展開を行うケースが増えてきました。一方で、古くからゲームの表現として親しまれてきたピクセルアートが若い世代の開発者によって新しい表現として定着しています。この2つをテーマに、個人ゲーム開発とピクセルアートスタイルの進化について、ふたりの開発者にヒアリングしました。

hako生活

個人ゲーム開発者・ピクセルアーティスト。2020年5月に記憶を読み取るアドベンチャー「アンリアルライフ」をリリース。

おづみかん

個人ゲーム制作者。主に音楽を除くほとんどの部分を担当。学生のころにゲーム制作をはじめ、現在はフリーで制作をしつつ生活している。ブーメランワープアクションゲーム「果てのマキナ」の制作中。

「個人制作」という開発スタイル

——自己紹介と代表作の紹介をお願いします。

hako生活　hako生活です。よろしくお願いします。私は普段ピクセルアーティストとしてドット絵の作品をSNSで公開しながら、ゲーム開発をしています。代表作である『アンリアルライフ』は2020年5月にリリースしました。この作品は4年かけて作ったアドベンチャーゲームです。

ゲーム開発一本でやっているわけではなく、room6というゲーム会社からお仕事をもらったり、イラストレーションやゲームシステムを作る受託事業もやっています。

おづみかん　個人ゲーム開発者のおづみかんと申します。3年ほど前、スマホ向けに『in:dark - インダーク』をリリースしました。現在は『果てのマキナ』を制作しています。3年かかっていますが、まだ完成していません。

私もhako生活さんと同じく、ゲーム開発一本でやっているわけで

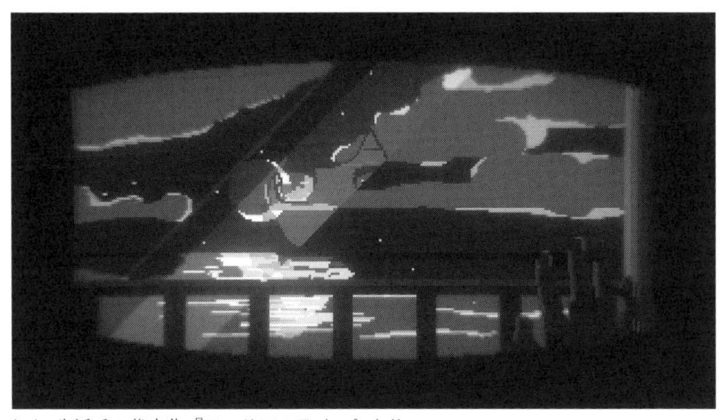
hako生活氏の代表作『アンリアルライフ』より

はなくて、同じようにroom6さんのもとで仕事を受けたり、依頼をいただいたものをこなしたりしています。

――おふたりはビジュアルからサウンド、ゲームシステムなどすべてをひとりで制作するスタイルを取っています。そのスタイルはなにか目的があってそうしているのでしょうか。また、このスタイルで大変なことはありますか。

hako生活 私の場合、すべてを個人で制作している理由が大きく2つあります。ひとつめは、私がゲームを作りはじめたときにまわりにゲームを作っている人がいなかったことです。一緒に作ってくれる人がいなかったので、自然と個人開発になりました。

もうひとつは、私自身プログラムが好きだったり、それだけじゃなくバンドもやっていたりと、いろいろなクリエイティブの側面があったうえで、ひとりで思い描いたものを作品として作りたいという想いが強いということです。ゲーム開発の特定の部分だけやりたいという感じではないな、と思っていたので、基本的には個人制作を続けています。

――サウンドやビジュアルなどの制作者とチームを組もうという気持ちはありませんか。

hako生活 最近はちょっと考え方も変わってきていています。やっぱりクリエイターどうしのつながりがSNSやイベントで深くなっているので、せっかくなのでそのつながりを生かしたいなと思っています。……そ

おづみかん氏の次回作『果てのマキナ』より

う思いつつ、個人でもやりたいな、という思いもありますね。ただし「個人開発じゃないとだめだ！」というこだわりはないです。

おづみかん 『in:dark - インダーク 』は主に私がほとんどの開発していて、音楽だけは依頼して作っていただきました。『果てのマキナ』も、引き続きそういった体制でやっています。

なぜ個人開発でやっているかというと……私が大学生だったときに「Unityでゲームを作れるぞ」という情報を先生から聞いて、「じゃあ私も作れるんだ」と思ったのがきっかけでゲーム開発をはじめたんですが、結果、まわりでは誰もゲーム開発をやっておらず、ゲーム作りに取り組んでいる人が私だけだったんです。それで、まずプログラムを学ばなければならなかったり、絵の描き方を学ばなければならなかったり、そうやってひとつひとつ学んでいくかたちで、何年も続けていました。

個人でやるぶん自分で好きなようにできるっていうのが、やっぱり居心地いいですね。音楽は一度挑戦したんですけど、思うように作れなくて諦めました（笑）。できない部分は人にお任せしています。

hako生活 『アンリアルライフ』でもオーケストラ調のものなど、自分では絶対に作れない楽曲は依頼しています。

――個人開発の大変さや難しさについて教えてください。

hako生活 自分でやったぶんしか進まないことですね。自分でやっていない部分は当然進まないので、逆に言えば自分が手を止めると全部止まる。

自分が頑張って進めたぶんだけ、そのぶん100%進むというか。誰かに止められることもありませんし。

なので、単純に自分で作りたい部分以外のところに苦労しました。いまは仕事でチーム開発もやっているのですが、自分がなにもしていないのに進捗が出るという、不思議な感じがありますね（笑）。

——私もアセットやシナリオの量産がしんどい時期がありました。

hako生活 そういうのありますね。50個くらいある、同じようだけどちょっと違う設定で、微妙に自動化できないやつをひとりでぽつぽつやっているとき、「なんでこれやってるんだろう」みたいな気持ちになったりとか（笑）。

おづみかん 個人開発については、hako生活さんが言ったように「やったぶんしか返ってこない」というのもありますし、風邪とか体調不良とかでも制作が中断します。そういうとき、本当にただ身体とメンタルを癒す期間を設けなきゃいけないのが、個人として辛いところなのかなぁ……と思いますね。

hako生活 私はけっこう自分のメンタルには気を使っていたというか、逆に作ること自体に依存していたというか。ゲームを作ることで安心することの方が多かったかなあ、という感じです。人によるとは思いますが、作り続けることすなわちメンタル維持でした。

おづみかん 最近は特に健康を意識しているのですが、個人でひたすら制作を続けていると、自分の疲労具合や精神状態を客観的に見られなくなってしまいます。「実はあのときめちゃめちゃ疲れていたんだ」ということを、その瞬間に気づけないというのがヤバくて。

最近「朝ちゃんと起きて、夜には寝る」というリズムを維持するようにして気づいたんですが、寝なくていい状態なんてなかったんだとわかったんです。開発にのめり込んでいたときは「眠い」というのが「なんか頭回んないな」みたいな感覚にすり替わっていましたね。自分の状態を客観的に見て判断してくれる人がいないことが個人の弱みですね。

hako生活 寝るのに勇気がいるときがありますね。

おづみかん　そうなんですよ。強迫観念みたいなのがあって。

hako生活　寝て、明日やったほうが絶対に早いのに、今日やらないといけない気がしちゃって、追い込んでしまうみたいな。

――わかります。疲れていても、いまやっている実装で頭がいっぱいで眠れないときがあります。布団に入っていても「明日までにこの部分を作っておかないと……」みたいな。

おづみかん　考えすぎて、眠るに眠れなくなっちゃうみたいな。私の場合は住んでいる地域にイベントがないので、開発しているゲームを展示するとなったら、関東や関西になります。今年（2020年）は特にどこにも行けませんでしたし。

――逆に「個人開発だからこそ、この表現ができたな」という部分はありますか。

hako生活　自分のイメージしたセリフに、自分のイメージした絵と音楽を、思ったとおりに組み合わせてアウトプットできることです。個人制作のほうが自分自身の思想というか、私自身の作家性というものが、より伝わりやすいんじゃないかなあ……と。音楽を聴いただけで、場面の絵やセリフが思い浮かべられるみたいな結びつきが強くなります。
　あとはリターンが全部自分に返ってくる。そこは大きいところで、作品の感想もそうだし、やっぱり自分自身が作品に紐づいているなという実感があります。

おづみかん　ひとりで好きなだけ突き詰めていけるのはいいところだなと思っています。たとえば誰かに音楽やビジュアル、プログラムなどをお願いするにしても、私は「本当はもっとこうしてほしい」みたいなことを言い出しづらい。ですので、クオリティ面を好き勝手に突き詰められるというのが個人の強みだと思います。自分のできる範囲ですけど。

――難しいですよね。自分ひとりでやろうとすると、自分が思い描いたものには近いけどクオリティは足りなくなることがある。別の方に頼むと、クオリティはすごく高いけど、自分のイメージと100%

合致しないこともある。

おづみかん そうですね。私は音楽に関してはもう依頼した方に自由にやってもらうことにしていて、あまり気にしないようにしています。

ピクセルアートスタイルの理由

――ピクセルアート（ドット絵）のスタイルを採用した経緯を教えてください。

hako生活 先ほどひとりでゲームを作るという話をしましたが、最初は私自身に絵を描く能力がなかったので、自分ができそうな範囲としてドット絵をはじめていました。そのうえで、同じく個人作家のm7kenjiさんが開発した『BUGTRONICA』を遊んだときに「いいな」と思ったこと、同じ時期に豊井さんというピクセルアートの作家さんがSNSなどで話題になっていたことから、ドット絵により興味が出てきました。

　ですので、最初は自分のできる範囲として、ドット絵を採用した『COLOR FINDER』を作ったんです。そうしたらドット絵制作者の界隈に入ることになりました。そしてアート方面を上達させたい思いもあっていろいろ表現を重ねて、いまの画風になりました。

おづみかん 私は昔からドット絵が好きだったんです。そしていざ自分がゲームを作るとなったときに、じゃあ好きなもので作ろう、と思ったことがきっかけで、ドット絵でゲームを作るようになりました。

　ドット絵を最初から描いていたわけではなくて、ゲームを作るにあたって同時にドット絵を描くこともはじめたかたちです。

――現代ではピクセルアートの新しいアーティストも増え、ひとつの表現になっています。hako生活さんはそういう展示会の活動もやっていますよね？

hako生活 はい、「Pixel Art Park」というイベントの運営に関わっています。出展に誘っていただいたのがきっかけで、いまの「hako生活」という屋号をつけました。毎年どんどん面白いピクセルアートのクリエイターさんも増えていて、独自のスタンスで描く人もいます。たとえば白黒だけで描く人や、三角形しか使わないような決められた方法で描く人など、いろんな方がいます。
　逆にドット絵なのにすごくリアルに描く人など、自分の表現を持ちやすく、研究しやすいので、クリエイターが連鎖的に増えていると思います。

おづみかん　私がドット絵を描きはじめたころは、毎年少しづつ新しい人が増えていた時期でした。ドット絵に対するイメージが、「昔のゲームハードのもの」というイメージから変わってきていたんです。ピクセルアートはそんなに急激に盛り上がっている感じではないですが、じわじわと浸透していっているんじゃないかな、と感じますね。

――先ほどhako生活さんからPixel Art Parkのお話がありましたが、イベントの初回からゲームも展示されていましたか。

hako生活　最初からアートの部門とクラフトの部門とが分かれていました。デザインフェスタにあるような、なにか実物のものでピクセルアートを表現している人と、ゲームを出している人とがいます。
　もともとドット絵ってファミコンやゲームボーイなどのゲームハードのためのグラフィックだったわけですが、いまの若い人たちでゲームのためドット絵を描いているのは少数派なのかな、という印象があります。

――私の印象では、2010年くらいからピクセルアートは懐かしいものと思われていないと感じています。

hako生活　それでも「ドット絵っていつまでもノスタルジックなものとして扱われるのかも？」と感じています。これは個人的な感覚なのですが、私たちだったらたとえばゲームボーイとかゲームボーイアドバンスを幼いころにやっていましたし、さらにその次の世代ならニンテンドーDSの「うごくメモ帳」などで触れてきたのではないでしょうか。いまの子供たちだったら、ドット絵とはちょっと離れるんですけど『マインクラフト』とか『マリオメーカー』とか。
　そうやって子供時代にゲームの中でドット絵に触れた経験が、ノスタルジーになっているのかなと最近思いますね。それでも表現としては新しくなってきているのかなと。

日本最大級のドット絵の祭典「Pixel Art Park」
https://pixelartpark.com/

スマートフォンから家庭用ゲーム機への移行

――おふたりとも処女作がスマートフォン向けゲームで、現在は家庭用ゲーム機向けに移行しています。その理由はなんでしょうか。

hako生活 『アンリアルライフ』は当初、スマートフォンアプリとして開発をはじめました。それが変わった大きなきっかけはNintendo Switchです。このハードがリリースされてからインディーゲームの大きな流れが来ました。ゲームの展示会での任天堂の方とのつながりもあり、「Nintendo Switchでもゲームを出せるんだよ」みたいな空気感が出てきたので、家庭用ゲーム機でも出したいなと思いました。

　前作の『COLOR FINDER』のころは、手元に手軽に遊んでもらえる端末としてスマートフォンが主流でした。アプリとして個人で作ったものをApp StoreやGoogle Playストアから遊んでもらえたわけです。

おづみかん 私の場合も『果てのマキナ』はNintendo Switchなどのゲーム機で出して、のちにPCなどのプラットフォームに展開する予定です。シンプルに「Switch向けにゲームを出したい！」という気持ちと、作っているゲームのシステムがスマホにあまり向いていないためです。

――家庭用機向けに移行したあとの開発の変化はいかがでしたか。

おづみかん スマートフォン向けゲームでは感覚的に作っていたところがあるんですけど、やっぱりゲーム機展開となると……なんていうんですかね、体当たり的に作れなくなったな、みたいなところはあって。スマホでリリースしていたときは、がむしゃらに作った面が強くて、全部が習作の積み重ねだったんです。それに対して家庭用ゲーム機では、適当にやっているとプラットフォームが敷いているルールに引っかかったりします。

ゲームの規模にもよると思うんですが、あんまり考えなしに作っちゃうとうまくいかなくなるのではないかと実感しましたね。手直しのきかない状態になって開発が頓挫してしまうみたいな。

hako生活 コンソール展開には良い面と悪い面があります。良い面としては、スマートフォンから考えることが減ったことです。たとえばコントローラーがちゃんとあることが大きいですね。スマートフォンでは「ユーザーにそもそもコントロールする概念を教えなければならない」という点が大変で。家庭用ゲーム機のようにゲームをちゃんと遊ぶ端末でプレイできるということは、余分なガイドの必要が減るというか、「ボタンが最低限、押される」ということが保証されます。

ただし、作品に求められるクオリティは高くなりました。とはいえプレイヤー側はそれをあまり意識していないかもしれません。少しずつインディーという文化がプレイヤーにも浸透してはいるんですけど、「なんかちっちゃい作品」みたいな、どこかの会社が出しているゲームというニュアンスで捉えられてしまうこともあります。個人でゲームを作れる限界の物量で作っても、大きな組織で開発されたゲームと比べられちゃうかなと。

「ヨカゼ」ブランドについて

——hako生活さんはゲームブランド「ヨカゼ」をroom6さんとはじめられています。

hako生活 私は「ヨカゼ」のブランディングをディレクションしています。「ヨカゼ」で一番大事なことは、パブリッシャーではなくて「レーベル」だということです。

パブリッシング機能を持つのはあくまでroom6で、それを「デフォルトパブリッシャー」と呼んでいます。ヨカゼに入ったメンバーは、基本的にはroom6と契約してもらう流れとなっています。

そのうえでパブリッシャーとレーベルの違いとしては……まず、パブリッシャーはさまざまなゲーム開発者と契約し、所属してもらったうえでストアに出すところまで全部やっています。一方レーベ

インディーゲームブランド「ヨカゼ」
https://www.yokazegames.com/

ルというのは「ゲームが集まること」をブランディングするために名乗っています。ゲーム開発者が「私たちはヨカゼというグループなんだよ」と名乗ることで、遊ぶ人たちに「このゲームとこのゲームはつながりがある」と感じてもらえる。同じ「棚」に出せますよ、というのが「レーベル」なんです。

いままでパブリッシャーは、ひとつのラインナップを取りそろえることしかできませんでした。だけど、ひとつのパブリッシャーでも、レーベルがあれば複数の「棚」を作ることができます。

また、レーベルではひとつの「棚」に対し、複数のパブリッシャーが参加できます。そうすることで、実際のリリースのサポートを切り離すことができるんですね。そのうえで、私たちは「雰囲気のあるゲーム」というテーマで開発者を集めて、「ヨカゼ」を名乗ろうと考えました。

——レーベル活動をはじめたきっかけはありますか？

hako生活 過去にパブリッシャーさんとうまくいかなかった経験や、小規模なイベントを開発者どうしで実施した経験から、自分自身でゲーム開発から宣伝までを全部やる難しさを感じていました。開発者がやる必要のない部分は任せたいなと思いもあって、私自身が参加しつつ、やらなくてもいい部分をお任せできるしくみを考えた結果です。『アンリアルライフ』をリリースするにあたってなりふり構ってられなかったので、本気で「どうやったらいいかな？」と考えたときに、こういう試みはやったほうがいいかなと。

先ほどの話と重なりますが、個人制作者としてのアプローチには限界があります。単純に人が集まったほうが強いだろう、というのが私の普段から思っていることです。いろんなタイトルの力も借りながら自分の力も貸しつつという、共助的な考え方で「ヨカゼ」は生まれました。「ヨカゼ」に入りたいというクリエイターさんも現れています。

ファン活動との付き合い方

——おふたりは公式Webサイトをこだわって作っていますよね。このあたりも意図して作られているのですか。

おづみかん いまはやっぱりインターネット上でしか、表だって「私」という存在を周知することができないんですよね。リアルで広められるタイミングはイベントに出展するときに限られてしまいます。ネット上で表現していくことになるのなら、Webサイトもちゃんと構えていたほうがチャンスが広がるんじゃないかなと考え、自作していますね。

hako生活 私は基本的に「ちゃんとしている感」を大切にしています。SNSもWebサイトも丁寧に運営することで、「この作品はここまで丁寧にしているんだよ」という、プレイヤーに対する第一の玄関になるんです。

ゲームで難しいのは、「遊んでもらうまで面白いかわからない」ことです。そこまでに「面白そう」というイメージをどう相手に与え、手に取ってもらうかが大事です。手に取ってもらうためには外側の部分、入り口の部分を丁寧に作らないといけない。自分がなにをやっていて、どういうものを用意しているのか、それがきれいに並んでいる状態をとても大事にしています。実際のゲームをすごく面白く作るというのももちろんなんですけど、そもそもプレイヤーにゲームを手に取ってもらわないといけないので。

——ファン活動を促進させるな試みなどはやっていますか。

hako生活 まず、私の場合は基本的に二次創作は大歓迎です。ただ、こちらから二次創作をしやすいようにしているわけではありません。明確に「やっていいよ」と表に書いています。

この手のジャンルのゲームの中で特徴的だと思っているのは、ゲーム実況を歓迎していることですね。ゲーム実況はゲーム制作者とあまり相容れないところもありますが、有効に使いたいなって思いはあります。ゲーム実況の人たちの体験も、自分のゲームを知ってもらったりその関連グッズを買ってもらったりにつながるよう意識しています。

ただし、やっていいことを明確にしたぶん、やっちゃだめなことには厳しく対応しています。違反したものに対しては動画の削除依頼をしたりとか。明確にしているぶん、自分の害になるか利になるかを明確に分けています。

おづみかん 3年前、前作をリリースしたときはなにも意識していなくて、ファン活動を盛り上げる以前でそもそも余裕がなく、手を打つ前に終わっちゃったところがありました。次回作『果てのマキナ』では盛り上げるためにいろいろと手を尽くせたらいいと思っています。

hako生活 ファン向けの活動としては特徴的なことを今回やっていて。公式Webサイトに「『アンリアルライフ』制作時に影響を受けたもの一覧」を載せています。こういったものはほかのゲーム開発者があまりやっていないと思っています。

『アンリアルライフ』を作るにあたって影響を受けたゲームとか映画とか、漫画やアニメなどをずらっと書いていて、ユーザーがそれを見て「私と感性が同じかな？」と思ったらゲームを買ってもらえるかな、と考えました。あとは「影響を受けたものにちゃんとリスペクトしているんだよ」ということを明示しています。「ここはあのゲームのパクリやんけ」じゃなくて、そこは本当に影響を受けていて、自分の中に落とし込んでいるんだよというアピールにもなっています。やってみたところ、まわりからも「自分でもやってみよう」という声が多く、実際にこのリストを見て買ってくれた方もかなりいます。

ただ、すごく気を付けなきゃいけないこともあって。たとえば神ゲーをたくさん並べて影響を受けましたといったところで、できあがったものが神ゲーかというとそうとは限らない。「過度に期待されることに応えられるか」というプレッシャーが生まれるので、気を付けなければいけません。

——逆にゲームのファンになった方が、リファレンスの一覧をみて「あ！ この作品はいいかもな」と、興味が広がっていくのも面白いかもしれないですね。

hako生活 そうですね。あとは実際にゲームを遊んだ人が共通点を感じてくれているなら、ほかの人に「このゲームに近いやつがあったから、君もこれにハマるでしょ」ってお勧めしやすいと思います。

おづみかん いまの時代、ゲーム実況をある程度禁止しても結局されちゃうと思います。なので、そこに関しては最初から全部やってOKにしようかなと。ただ、実況されるだけで私のゲームに誘導されないと嫌なので、公式Webサイトやゲームの販売ページのリンクは貼ってください、というお願いを書くつもりです。

副業

――おふたりはゲーム開発を進める一方で、ほかのお仕事も進めています。

hako生活 いまは私自身が「ヨカゼ」に関わっているゲームのサポートをしています。また、より強いものを作りたいとも思っていて、そこでいろいろコンセプト的なものを作らせていただいています。

ほかにも、最近はあまりやっていませんが依頼があればプロモーションビデオやミュージックビデオの制作、時期にもよりますが一般の方からのドット絵制作の依頼も受けたりしています。それぞれ持っている技能が使えるので、面白そうなお仕事は定期的にやるようにしていますね。

――ゲーム開発とそのほかの仕事の割合って、いまは何対何くらいですか。時期によって変動はあると思いますが。

hako生活 『アンリアルライフ』のリリース前だと7：3くらいでした。いまは2：8くらいで「ヨカゼ」参加チームのサポートの仕事のほうをメインでやっています。

ただ、割合はそのつど臨機応変に変えています。いま取り組んでいることがある程度落ち着いたら、自分のゲーム開発に戻りたいなという気持ちは強くあります。

おづみかん 私もroom6さんからお仕事をいただいていて、そのときそのときの仕事をこなしたりしています。以前は1社と継続してお仕事をいただいていたんですが、その量がコントロールできなくなりかけてしまいまして。「自分の制作が本当に進まないな」って気が付いた瞬間に、そこの仕事にお休みをいただきました。いまはようやく自分のゲームの制作に戻れています。

hako生活 そういう意味では、個人ゲーム開発をやっていることへの理解が、仕事先にどれだけあるのかという観点があります。room6の場合はほぼ100%の理解があるので、忙しくなったら「1週間休みます」が許されるような仕事のスタンスですね。私自身はもともと普通のサラリーマンだったので、そのときと大きな違いがあります。

——hako 生活さんはサラリーマンをやっていて、途中から独立された時期はどのようなタイミングでしたか？

hako生活 『アンリアルライフ』の開発の2年目くらいに会社を辞めました。もともと土日に開発していたのですが、どんどん時間がなくなってきて、あるとき辞めることを決めました。

私が辞めたときはまだNintendo Switchの話もなかったのですが、一條さんやYutaさんをはじめとしたまわりのゲーム開発者さんたちが、ゲーム開発一本の方や、開発をメインにほかのお仕事もやりつつみたいな方がかなりの割合でいました。その姿を見て、その生活に憧れがあったことがきっかけですね。特に大きなポイントだったのは、自分がちゃんと技術を持っていることがわかっている状態だったことです。学生時代からめちゃめちゃちゃんと勉強していたので。

そのうえで気持ちが固まったのは、ある同い年の歌手のライブを見たのがきっかけでした。「自分がやりたいことあるのに、やれないのはいやだな」みたいな気持ちがあったんです。

——おづみかんさんは学生からフリーランスになり、受託の仕事をしながら自作の開発というかたちですかね。

おづみかん はい、そうです。なぜフリーランスになる決断をしたかというと、前作の『in:dark - インダーク』を作っているころに就職活動が迫ってきて、そのとき「私って本当に就職したいのかな……」と考えたんです。そこで「たぶん、したくないんだろうな」という想いと、hako生活さんと同じく、まわりの方々でゲームを作りながら生計を立てている人を目にして、私もそういう道に行きたいなと思いました。そこでまず、『in:dark - インダーク』を早めにリリースして、お金がこれだけもらえるんですよということを親に見せて説得しようと考えました。

ほかの要因としては、私は幼少期のときに大きな手術をしていて、「いつ死ぬのか？」みたいなことを常に考えていたことです。やりたいことをやらないままなのはやばいと考えた結果、個人ゲーム開発の世界に入っていきました。

hako生活 独立を決めたころが、ちょうどroom6からお仕事をもらう直前だった気がします。もともとはゲーム開発一本でやりたかったけど、それだとうまくいかないというか。たとえば再就職もできたと思うんですけど、あくまで自分のやりたいこと順にチャレンジしていっています。一番やりたかったのはゲーム開発一本だけだったんですけど、いまはそうじゃなくて、ゲーム会社からお仕事をもらいつつ、自分のゲーム開発をするという。「1.0」じゃなくて、「0.8」くらいのやりたいことをやっている感じです。

――hako生活さんがやっているインディーの開発サポートのお仕事は、ほかのインディーが盛り上がっていく活動につながっていくものですから、とても良いですよね。

hako生活 そうですね。インディーどうし、会社ともWin-Winですし、おづみかんさんに仕事をお誘いしたのも私なんです。「こういうやりくりができていて、おづみかんさんもゲームをリリースしている実力もあり、作っているものも理解できるものがあるので、一緒にどう？」みたいな。ちょっと輪を広げて。

読者へのメッセージ

――最後に本書を読んでいる開発者にメッセージをお願いします。

hako生活 私が言いたいことのひとつは、「これじゃなきゃダメだ」と考えるんじゃなくて、ダメだったときの次の手を常に考えておくことです。どこまでも現実的に考えておくこと。夢のある大きい話を考えるのもいいけど、その次も考えておくことです。

あとは、自分のゲームを本気で見せるには、ゲーム開発にかける熱量やリソースと同じくらい、そのまわりの見せ方にも力を入れるということが大事なポイントです。そこは絶対に手を抜かないことです。

先ほどもお話しましたが、まずプレイヤーにゲームを遊んでもらうところまでたどりつかないといけない。そうでないとせっかく作ったものがもったいない。たまたま売れたように見えても、裏ではみんなそういう努力をしています。そこは手を抜かないでやりましょう。

おづみかん 私がそうだったみたいに、いきなり「個人ゲーム開発をやる」と言っても、誰も賛成してくれないし、助けてくれる人は少ないです。ですので、まずは他人に見せられるようななにかを本気で作ることです。それを見せていくとまわりの理解を得やすくなりますし、その道で生きていくためのノウハウになっていくと思います。

なにも考えずに個人ゲーム開発者になるのではなくて、いざ自分がフリーランスや個人で立ち回るとなったおきに、必要なことはちゃんと考えたうえで身の振り方を考えたほうが、生きやすくなるかと思います。

私も人から助けられている部分は多々ありますが、まったくの無計画にやっているわけではなくて、ちゃんと作戦を立てたりとかはしています。無策が一番危ないです。

――ありがとうございました。

第2章

ゲームを「完成させる」ためにに必要なこと

破綻しないためのプロジェクト管理

なにはともあれ、まずはゲームを完成させなくてはなりません。完成までにかかる予算の計算や開発進捗の管理、イラストレーターや作曲家に素材制作を依頼するための準備を確認し、先の見通しを立てておきましょう。

全体の予算の想定

ゲームを完成させて発売するまでには、どのくらいのお金が必要になるでしょうか？ 表計算ソフトなどに必要経費をまとめて、総額でどのくらいの費用が必要になるかを予測してみましょう。

ゲームは基本的に、完成させて配信しないかぎり収入になりません。それまでは、以下に紹介する諸費用の出費でマイナスになっていきます。出ていくお金のほうが収入より多いフェーズにおいて、そのマイナス分のことを「バーンレート」と言います。気が付いたら資金が尽きていた、などという事態を防止するためにも、バーンレートの意識は重要です。「デモの完成」などの一定のマイルストーンに到達するまでどの程度のバーンレートが発生するかの見通しを立てるようにしましょう。

開発用機材の購入費用

もしあなたの開発用PCのスペックがいまいちな場合は、開発の効率を上げるために高性能なPCが必要になります。予算に余裕があれば、性能の高いマシンを購入することで開発環境の動作は軽くなり、ゲームのビルドも短くなりますので、時短につながります。また、スマートフォン向けゲームを開発するのであれば対応するOSを搭載したスマートフォンが必要ですし、家庭用ゲーム機の場合は専用の開発機材の準備が必要です。

また、必須ではありませんが、開発で使用しているPCとは別の、ややスペックが劣るPCを用意して起動してみることをお勧めします。開発には高性能なPCを使って快適に作業したいですが、ゲームを買ってくれるプレイヤーはかならずしも性能の良いPCで遊んでくれるとはかぎらないからです。

そこで、7～9万円程度の、比較的安価なノートPCを用意しておくと便利です。低めのスペックのPCでゲームを動作させたときのテスト機材になりますし、後に展示会に出展する際もデモ機として活躍できるでしょう。

比較的安価で性能の高いノートPCの情報源として、「ゲーム開発／プログラミングにおすすめのノートPC（学生向け）」というリストが公開されています。本来は、PCを買う予算が限られている学生のために整備されている「コスパ最高PC」のリストですが、安価で性能がそこそこあるノートPCを探すときにたいへん重宝します。

ゲーム開発／プログラミングにおすすめのノートPC（学生向け）
https://notebookjp.github.io/

また、開発環境とは別に動作確認用のPCやスマホがあれば、ゲームの実行時に必要なファイルが実は標準でインストールされていなかったり、インストーラに必要なデータが同梱されていなかったりといったトラブルや、画面解像度の異なる環境で動作させると表示がおかしくなるといった不具合を発見できます。さらに、デバッグやテストプレイを知人に頼むようなシーンで「PCがない」と言われたときでも、こうした動作確認用ノートPCが1台あれば、PCごと貸してしまうという手段がとれます。

ゲームエンジン、ツール、素材の購入・維持費用

ゲーム開発の際に使用するゲームエンジンや画像制作ツール、プログラムコードの管理やバックアップストレージのホスティング費用などは減らすことのできない費用です。最近は「サブスクリプション」として月額や年額で費用を払うサービスやソフトウェアが多くなってきています。こうしたサービスやソフトウェアを利用するなら、開発期間中は費用を払い続ける必要があります。

また、開発環境を拡張するツールやミドルウェア、機能拡張アセットの購入費用なども考慮しておく必要があります。ツールやゲームエンジンの中には「ゲームの発売後に売上から数パーセントの使用料が発生する」というレベニューシェア形式のものもあります。

なお、画像制作ツールであるPhotoshopとIllustratorはインディーゲーム開

発者としての活動にほぼ必須です。画像データの制作自体はフリーウェアのツールでも十分可能ですが、外部団体・会社とのやりとりにはフリーのツールで作ったデータを使用できないケースが多いためです。たとえば、チラシ、ポスターやグッズ制作を行う際には、制作会社への入稿データとしてPhotoshop形式やIllustrator形式が指定されることがほとんどです。また、展示会出展時の画像提出においても、両ツールのどちらかを指定されることがあります。

素材制作の報酬

一部のゲーム素材を外部に依頼して作ってもらう場合は、当然その制作費用が発生します。楽曲やイラスト素材の発注費、ボイスを入れるなら声優の報酬などです。外部への各種データ制作依頼については、本節の後半で詳しく紹介します。

プラットフォームに関する費用

App StoreやGoogle Playストア、Steamには開発者として登録するために費用がかかります。2021年現在、App Storeは**年間**99ドル、Google Playは初回のみ25ドル、Steamは初回のみ100ドルです。また、家庭用ゲーム機でのリリースを目指す場合は専用の開発機材の購入や、レーティング取得のための審査費用などが発生します。

イベントへの出展費用

ゲームを多くの人に知ってもらうためにはイベントへの出展が欠かせません。参加費は無料から数万円かかるものまでイベントによってさまざまです。海外や遠方地の展示会であれば、航空券代や宿泊費も必要です。またポスターやチラシの印刷代、各種展示機材の購入費なども視野に入れるとよいでしょう。詳しくは第5章で紹介します。

ゲームの運営に必要な費用

オンライン対戦機能があるゲームの場合は、対戦用サーバーの費用が毎月かかってきます。どのくらいの期間運用して、何人がサーバーにログインし、何時間遊ぶかを考えて、ざっくりでよいので総費用を計算しておきましょう。

サーバーサービスによっては、条件に応じて料金をシミュレートするWebページがありますので活用しましょう。

ツールの活用

ゲーム開発プロジェクトでは、たくさんのプログラムコードや画像・音声データを扱います。さらに、複数人開発の場合はチームの進行管理も合わせて考える必要があります。

そんなとき、どこにどんなデータがあって、どのような変更があったかを逐一覚えておくことは不可能です。開発環境やプロジェクトがカオスになる前に各種ツールを導入し、管理を行っていきましょう。

プロジェクト管理ツールを使った進捗管理

ゲームの完成確率を上げていくには、開発の進行が見渡せる状態にしておくべきです。そのため、プロジェクト管理ツールを導入して、ゲーム開発に関するさまざまな情報を集約しておくとよいでしょう。こうしたツールには、Jira、Trello、Backlog、Redmineなどがあります。使い道は次のとおりです。

- ツール内Wikiを使ったドキュメント集約
- 開発や素材制作の進捗報告と共有（複数人プロジェクトの場合）
- 各種イベントやビルド提出の締め切り管理
- バグ情報の蓄積と整頓、修正状況のチェック

ゲーム開発をひとりで行っているとしても、こうしたツールによる管理には一定の効果があります。「現在一番大きな目的や問題はなんなのか」「なにが最優先なのか」「展示会などのマイルストーンに向けてなにが足りないのか」といった判断の際に現状を素早く確認できます。

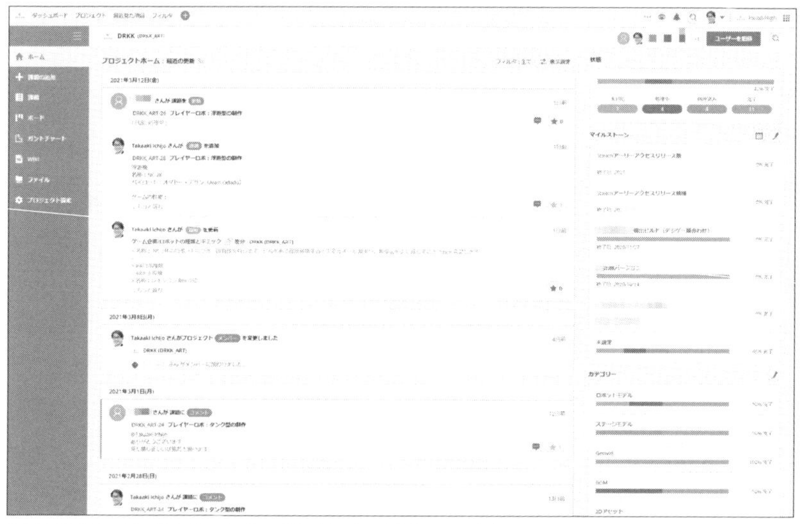

筆者の場合は、株式会社ヌーラボの「Backlog」を利用しています

スプレッドシートを使ったパラメータの量産と管理

ゲームというものは、開発者が一番表現したい場面だけで構成されているわけではありません。ミニマルなゲームはともかく、数時間以上のプレイ時間を想定しているゲームを開発する際には、「データの量産」フェーズがあります。面クリア型のアクションゲームや、RPGのダンジョン、パズルゲームのステージなどにおいては、多彩なステージやギミックを楽しんでもらうため、また魅力的な物語や印象的なバトルをより強固に演出するため、多くのデータが必要です。

量産する必要があるデータは「アイテム」「敵」「マップ」「トラップギミック」「背景素材」「技」「NPC」など、多岐にわたります。こうしたデータのうち、ゲーム内のアイテムパラメータやシナリオの制作、各種フラグなどの管理については、ExcelやGoogleスプレッドシートなどの表計算ソフトを使うことをお勧めします。

たとえば大量の武器が登場するゲームを考えた場合、ひとつひとつの「強さパラメータ」をプログラムコードに埋め込んだり、ゲームエンジン上での数値データとして扱おうとすると、一覧性が低いため、あとからの修正が困難になります。表計算ソフトの上で各種パラメータを用意しておくことで、整頓された状態でパラメータを確認できるほか、パラメータごとの並び替えやグラフ化で分布の偏りが発見できます。また、ゲームに組み込む前に「壊れ性能」のアイテムがないかといったことも確認できます。

表計算ソフトでパラメータを作成したうえで、ゲーム開発環境からそのパラメータを読み込むワークフローを構築しておくとよいでしょう。人間が扱いやすい表計算ソフトのデータ形式から、ゲームが扱いやすいJSONやXMLなどの形式に変換するツール、もしくはゲームエンジンの機能拡張をあらかじめ作っておきます。

表計算ソフトで扱いやすいパラメータやデータとして以下のものが挙げられます。

- UIに表示される文字
- シナリオ
- 武器の強さ
- 敵の強さ
- アイテムの説明と効果
- アイテムのドロップ率

いずれも、文字情報が多く含まれていたり、数値の組み合わせが発生したりするようなデータです。

特に「UIに表示される文字」と「シナリオ」は、後述する多言語対応を見据えて表計算ソフト経由でのデータ読み込みフローを構築することを強くお勧めします。プログラムやゲームエディタ内から文字情報を取り除き、プログラムを書き換えなくとも文字は入れ替えられるようにしておきます。これにより翻訳の作業が非常に楽になります。

バージョン管理ツールを使った変更履歴の管理

プロジェクトがプロトタイプの段階を脱し、本格的な開発をはじめる前に、プログラムコードやデータの変更履歴を管理するGitやSVNなどの「バージョン管理ツール」を必ず導入しましょう。間違った操作などで大切なデータを上書きして失ってしまう事態を防げます。

可能なら、サーバー上にコードを保管できるGitHubやBitbucketなどのホスティングサービスも導入しましょう。これによりPCの破損によるデータ損失を回避できます。

バージョン管理ツールとそのホスティングサービスには複数人での開発やコードを管理するためのさまざまな機能がありますが、そうした機能を使わずとも、定期的なバックアップとして使うだけでも大きな意味があります。くれぐれも「プロジェクトフォルダをZIPで圧縮して毎日バックアップ」といった危険な手法をとらないでください。

バージョン管理ツールは、自分がコードに対してどのような変更を行ったかの差分を確認する手段にもなります。「1ヶ月前に書いたコードは他人のコード」という格言があります。すべてを覚えていられるのは超人だけですので、こうしたツールで日々ログをつけていくことが肝心です。

お勧めは、自動化されたビルド環境との併用です。Unity Cloud BuildやJenkinsなどのビルド自動化ツールを積極的に使いましょう。コードをバージョン管理ツールにコミットしたことをトリガーに、各プラットフォーム向けのビルドを自動で作成するフローがあれば、開発スピードは大幅に向上します。

データのバックアップ体制

プログラムコードだけではなく、画像や音声などのデータについても定期的かつ自動的にバックアップをとるしくみを導入すべきです。Git LFSなどの大容量データも扱えるホスティングサービスを利用していれば、コードとともに画像や音声データもバージョン管理できます。また、最近はクラウドストレージの利用費用も安くなってきており、数百GBのオンラインストレージを2〜3,000円で利用できますので、画像の元データや圧縮前の音声データなどの保存に活用するとよいでしょう。バックアップをしていないあなたは、いったんこの本を閉じてすぐにやりましょう！

画像・音声素材の制作依頼と管理

ゲームのすべてをひとりで作り切れる人はまれです。ゲーム全体のクオリティアップのために、画像や3DCGモデル、楽曲などの販売されているアセットを活用したり、ほかのアーティストに制作を依頼したりすることもひとつの手です。

販売アセットの利用

UnityやUnreal Engineには、それぞれ「Unity Asset Store」や「Unrealマーケットプレイス」といった、ゲームに使用できる素材販売ストアがあります。3DCG、画像データ、モーションデータ、楽曲などさまざまな素材が販売されており、低価格で高品質な素材を自分のプロジェクトに導入できるため、ゲームの第一印象を手軽に向上させられます。その反面、次のようなマイナス面もあります。

- ほかのアセットとビジュアルの整合性がとりづらいため、ゲーム世界から「浮いた」印象を与え、ゲームの没入感が削がれてしまう可能性がある
- 有名なアセットは「ほかのゲームでも見た／聴いたな……市販アセットかな……」とプレイヤーからばれてしまい、印象が悪くなる可能性がある
- アセットで本来想定されていない使い方をしてしまった場合、ゲームのパフォーマンス低下につながる可能性がある

販売アセットを使いすぎてしまうと、プレイヤーからの印象をかえって悪くしてしまう可能性があります。また、ゲームを構成する素材の多くが販売アセットによって作られているゲームは「アセットフリップ」と呼ばれ、プレイヤーはとても嫌います。販売アセットを活用する場合は、ゲームの画像や動画を見たプレイヤーに、アセットフリップだと思われないようにしなくてはなりません。

キャラクターや主要なステージモデルなど、目立つ素材はオリジナルでお金をかけて制作し、販売アセットはサブの小物や画面効果等の引き立て役、背景の一部などスポット的に取り入れていくかたちがよいでしょう。お弁当を作るときに、主菜を手作りして、冷凍おかずを副菜として添えて全体を華

やかにするイメージです。

また、アセットをそのまま使わず加工して使うという方法もあります。エフェクトなどは、パラメータや組み合わせを変えていけば、ほかの作品と見た目が被りにくくなります。ただし規約で加工が禁じられている場合もありますので、事前に確認しましょう。

一方で、ビジュアル素材やサウンド素材ではない、プログラミングを楽にするライブラリやゲームシステム系のプラグインはどんどん活用すべきと筆者は考えています。サウンド演出やUIアニメーション、キャラクターのAIシステム、セーブデータ管理などは、優れたアセットがすでに存在します。自分で開発してもよいのですが、結局は似たようなものを作ってしまう「車輪の再開発」となってしまいます。プログラミングの修練のためならまだしも、ゲームの完成を速めることを考えるなら、こうしたアセットを購入して時短をしましょう。

販売アセットの注意点

販売アセットの利用については、先に挙げたマイナス面のほかにも注意すべきことがあります。

市販のアセットの中には、有名なアセット販売サイトで売り出されているにもかかわらず、著作権を堂々と侵害しているものもまれに存在します。アセット販売ストアにあるからといって権利的にクリーンであるとは保証されていないのです。たとえば、街の風景写真から看板を切り取って「看板の画像」としてそのまま売っているような商品もあります。また、販売者が悪意を持っていなくても、アセット制作中に誤って二次利用してはいけない第三者の画像素材を使ってしまっていた、という事故も起こりえます。こうしたものは、権利者から訴えられたり、プレイヤーから指摘され不信感を持たれるなどの問題になる可能性があります。また、ゲームが大ヒットしたときに、アセットの制作者と揉める可能性もわずかながら存在します。

便利かつ安全な方法は、パラメータをもとに新しい素材を生成するジェネレーター系のツールを使うことです。製品としては、効果音やテクスチャーを生成できるものがあります。手軽でありつつ、ほかの人とは被らない、権利的にも問題ないアセットを生成・利用できます。なお、アセットの中にはゲーム内やゲーム販売ストアの説明文などへのライセンスを記したファイルの同梱や、別途の権利表記が必要なものがあります。アセットやツールに付属するライセンスをしっかり確認しましょう。

フォントデータの利用と注意点

ゲームのクオリティに意外と大きな影響を与えるのが「フォント」です。フリーフォントや商用フォントなど、Webではさまざまなフォントが入手できますが、ゲームで利用する場合は特にライセンスに注意しなくてはなりません。

フォントの規約で特徴的な部分は「利用可能な地域」と「ゲームへのフォントデータの埋め込み可否」です。ゲームを販売する地域によって、フォントの利用料が変わる場合があります。また、「フォントを使った画像」というかたちでの使用が認められていても、「ゲーム内のテキストをリアルタイムに生成するため、フォントデータを埋め込んで使用する」ことが認められていないものもあります。WindowsやMicrosoft Officeに同梱されているフォントのほとんどはゲームの埋め込み用途で利用できません。

ゲーム開発においては、「ゲーム利用専用」と銘打たれているフォントを購入するのが一番安心です。インディーゲーム向けのフォントパックとしては、フォントワークス社の「mojimo-game」があります。

mojimo-game
https://mojimo.jp/game

また、無料の選択肢としてはGoogle Fontsがあります。2021年に、Google Fontsのラインナップにフォントワークス社製フォントが加わり、ゲームに使用しやすいフォントが増えました。

Google Fonts
https://fonts.google.com/

Google Fontsは中国簡体字・繁体字フォントなど、多言語対応で利用できるフォントも充実しています。ライセンスとしては「SIL オープンフォントライセンス」が採用されています。ライセンスの詳細は規約を読んでいただくとして、かいつまんで言えば、「フォントの著作権情報、ライセンス情報をゲーム内に表示する必要がある」という条件となっています。

アーティストへの素材制作の依頼

自分の力量を超えるゲームの素材が欲しくなったら、プロのイラストレーターやモデラー、作曲家への制作依頼を検討しましょう。

依頼前の情報整理

ゲームの素材制作を外部に依頼するためには、どんな素材を作ってほしいのかを詳細に説明しなくてはなりません。あらかじめ、素材がゲームでどのような使われ方をするのかを説明し、制作に参考になる画像（リファレンス）を用意しておきます。

素材制作の管理は、前述したプロジェクト管理ツールを活用する方法がお勧めです。依頼先にもよりますが、たとえばプロジェクト管理ツール上で進行の報告とデータの提出を行ってもらうフローにすると、連絡ミスや情報の見落としが減ります。また、ゲームに関する情報をツール内のWikiに集約しておくことで、ゲームの設定情報などに制作者がいつでもアクセスできるようになります。

自分のゲームの素材制作を依頼する際の重要なポイントは「ゲームのデモがあること」です。動くものがなにもない状態では、本当に完成するのか、費用を支払ってくれるのかとアーティストは不安に思ってしまいます。なにもない状態では、あなたのプロジェクトに対する信頼を作りようがないのです。無計画なままアーティストに声をかけるのではなく、まずは自分ひとりの力でゲームをある程度まで作り込んでからにしましょう。

依頼相手の探し方

素材制作の依頼先探しは、とても難しいことです。アーティスト本人のやりたいことや作風の相性などもあるため、決まった探し方はありません。SNSやWebサイトなどでも探すことができますが、ゲーム制作に適した場所はあまりないといってよいでしょう。個人的なお勧めは、「人づて」での紹介です。筆者のプロジェクトに関わるスタッフとも、ほとんど紹介で知り合いました。まずゲームの展示会や開発者コミュニティなどで開発者の仲間を作り、その開発者の元同僚であったり、発注先であるアーティストにつながるのが望ましいでしょう。人が人を紹介するという行為には責任が伴うため、問題が発生しにくいという側面もあります。もちろん、コミュニティなどで知り合ってすぐにほかの人を紹介しろというのは単なる迷惑行為になってしまうので、あなたが開発しているゲームを通じた交流の積み重ねが前提です。

可能であれば、小規模でも構わないのでゲーム制作に携わった経験のあるアーティストに依頼するとよいでしょう。ゲームの経験があれば、ゲームの仕様に関係した手戻りや、リテイク回数の減少を見込めます。

素材制作にかかる予算

さて、外部の方に作業を依頼する際に悩ましいのが「予算」です。予算についてもこれといった正解はなく、どのアーティストも依頼価格はまったく異なります。経験のない学生から業界のベテランまで、費用とクオリティはほぼ比例すると考えてよいでしょう。

ゲームに関する制作依頼は作業量にも大きな幅があるので、相談して決めていくしかありません。ゲームそのものの規模感（どのような販売数を見込んでおり、どんなプラットフォームで展開するのか）と、作業の物量、ねん出できる費用など、できるかぎり情報をそろえて連絡してみましょう。予算によっては、ゲームに必要な素材の数を減らすことも視野に入れたほうがよい場合もあります。また、提出するデータ形式に指定があったり特定の環境でデータを確認してほしかったりする場合は、事前の相談と依頼費用への反映は欠かせません。

発注先との契約

アーティストに素材制作を依頼する際には、筆者は契約書の締結を強く推奨します。委託契約に関する書籍を購入したり、Webで配布されている業務委託の契約書テンプレートを参考にしたりして契約書を作りましょう。契約書内容には、前述した作業範囲と支払う費用のほか、「制作物が第三者の著作権を侵害していないこと」を保障してもらう必要があります。まれに、イラストの背景に二次利用してはいけない画像素材を使ってしまったり、楽曲のフレーズが過度に既存の曲と似てしまっていたりといったこともありえます。これはアーティストの悪意を疑うのではなく、偶発的な事故が起こったときのための予防策です。

また、制作物の権利をどのようにするかも契約書内で決めましょう。ゲームにおいては、制作物の権利を譲渡してもらう「買い取り」型が多いですが、楽曲については権利が作曲家側に残るかたちでの契約もあります。

また、素材をゲーム内で利用するのみならず、ポスター、チラシ、グッズ、プロモーションムービー、サウンドトラックや設定資料集の冊子などの派生商品に使いたい、ということがありえます。発注するデータがどのように利用されるかを考えておき、あらかじめ伝えておくとよいでしょう。また、そうした派生品を作る際は、制作者にひとこと伝えることも大切です。

フリーランスのイラストレーターや作曲家の場合は、制作したリソースを自身のポートフォリオとして活用したい、と思っている場合があります。大手の開発会社の場合であれば、発注したデータは機密情報として利用を制限する場合もあります。しかしインディーの場合であれば、そのあたりは無理に縛ることはありません。筆者としては、どんどんポートフォリオにも使ってもらえるようにすることをお勧めしたいです。

契約を経て制作がスタートしたら、連絡がつかなくなってしまうことを避けるために、メール以外の連絡先を教えてもらうようにしましょう。

イラスト・3DCGモデルの発注

絵や3DCGモデルを発注する場合は、イメージの参考（リファレンス）となる既存のイラストや映像の収集と提示が重要です。既存のキャラクター等と同じものを描いてもらおうとしてはいけませんが、ゲームの目指しているビジュアルテイストが伝わる資料がたくさんあると、あなたの頭の中にあるイメージが伝わりやすいです。

イメージの説明は、アーティストが持っているポートフォリオをもとにしたり、Webで参考になる絵や写真を探したりして伝えましょう。また、ゲームの世界観設定と、キャラクターならばその背景、ゲーム中にどのように登場してどのような役割でどう死ぬのか……などがドキュメントや内部用のWikiにあらかじめまとめられていれば、アーティストが制作を行う際にいちいち確認の連絡をせずに済みます。

UI用の画像素材発注については、発注先がゲーム用の素材制作に慣れていることが望ましいです。たとえば、サイズの変更が可能なダイアログウィンドウの画像が欲しい場合であれば、画像を9個のグリッドに分けてスケール変更を行う「9-slice」の手法に合わせた素材で納品が可能であると実装時に楽です。また、画像サイズは64×64や256×256、1024×1024といった2のべき乗であると、テクスチャ処理の無駄が減ります。また、PNGやPSDなど納品形式も事前に決めておきましょう。

3DCGモデルの場合、納品形式はFBX形式やOBJ形式になります。アニメーションとセットで依頼する場合も多いのですが、ゲームエンジンで利用する場合は、アーティスト側でゲームエンジン上での見た目を確認してもらってからエクスポートして納品してもらえる契約にしておけば、ゲームへの組み込み時にトラブルが減ります。もちろん、そのプロセスがあることを事前に相談したうえで費用を計上すべきです。

音楽・効果音の発注

楽曲や効果音の発注にも、やはりリファレンスの充実が重要です。特に言葉で伝えづらいことが多いため、「このような曲にしたい」というイメージのもとになる曲を伝えるとよいでしょう。ただし、リファレンスが多すぎると曲を作りづらい作曲家もいるので、作曲家からどのような工程で作業をしたいのか、要望をヒアリングしながら調整しましょう。

作曲家に曲のジャンルやテイストを伝えることはもちろんのこと、作った曲がゲームのどんな場面で利用されるかなどの情景や、キャラクターなどの感情といった情報も必要です。また、緊張か安心か、急がせるのか探索させるのか、といった曲に求める機能もドキュメント化されているとよいでしょう。このあたりは、ゲームのキービジュアルやキャラクターのイラスト、実際にゲームが動く様子などを見せながら作業を依頼すると、作曲家もイメージがわきやすいです。

また、プレイヤーがどのぐらいその場面に滞留するかといった情報は、作曲家が曲の長さを考えるときに重要です。3分でループする曲が20秒しか使われなかった、となっては大変です。最近ではゲームの展開に合わせて楽曲が変化する「インタラクティブ・ミュージック」を取り入れるケースもあります。その場合は、作曲の依頼のみならず、インタラクティブ・ミュージックの設計ツールを作曲家に使ってもらう場合も考えられます。当然ながら費用は大きくなるので、自分のやりたい表現に合わせて考えましょう。

ボイスの発注

ゲームにボイスを入れたい場合は、声優のキャスティングやオーディション、収録と加工を含めて音響制作会社に依頼することをお勧めします。フリーランスの声優へ個別に依頼するケースもありますが、そうなると収録状況や音量、品質などがバラバラになり、あとからの調整が大変です。

ご想像のとおり、声優の依頼料金も数万円から数百万円まで大きな幅があります。有名声優の起用はプロモーションにもなるため、ときにはパブリッシャーを介してそうしたキャスティングを行うこともありますが、知名度よりも作品に合ったキャスティングを行うことがほとんどです。費用を抑えたい場合は、声優の仕事をはじめたばかりの方を積極的に起用するやり方もあります。

依頼費用は拘束時間やセリフのワード数で決まってきます。すなわち、もし会話パートなどをフルボイスにしたい場合は、先にシナリオが完成していなければなりません。

日本には、インディーゲーム向けのサービスを展開している音響制作会社がいくつかあります。たとえば、筆者もお世話になっている「コトリボイス」は、『モチ上ガール』や『メンヘラフレシア フラワリングアビス』など、多数の日本のインディー作品での音声制作実績があります。

コトリボイス
http://kotori-voice.jp/

収録したボイス素材の扱いにも気を付けましょう。多くの場合、キャラクター名＋連番などの名前で納品されます。音声ファイルには「再生しないと中身がすぐにわからない」「物量が大きい」という特性があります。ボイス素材が多いゲームプロジェクトの場合は、後述の「サウンド関連機能」で紹介するサウンドデータの管理と組み込みを行うツールを使って、管理をなるべく省力化しましょう。

工数を見誤りがちな実装

ゲームを開発するにあたっては、ゲームの不具合を極力減らし、品質を高める作業のための時間を割いておきましょう。プレイヤーが不快に感じてしまい、「やめる理由」「買わない理由」になってしまう要素を丁寧に潰していく作業が必要です。

以降は、見落としがちだが開発に時間のかかるゲームの実装に触れていきます。ただし、具体的なプログラムコードなどの実装までは触れていませんので、あくまで開発計画に見落としがないかを確認するものとして考えてください。

ゲームの中断、復帰、スキップ

あなたのゲームに「ポーズ機能」はありますか？ あるいは、ゲームの不意の中断に備えていますか？

ポーズの実装で注意すべきこと

ポーズとは、プレイヤーによるゲームの一時停止です。たとえばプレイヤーがマップを開いたとき、カットシーンが挟まるとき、プレイヤーがポーズボタンを押したときなどには、ゲームで行っている処理の一部を一時停止させる必要があります。カットシーン中に敵に襲われたり、ポーズ中に毒攻撃でヒットポイントが削られては大変です。ゲーム内の要素はすべからくポーズと一時停止ができるように作る必要がある、と考えてもよいでしょう。

一方で、ポーズは、ゲーム内のあらゆる要素を止めるというわけではありません。「ポーズ中」であってもポーズ中メニューのUIは動きます。

プレイヤーの動きは止まっても、内部の時計カウンタが進みっぱなしになっていませんか？ ポーズ解除後、モーションやエフェクトが「最初から再生」されていませんか？ 物理挙動のあるゲームの場合、オブジェクトにかかっていた物理の力は保存されていますか？ 物理エンジンが関連しているゲームの場合、ポーズと復帰を繰り返したときに挙動がおかしくならないでしょうか？

ポーズ中にボタンを入力しっぱなしにして解除すると異常な入力値になる仕様になっていないでしょうか？

　このように、ポーズには意外に考慮すべきことが多くあります。プレイヤーの操作やゲーム内のシチュエーションごとに、ポーズ処理が不具合の原因になっていないかを確かめながら開発していきましょう。

プレイヤーの操作によらないポーズ

　また、ゲームが一時停止するのはプレイヤーの操作やゲーム内の処理によるものだけではありません。ほとんどのゲームハードウェア、スマートフォンにはスリープ機能があります。このため、スリープ時には自動的にゲームがポーズ状態に遷移するしくみがあるとよいでしょう。また、オンライン機能にも関係があります。オフラインゲームの場合はさほど気にする必要はありませんが、サーバーとの通信が発生するゲームの場合は、その通信が中断された場合を踏まえて実装する必要があります。

　データが欠損したり、送信が失敗した形跡があったら、再送するなどのしくみをあらかじめ用意しておきましょう。

セーブデータの安全性確保、オートセーブ、クラウド保存

　ゲームにおいてセーブデータは非常に重要な要素です。セーブデータは単なる途中経過の保存ではなく、プレイヤーの遊んだ形跡、思い出そのものだからです。

　セーブデータについてはいろいろと定義がありますが、ここでは「現在の体力」や「持っているアイテム」「ハイスコア」などゲーム内の状況を小さいデータファイルに書き出して保存しておき、プレイヤーが次にゲームを起動したときにその状況を再現できるものを指すこととします。

　また、ゲームを普段遊んでいるみなさんにとってはおなじみだと思いますが、セーブデータにはさらにゲーム全体の設定を保存する「システムセーブ」と、ストーリーの進行やゲームプレイの状況を保存する「セーブ」の2種類に分けられます。

書き込み安全性の確保

PCやスマートフォンなどの機器は、スリープや電池切れなどでゲームの実行が不意に中断されることがあります。セーブデータの書き込み中にこれが起きてしまうと、データの書き出しが途中で終わってしまい、破損したデータが生成される可能性があります。プラットフォームやゲームエンジンなどにおいては、こうした状況が起きないように対策されていることもありますが、そうでないならば開発者が破損を回避する機構を作っておくべきです。

具体的には、セーブ時にはすでに存在するセーブデータを直接上書きせず、「新規ファイルとしてデータを保存したうえで、データの保存が無事完了したら古いほうを消す」という処理にしておきます。もし古いほうを消す処理の直前に処理が中断された場合は、セーブされた時間からどのファイルが新しいかを判定して、処理を続行するとよいでしょう。

オートセーブへの対応

最近のアドベンチャーゲームやRPGのほとんどにはオートセーブ機能が搭載されており、ゲームプレイの進行において重要なポイントを通過したとき、自動的に進行を保存してくれます。自動でセーブする処理そのものの実装は難しくありませんが、プレイヤーがとっておきたいと思っているセーブデータを上書きしてしまっては大変です。プレイヤーは「重要な分岐をやり直したい」「アイテムを購入する前のセーブに戻りたい」などのように考えますので、勝手に上書きしてしまうような実装を避けましょう。たとえば、オートセーブのためのセーブスロットと、プレイヤーが能動的にセーブを行うためのスロットを別扱いにしておくと安心です。

また、可能であればオートセーブの枠を複数用意し、セーブされた時刻が古いデータから順次上書きするシステムにしておくと親切です。プレイヤーが意図しないタイミングでオートセーブが実行されて後戻りできなくなってしまうような状況の発生を防いでくれます。

セーブデータのクラウド保存

SteamやiOSなどには、ストアにログインしているアカウントと紐づいてセーブデータをクラウドサーバーに保存できる機能があります。クラウドによるセーブデータの保存は、ハードウェアの物理的な破壊によるセーブデータの紛失を防止するほか、マルチ端末で遊ぶスタイルをプレイヤーに提供できることが特徴です。

プラットフォームが提供していない場合でも、後述するBaaS等を使って開発者が独自に追加することもできます。特にスマートフォンの場合は「端末の引っ越し」としてハードウェアの買い替えが起こりますので、セーブデータのクラウド保存はできるかぎり実装したほうがよいでしょう。

アップデートやDLCへのセーブデータ対応

ゲームのアップデートやDLC（ダウンロードコンテンツ）の販売を計画している場合は、あらかじめセーブデータとの関係を考えておく必要があります。

対戦ゲームでキャラクターをDLC販売する場合、DLCデータの有無でセーブデータがおかしくならないか。追加ストーリーがあった場合、DLCのストーリーを進めてセーブしたあとにDLCを消したらどうなるのか。といった、DLCのデータがいつ失われてもセーブデータが異常な状態にならないよう設計しておく必要があります。ゲームの発売前は、DLCでどんな情報のセーブが必要なのかが定かでないこともありますが、はっきりと決まっていない場合でもセーブデータのデータ構造に予備の領域を作っておくなど、余裕を持たせておくことがお勧めです。

サウンド関連機能

ゲーム開発におけるサウンド要素はグラフィックス要素と比較してどうしても後回しになりがちですが、実はゲーム全体のクオリティに影響する重要な要素です。その特徴をみていきましょう。

音量バランスの確認

人は刺激的な映像を見たときとっさに目を閉じることができますが、大きな音や不快な音が鳴ったときに耳をふさごうとしても時間差が生じてしまいます。ましてやヘッドフォンをしていたり、ゲームコントローラーを握っている場合はなおさらです。ですから、音の設計ミスがもたらす不快感は絵よりも大きいことがあります。まずは音量バランスを調整しましょう。

ゲームも含めた映像・音声作品の音量に関する単位として「ラウドネス」があります。これは、人間の聴覚特性を加味した音量の計測方法で、単位は「LKFS/LUFS」です。ゲームエンジンやサウンドツール等にはラウドネスを計測する機能があります。PCや家庭用ゲーム機では、-24LKFSから±1におさえる事がひとつの基準になっています。一方スマートフォンではスピーカーが小さいこともあり、-18LKFSや-16LKFSを基準とする場合があります。プラットフォーム側でラウドネスに関するガイドラインが定められていることもあるので、各プラットフォームのドキュメントを確認しましょう。

耳に刺さる音の抑制

高すぎる音や低すぎる音は不快感を与えます。特に、キンキンした金属音・電子音が連続しないように注意を払い、不用意に高い音を出さないようにしましょう。また、同じ音が何百回と繰り返されてしまうことも不快感のひとつになりえます。その場合は音の種類のバリエーションを用意してランダムに鳴らしたり、ピッチ（音の高さ）やエフェクト、再生開始位置を変化させることで繰り返し感を減らして対処しましょう。

音量のメリハリ

ゲームの中において重要な効果音やセリフがそのほかの音に埋もれてしまわないように、特定の音を目立たせる「ダッキング」という手法があります。これは、目立たせたい特定の音を再生中は楽曲などほかの音の音量を一時的に下げるしくみです。

印象的なセリフやアイテムの位置を教える音、攻撃のタイミングを教える掛け声ボイスなどは、この「ダッキング」を活用することによってプレイヤーにより伝わりやすくなります。音量以外にも、音の高さ・低さで差をつけて特定の音を目立たせる方法もあります。

サウンドオプション

サウンドオプションは、プレイヤーが音量を調整するための機能です。ゲーム全体の音量とは別に、「BGM」「ボイス」「効果音」などのジャンルごとにボリュームを調整できるようになっているとよいでしょう。
　サウンドオプション画面では、音量を調整する対象の音がその場で再生されて確かめられるしくみになっていると親切です。好みで「サウンドテスト」としてBGMのフルバージョンを聴くことができるモードを入れる場合もあります。

サウンド演出開発のための専用ツール

　ゲームにおけるサウンドは、再生停止の単純な制御だけではなく、「フェードイン／フェードアウト」「同時再生数の抑制」「優先度設定と管理」「サウンドエフェクトのオン／オフ」など、多岐にわたる処理の実装が必要です。そうしたサウンド演出の開発に特化した「統合型サウンドミドルウェア」という製品ジャンルがあり、UnityやUnreal Engine 4などのゲームエンジンにライブラリを組み込んで利用します。サウンドミドルウェアを導入することによって、頻出の演出設定を内蔵しているため、開発コストの省力化が実現できます。
　また、「音楽・効果音の発注」で紹介した「インタラクティブ・ミュージック」についても、テンポに同期したループ楽曲の切り替えや、レイヤーごとにボリュームを変化させて楽曲のアレンジを滑らかに変化させる機能の開発が必要です。複雑なタイミング制御が必要なインタラクティブ・ミュージックの実装ですが、サウンドミドルウェアの利用によって工数の増加を抑えながら導入できます。
　サウンドミドルウェアは基本的に有償の製品ですが、個人・小規模のゲーム開発者が無料で使用できる選択肢として「CRI ADX LE」があります。サウンドデータが多い場合やサウンド演出にこだわりたい場合は、導入検討をしてみましょう。

CRI ADX LE
https://game.criware.jp/products/adx-le/

　筆者はサウンド実装の全般について、2019年に『Unityサウンドエキスパート養成講座』（ボーンデジタル）を執筆しました。サウンド演出をこだわりたい場合はぜひ参照してください。

権利・利用規約などの表示機能

ゲームには通常、ゲームに使用している素材の権利表記や、プレイヤーが遊ぶ前に読むべき利用規約を表示する場面があります。どんなものがあるのか見ていきましょう。

ライセンスの表示

使用するエンジンやツール、パブリッシャーとの契約によっては、ゲームの中に権利表記やロゴ表示が必要なものがあります。各社の規約を照らし合わせながら、それらの表示機能を作ります。

よくある権利表記のパターンは、Webで公開されているプラグインやライブラリの利用規約で義務付けられているライセンス表記です。Apache License 2.0、MIT Licenseなどで表示を求められるライセンス文書をゲーム内で確認可能にするために、オプション画面の中などに「権利表記」ページを作っておきましょう。規約によっては、スタッフクレジットへのロゴの掲載や、ゲームの販売ストア内の説明文へのライセンス表記が求められます。

ゲームの起動時に所定のロゴの表示を求められることもあります。ロゴには、ゲーム起動時に全画面表示を行うものや、タイトル画面の一部に配置するもの、表示は義務だがプレイヤーによるボタン操作でスキップ可能であるものなどがあります。もしもスキップ不可の規約だった場合は、ロゴを表示している間に必要なデータの読み込み処理などをしてしまうとよいでしょう。

ゲームプロジェクトにはたくさんのライブラリやプラグインを導入します。これらのライセンスを管理するお勧めの方法は、ゲームのプロジェクトフォルダの中にライセンス内容をまとめたテキストファイルを作っておき、導入時にすぐに追記しておくワークフローです。権利表記のページを作成したタイミングでそのテキストファイルの中身を表示するようにしておけば、ライセンス表示漏れを防げます。

利用規約の表示

利用規約は、そのゲームを遊ぶためにプレイヤーに同意してもらう規約をまとめた文書です。 特にオンラインゲームの場合は、プレイヤーどうしのトラブルを避けるため、事前に規約文書を表示し、その表示に同意することでのみゲームを遊べるようになっていることがほとんどです。

チャットや個々のプレイヤーみずから作成した文字・画像などUGC（ユーザージェネレイテッドコンテンツ）を扱うゲームの場合は、ゲームを使ってゲームプレイを阻害する勧誘行為や悪質な言動をされないように、規約で明示的に禁止することも重要です。ほかにも、プレイヤーが著作権侵害などを行った場合に公的機関へ対象者の情報を開示する旨もあわせて表示します。

規約の作成にあたっては、ほかのゲームの規約を参考にして作っていくこともできますが、利用規約自体に著作権が発生する場合もありますので、文書を勝手にコピーせずに自分で作りましょう。最も堅実なのは、弁護士に利用規約の作成を依頼することです。依頼料は、安いところだと数万円ぐらいから相談に乗ってくれます。

プライバシーポリシーの表示

メールアドレスなどの個人情報を取得して使用する場合は、その扱いを明確に定義し、プレイヤーがゲームを安心して遊べるようにしなくてはなりません。「プライバシーポリシー」は、取得した個人情報をなにに使うか、そして使用目的において最小限の使用のしかたであることを示す文書です。スマートフォンゲームでよくあるのが位置情報です。位置を取得してアイテムを渡したり、対戦ができるシステムなどのしくみがある場合は、個人情報の取り扱いについて説明しなくてはなりません。利用規約と同様に、その旨を説明するページを作り、ゲームの初回起動時などににダイアログで表示しましょう。

例として、インディーゲームスタジオilluCalab.のプライバシーポリシーを紹介します。この例のように、ゲームを多言語で配信する場合は、英語・日本語両対応であると望ましいです。

illuCalab. - 個人情報保護方針
https://worldend.illucalab.com/privacy_policy.html

スタッフクレジットの表示

ゲームにはなるべく、スタッフクレジットを表記するページを作っておきましょう。あなた自身と、制作に携わったチームや素材制作者の名前を記載します。ゲームが完全に個人で作った作品であっても、前述のように、使用したツールやアセットに権利表記に関する規約がある場合には、スタッフクレジットを作って表示しなければなりません。

開発に協力してくれた人の名前や使ったツールの名前はスタッフクレジットに入れておきたいものですが、ゲームの完成間際になると見落としがちです。ゲームのプロジェクト内のテキストなどに、スタッフクレジットに載せるべき名前を順次メモしていくとよいでしょう。

問い合わせ先の表示

スマートフォンゲームやPCゲームの場合は、トラブルがあったときに備えて、不具合報告や課金に関する問い合わせを受け付ける「問い合わせ」フォームへのリンクをメニュー内などにつけておくとよいでしょう。フォームを含めたゲームの公式サイト制作については第3章で説明します。

健康のための注意書きの表示

ゲームに激しい点滅などの演出がある場合、てんかん症状を引き起こす可能性について、ゲームの起動時に注意事項を用意しておくとよいでしょう。映像にいてどのような表現が刺激となってしまうのかは、日本放送協会の「アニメーション等の映像手法に関するガイドライン」が参考になります。

アニメーション等の映像手法に関するガイドライン
https://www.j-ba.or.jp/category/broadcasting/jba101033

法律に関するそのほかの表示

ゲームのビジネスモデルによっては、法律に従った表示が必要になる場合があります。たとえばゲーム内コインなどを有償で販売する場合は、利用期限や返金などの情報をを示す「資金決済法に基づく表示」が必要です。ゲームに関係する法律については、第4章にまとめています。

快適に遊んでもらうための機能

ゲームを快適に遊んでもらうためには、ゲームの核となる面白さの部分以外に用意すべき機能がいくつかあります。チュートリアル、コントローラー設定、多言語対応など、プレイヤーがゲームに集中できる環境を可能なかぎり用意しましょう。配信に間に合わなくとも、アップデートで加えていくことも検討しましょう。

ゲーム内での操作ガイド

ディスクやカートリッジでのゲーム販売が中心的であった2010年代中ごろまでは、パッケージの中に「取扱説明書」があり、ゲームの操作はそこで確認できました。デジタル販売が中心のいまでは、ゲームのメニュー内に操作説明があることがほとんどです。どのような説明が必要なのでしょうか。

チュートリアル

チュートリアルは、はじめてプレイヤーがゲームを触るときに、ゲームの基本的な操作を学んでもらう場面です。ほとんどのゲームでは、ゲーム開始直後のステージやプレイがチュートリアルとして機能するように作られています。たとえばアクションゲームならば、プレイヤーキャラクターの操作方法を自然にストーリに沿って学べるように作られています。最終的には、ゲームの情報をまったく知らない人がゲームを順番に遊んでいくだけで操作方法を理解してくれるまで、チュートリアルをブラッシュアップすることが最も望ましいでしょう。説明不足なことがゲーム内に残ってしまってはいけません。「自分がいまなにをしているのか？」をプレイヤーに丁寧に伝えていく必要があります。

レベルデザインがよくできているゲームは、新しい要素がアンロックされるたびに、チュートリアルとして機能する場面が用意されています。新しい技を覚えたあとで、その技が有効に機能する敵やステージが登場し、どんな局面でこの技を使うべきなのかを紹介するのです。

そのうえで、すでにこのゲームを遊んだことのあるプレイヤーが最初から遊ぶことを想定し、チュートリアルをスキップするオプションを提供しておくと親切です。

Tips表示

チュートリアルとして操作方法を説明する場面のほか、ゲーム進行中のさまざまな場面でゲーム内の情報を「Tips」としてプレイヤーに説明し続けると、プレイヤーが操作に迷いにくくなります。ポピュラーなゲーム内Tips表示はロード中のテキストです。「○ボタンを長押しするとその場でしゃがむ」などの、少し細かな操作要素を紹介するケースに利用できます。また、ゲーム内の看板としてゲームの世界の中で操作方法を表示する方法もあります。アクションゲームなどでは、操作方法を小さな動画のワイプで入れてアクションの説明をすると動きが伝わりやすく、親切です。

メニューの中で操作説明をいつでも確認できることも大切です。チュートリアルで説明した操作についても、プレイヤーが久しぶりにゲームを起動したときのことを考えて、任意のタイミングでもう一度確認できるようにするとよいでしょう。

コントローラーとキーコンフィグ

ゲームの代表的な設定項目が「コントローラーやキーボードの設定変更」です。可能なかぎり、プレイヤーがカスタマイズできるようにしておくことが望ましいです。

PCゲームで必須のキーボード操作対応

Steamを含め、海外も含めた市場にPCゲームを販売する場合は、キーボード操作への対応が**不可欠**です。日本では家庭用ゲーム機の市場が大きいため、ゲームコントローラー（ゲームパッド）でプレイされることが多いですが、海外ではPCのゲームであればキーボードでプレイされることがとても多いです。必ずキーボード＋マウスでの操作に対応しましょう。

普段使いのキーボードが日本語配列の場合は、英語配列の101キーボードでも動作を確認しておくことをお勧めします。海外プレイヤーのキーボード環境において、存在しないキーに入力を割り振っていないか、押しづらい配置になっていないかをチェックできます。

ジャンルのセオリーに従った操作体系の採用

ゲームの操作体系は、特殊なボタン配置を可能なかぎり避けることをお勧めします。つまり、「Aボタンが決定でBボタンがキャンセル、X/Yボタンがジャンプやリロード、パンチ」など、ゲームジャンルそれぞれに定番とされている操作体系に合わせます。キーボードの場合も同様に、移動は矢印キーだけではなくW/A/S/Dキーでもできるようにしておきましょう。

操作の不慣れさ・違和感はゲームの離脱率に直結してしまいますので、よほどの理由がないかぎり、特殊なキー配置は避けて平均的なものに合わせるべきです。

タッチ操作への対応

スマートフォンタイトルの場合は、iOSとAndroidのレギュレーションによる違いに注意する必要があります。たとえばAndroidには「バックボタン」がありますが、プレイヤーがバックボタンをタッチした際の挙動はどのようにするべきかのレギュレーションが定められています。

スマートフォンとPCの両方でゲームをリリースする場合は、タッチ操作とコントローラー操作の両立が必要になります。この両立はボタンやリストの選択状態を管理するうえで非常に複雑になりますので、早めのテストをお勧めします。

最近はPCや家庭用ゲーム機からスマートフォンへ移植するケースもあるほか、たとえ移植をしなくても、クラウドゲームの登場によって「スマートフォンでPC用のゲームをタッチコントロールで遊ぶ」といったケースも出てきています。

ボタンやキーのカスタマイズ機能への対応

コントローラーやキーボードの設定はプレイヤーが可能なかぎり自由にカスタマイズできるようにしておくとよいでしょう。しかし、大量に種類があるコントローラーの管理システムを自力で実装するのは大変です。たとえばUnityを利用している場合は、利用実績の多い拡張アセットである「Rewired」を使うとよいでしょう。

Steamも含めたPC向けストアで販売することも踏まえ、よく使われるコントローラーでは動作確認をしておくことが重要です。海外において、PCゲームで多く使われているのはXbox OneとXbox 360のコントローラーです。これらのコントローラーはXinputという規格で動作します。PlayStation 4のDualShock 4も次いで多く、この3種類に加えて、一般的なPCのコントローラーなどでテストするとよいでしょう。なお、Steam SDKを利用した実装では、PlayStation 4やXbox Oneなどのコントローラーについて、プレイヤーが自由にボタンマッピングできるようになります。

コントローラーの接続・切断の検出

PCや家庭用ゲーム機では、ゲーム実行中にコントローラーの接続・切断が起きます。コントローラーの接続状態に変化が起きたらいったんポーズメニューに入るなどの措置を行い、意図しない挙動に陥らないように制御を行いましょう。特にローカルマルチプレイゲームにおいては、複数コントローラーの接続状況を管理しなくてはなりません。プレイ中に新たなコントローラーが接続されたときに、プレイヤーが操作するキャラクターが入れ替わったりしては大変です。

コントローラーのボタン画像の適切な表示

前述した「Tipsの表示」などにおいて、ゲーム内でコントローラーのボタン画像やキーの画像を表示して、「Xでパンチ」などの操作説明を行う場面があります。このとき、PCに接続されているコントローラーの種類を検出して、そのコントローラーに適したボタンの画像や記号を出す必要があります。なにも接続されていないときはキーボードの画像を表示し、特定のコントローラーが接続されたらそのボタン画像を出すとよいでしょう。

なお、「○」「×」などの特殊記号は、PCに適切なフォントが入っていないと描画されなかったりエラーのもとになったりしますので、文字ではなく画像を使いましょう。コントローラー用のボタン画像は、ゲームパブリッシャーであるThose Awesome Guysが無償の画像パックを配布しています。

Xelu's FREE Controllers & Keyboard Prompts
https://thoseawesomeguys.com/prompts

PC向けにゲームを発売する場合は、このような無償・有償のボタン画像セットを活用できますが、家庭用ゲーム機での販売時には、プラットフォーマーが利用できるボタン画像を指定している場合があります。各社のボタン画像表示に関するルールをあらかじめ確認しておきましょう

オンライン機能

本書で紹介するオンライン機能とは、「ネットワークを介したマルチプレイ」の実装のことではなく、サーバーを介したネットワーク接続を使って、プレイの利便性やほかプレイヤーとの競争を可能にする機能を指します。こうしたオンライン機能はスマートフォンゲームでしばしば活用されていますが、PCや家庭用ゲーム機でも有効です。

BaaSの活用

「BaaS（Backend as a Service）」は、プッシュ通知やオンラインストレージ、データベースといった、ゲームやスマートフォンアプリの開発・運用に役立つ機能を提供するサービスです。ゲームに「ログイン」の概念を付与することで、プレイヤー固有の情報をサーバーで管理する機能や、セーブデータのレストア機能などを実現できます。

オンライン機能を活用するメリットはサーバーとの通信が可能になるだけではありません。もうひとつの側面として「ゲームの改造を防げる」という面があります。セーブデータやアイテムの提供、ガチャのロジックなどをサーバー側で管理することによって、ハッキングされにくい構成にすることが可能です。

BaaSが登場するまで、サーバーを介した通信は開発者がサーバーを用意して、その上でゲーム用のサービスを開発・構築する必要がありました。BaaSにはネットワーク関連の機能がワンパッケージにまとまっており、サーバー

技術に詳しくなくてもオンライン機能を導入できます。

BaaSの選び方

BaaSは、さまざまな会社が提供しています。どのBaaSを使うか検討するときは、ゲームの企画に合った料金体系であるか、家庭用ゲーム機に対応しているか、機能は充実しているか、サポート体制はどうか、などの情報を収集しましょう。たとえばAmazonのGameSparksやMicrosoftのPlayFab、国産ではGame Server Services（GS2）などがあります。新しいサービスとして、完全無料のEpic Online Servicesもあります。比較検討と動作検証を行い、導入するサービスを検討しましょう。

BaaSの料金は、一般的にアクセス頻度やユーザー数で変わります。最初は無料で利用でき、規模が大きくなりアクセス数や同時接続者数が増えた段階で有料プランに移行するパターンや、ゲームの売上が一定規模以上を超えたタイミングで有料になるサービスなどがあります。

また、技術的な側面にも注目してBaaSを選びましょう。ポイントは「ゲーム用の機能が充実していること」「ゲームのインストール容量への影響が小さいこと」そして「新しいゲームエンジンのバージョンに追従し、SDKやドキュメントの更新が頻繁に行われていること」です。

マスターデータの管理と配信

マスターデータとは、敵の強さ、武器のパラメータ、アイテムの出現率といったゲーム内のさまざまなパラメータを一括管理しているファイルです（ファイルは複数にわたることもあります）。

パラメータをマスターデータとしてゲームのコードから分離して持っておくことで、ゲームデータの更新が容易になります。スマートフォンアプリの場合はアプリ自体のアップデートに審査が必要になり、時間がかかりがちです。そこで、BaaSなどを経由してマスターデータを配信することで、アプリ自体のアップデートを行うことなくゲーム内パラメータを更新できます。これにより、ゲーム内の敵が強すぎたり、アイテムのパラメータにミスがあったりしたときにもすぐに修正が可能になります。

端末引っ越し機能

スマートフォンゲームの場合、プレイヤーが機種変更によって端末を変更することがあります。機種変更時に、プレイヤーがゲームのセーブデータをある端末から別の端末へ移行できるようにしておきましょう。端末はiOSからAndroidへ、またはAndroidからiOSへ変更されるケースもよくあります。このような状況に備えて、セーブデータをサーバーへ一時的に保管して、機種変更後に復元する機能を持つことが望ましいです。BaaSにはプレイヤーごとにログインして利用できるデータストレージ機能があり、これを使うことで同機能を実現できます。

ただし、課金に関するデータを取り扱うときには各ストアの規約や法的な問題がないかどうか慎重になる必要があります。また、誤ってセーブデータを上書きしてしまったり、別のユーザーがセーブデータにアクセスしてしまうことがないように、一時的なパスワードを振り出したり、一定期間後は削除したりといった配慮も必要です。

ゲーム内のお知らせ配信

ゲーム内キャンペーンのお知らせや、イベントのお知らせ、不具合の告知などをゲームのメニュー画面に表示させたいことがあります。こうした通知についても、BaaSによって比較的簡単に実現できます。

具体的には、BaaS経由でプレイヤーの端末へ文字や画像などのデータを追加で配信しておき、ゲームの起動時にこれらのデータを取得し、プレイヤーに対して表示します。毎日は難しいかもしれませんが、プレイヤーへ新しいコンテンツを継続的に提供し、飽きずに遊び続けてもらえるようにしましょう。

プッシュ通知

スマートフォンゲームにおいて、デイリーチャレンジやトーナメント、季節イベントなど時期に関係するイベントを実施する場合は、アプリのプッシュ通知に対応すべきでしょう。

多くのBaaSでは、iOS/Android両方に対応したプッシュ通知機能を提供しています。開発者はBaaSの管理画面を通じて、アプリをインストールしたプレイヤーの端末へプッシュ通知を送信できます。プッシュ通知を活用して、ゲームのアップデートやイベントの開催告知、課金アイテムの割引セールなど、プレイヤーをゲームに呼び戻すための施策を行いましょう。

プッシュ通知はアプリの外で起きるアクションのため、iOS/Androidともにプレイヤーが端末設定でオフにできます。また、プッシュ通知を送る前に所定のダイアログを出して、プレイヤーにプッシュ通知の可否を選択させるUIを実装する必要があります。

プッシュ通知には、アプリ内部から通知を行う「ローカル通知」という方式があります。ローカル通知はBaaSやサーバーを介する必要はありません。ゲームエンジン側でAPIが用意されていることも多いです。ゲームへの呼び戻し施策に使ってみるのもよいでしょう。

アイテム配布と季節のイベント

「デイリーのログインボーナス」などの実装は、プレイヤーがゲームを毎日起動するモチベーション維持のために大切です。しかし、端末内部の時間を見てデイリーボーナスを出す実装にしていると、端末の時間設定をいじられる可能性があります。そこで、BaaSを使って「サーバー側の時計を確認して、プレイヤーがアプリを起動したときに日付を跨いでいればアイテムを提供する」というしくみにすることでチートを避け、デイリーが1日1回だけ発生することを保証できます。また、同様のしくみを使って季節やキャンペーン、ゲームの進行度に応じてアイテムを提供することも可能です。

プレイヤーの分析

BaaSの中には、プレイヤーの分析（アナリティクス）機能を提供するものもあります。アナリティクスは、プレイヤーがどのようにゲームを遊んだかの情報を端末から収集し、分析します。たとえば「インストールしたあとにゲームを遊んだか」「プレイヤーがゲームのチュートリアルを突破したか」「チュートリアル突破後のゲームのどの段階で離脱したのか」といった情報を取得して、ゲーム内報酬を調整するなどのチューニングに利用できます。

また、事前にプレイヤーにデータ取得の同意を取ったうえで、年齢帯やゲーム内アイテムの指向といった情報を得られます。収集した情報によってプレイヤーを「タイプ分け」、すなわちセグメンテーションすることで、それらのタイプに最適なゲーム体験を配信できるよう調整し、継続率や課金率を上げていくことも考えられます。
アナリティクスのしくみはBaaSのみならず、ゲームエンジンのいち機能として用意されていることもあります。

データの暗号化

ゲームのオンライン機能を簡単に実装できるBaaSですが、サーバーとの通信時には、データを暗号化して簡単に改変できないようにしておきましょう。たとえばサーバーへ「クリア時の点数」を送信する場合、数値をそのまま送信するよう実装してしまうと、悪意を持ったプレイヤーがゲームを改造しやすくなり、結果としてランキングデータを荒らされてしまうなど、不正の温床になります。送信時にデータを暗号化して安全性を高めましょう。簡易的な暗号化にはAES暗号化方式が多く利用されています。不正防止はイタチごっことはいえ、カジュアルなハッキングを防止することには意味があります。

個人情報の取り扱い

BaaSを活用してログイン機能を使う際にメールアドレスを収集したり、アナリティクス機能を使ったりするということは、あなたが個人情報の取扱業者となることを意味します。本章ですでに述べたとおり、ゲーム内の利用規約には、ゲームがどのような情報を扱い、それをなにに使うかを明記しなくてはなりません。法的な情報については、第4章の「ゲームの販売・運営に関する法律」を参照してください。

ローカライズ・多言語対応

Steamなどでゲームを配信する際は、多言語対応がほぼ必須といえます。個人のゲームであっても、より多くのプレイヤーに届けたいと思っているのであれば、可能なかぎり複数言語に対応しましょう。基本的には翻訳はプロの翻訳家やパブリッシャーに依頼するかたちになります（あなたがマルチリンガルな開発者ならこのかぎりではありません！）。

多言語を前提としたゲームの構成

多言語対応をする予定があるなら、まずはゲームプロジェクトの構成から翻訳の負担を減らす工夫をしていきましょう。単純な解決方法として、そもそも文字を使う場面を減らすという考え方があります。残機表示を文字ではなく記号で表したり、「次に進む方向」をテキストではなく矢印で示したりといったように、文字を使わない表現へ置き換えられます。

「画像に文字を直接埋め込まない」という点も多言語対応においてたいへん重要です。文字が書いてあるボタンは「フレーム」の画像にプログラムで文字を重ねるようにします。同様に、ゲーム中で登場するすべてのテキスト表示は、長さや文量の変化に柔軟に対応できることが望ましいです。ドイツ語、ロシア語、イタリア語は、文字数が倍以上に増えることがあります。

アドベンチャーゲームのように、キャラクターのセリフなどが表示されるゲームの場合、ダイアログへ一度に表示できる文量は言語によって変わります。単純に文字のサイズを小さくして解決するのではなく、文字が多い言語においてはダイアログをスクロール可能にしたり、ページ送りのタイミングを言語によって可変にしておくことで対応しましょう。フォントのデータサイズも無視できない要素です。言語の切り替え時にはフォントのロード・アンロードをきちんと行える構造にするとよいでしょう。

文字要素とプログラムコードの分離

多言語対応の鉄則として、ゲーム内に表示されるすべての文字要素はプログラムコードから分離し、容易に差し替えられるようにしておかなくてはなりません。文字要素は表計算ソフトなどで管理しておき、ゲームプロジェクト側ではコードが読みやすいデータに変換して組み込みます。文字要素がコードの中に混じっていると、変更があったときの差し替えが大変ですし、翻訳家がコードやゲームエディタに埋め込まれた文字を翻訳するのは困難です。

たとえば、ゲームの開発環境とGoogleスプレッドシートを連動させる実装を用意することで、文字要素の差し替えが容易になります。ゲームのビルドを実行する前に、あらかじめ指定したGoogleスプレッドシートのURLから最新の翻訳データを取り出し、ゲームで使えるデータ形式に加工してからビルド処理を行う、といったワークフローが考えられます。データ形式はJSON

やXMLなどが適しているほか、UnityであればScriptableObjectへの変換フローも考えることができます。

機械翻訳の部分的な活用

無料で翻訳を行う方法として「Google翻訳」「DeepL」などの機械翻訳を使うことをまず思いつくかもしれません。しかし、2021年現在において、機械翻訳の品質はまだまだ人力には劣ります。品質の問題のみならず、機械翻訳は意味が逆になったり、いつのまにか文書が抜けていたりというトラブルの原因にもなりえます。また、機械翻訳を行うサービスによっては、翻訳が無料であっても、そのデータを商用利用できない規約になっていることもあります。機械翻訳による品質の問題は、プレイヤーに対してゲームが安っぽいような印象を与えてしまいますので、なるべく翻訳のプロに依頼しましょう。

ただし、機械翻訳は「本番翻訳の前の仮データ」として活用できます。実際の翻訳済みデータが来る前に、ゲーム内での見た目の調整や、文書量の見積もりができます。Googleスプレッドシートには、セルの中で機械翻訳を実行する関数がありますので、先に述べたワークフローと合わせて活用しましょう。

オープンソースの頻出単語翻訳リストの活用

キャラクターのセリフ以外にも、メニュー画面やUIなどで表示される操作説明も翻訳する必要があります。「撃つ」「話す」「投げる」といった、ゲームで頻出の単語については、有志によって「Polyglot Gamedev」「Game Localization Data」などの、多言語の翻訳済みリストが公開されています。ライセンスは前者がCC0、後者はMIT Licenseです。

Polyglot GamedevのGitHubリポジトリ
https://github.com/PolyglotGamedev

Game Localization Data
https://docs.google.com/spreadsheets/d/197GYEhPpk0DQTEO0r80v_k_bkGVtUgBB08PP--hqCIA/edit?usp=sharing

ほかにも、こうした翻訳データベースはいくつかあります。翻訳の質は担保できませんが、翻訳家にアドバイスをもらいながら活用していくとよいでしょう。

翻訳する言語の選び方

ゲームを多言語対応させるとして、どの言語の翻訳を収録しておくべきでしょうか？ ゲーム全体のユーザーベースで言えば、英語が最も多いです。次いで、家庭用ゲーム機向けにはヨーロッパ言語（イギリス・フランス・イタリア・ドイツ・スペイン）が、PCゲームにおいてはポルトガル語や韓国語、ロシア語の対応があるとよいとされています。ですが、これらは全体の傾向であり、ゲームのビジュアル面のテイストやジャンルによってどの地域に向けた翻訳が適しているかは異なります。

自分のゲーム対してどんな言語が収録されているべきか考えるときは、Steamで自分の作品と似たタイトルを調べ、それらのゲームがどの地域で売れているのかを分析することで、判断基準にするとよいでしょう。第3章の「競合タイトルの調査」では、類似タイトルのデータを調べるサービスを紹介しています。

翻訳家へ渡すデータの作り方

翻訳家に依頼する際は、単にゲーム内の文章が羅列されたテキストデータを渡すだけではまったく足りません。翻訳はできても、ゲームの場面にフィットした結果になっているとはいえないからです。そのため、ゲームの状況、会話の順序、キャラクターの背景などをテキストデータと一緒に表計算ソフトで管理しましょう。ゲームに関する情報があればあるほど、翻訳の質は高くなると考えてよいでしょう。本章の前半で紹介したプロジェクト管理ツールでゲームに関するドキュメントやWikiをまとめている場合は、翻訳家にそのアクセス権を付与することも考えられます。

たとえば、ゲーム内に登場するキャラクターのセリフであれば、そのキャラクターの性自認、アイデンティティ、服装、心情、設定、ゲームの場面がわからないと、適切でない翻訳になってしまうことがあります。メニュー画面などに使うシステム系のテキストでは、そのテキストがゲームのどの位置に表示されているのかでも翻訳は変わります。ただし、ゲーム側の制御用の情報が混ざった「プログラムコード混じりの翻訳テキスト」は翻訳の難易度を上げます。制御情報と文字情報は分離しておきましょう。

翻訳家との契約内容によっては、事前に現在のゲームビルドを遊んでもらう「ファミリアライズ」という工程を挟むことがあります。まずビルドを渡し、翻訳データをもらったあとも、可能なかぎり最新の翻訳データを反映したビルドを翻訳家にも共有して、翻訳がゲームの場面に沿っているかどうかを確認していくとよいでしょう。

先ほど紹介したGoogleスプレッドシートを活用して、翻訳家が文書データをアップロードするとゲーム側で即反映して確認できるようなしくみを構築できると理想的です。

翻訳家の探し方

翻訳家は企業に所属する社員からフリーランスまで幅広く、料金や品質もバラバラです。あなたのゲームがパブリッシャーと契約した場合は、そのパブリッシャーの社内の翻訳チームが担当してくれたり、別途翻訳家を探してきてくれる場合があります。

自分で探すのであれば、ゲーム翻訳の経験が豊富な方に頼むとよいでしょう。特にお勧めなのは、自分のゲームの規模やジャンルに近い作品の翻訳経験がある方です。積極的に過去の実績をヒアリングして、自分の作品テイストとシナジーのある翻訳家を探すとよいでしょう。

海外で禁止とされている表現

海外で発売する場合は、その地域の文化や法律で禁止されている表現に抵触していないか注意する必要があります。暴力やギャンブルの表現、政治・宗教関連、性的表現などの表現によっては、その地域でそもそも発売できないこともあります。

パブリッシャーや翻訳家はこのあたりの最新の事情にも詳しいので、こうした表現について早めに相談するのが近道です。

さまざまなオプション機能

ゲームの快適性を上げるためには、各種オプションの選択肢を豊富に用意するとよいでしょう。あまりに細かすぎるのも考えものですが、オプションが少ないとプレイヤーの不満につながる可能性があります。自分のゲームと近いジャンルのゲームを研究しながらどんなオプションが必要かを考えてみましょう。

文字の大きさ

一般的に、小さすぎる文字を表示することは推奨されません。普段みなさんはPCのモニターでゲームを開発していると思いますが、プレイヤーはソファーに座って遠くに置いたモニターでプレイするかもしれません。モニターから1メートル離れても見やすい文字サイズとするのが理想的です。Steamの開発者向けマニュアルでは、フルHD解像度（1920×1080）の環境において、フォントの最低サイズは24pxとしています。セリフのダイアログなど、たくさん読ませる文字は大きさを選択できるオプションがあると理想的です。

グラフィックスオプション

ゲームのグラフィックス要素をカスタマイズできるようにしましょう。よくある設定項目は「字幕の有無と字幕言語の切り替え」「ゲーム内の演出のオンオフ」です。血が出るゲームならそれをオフにできるオプションを、激しめなカメラ揺れやブラーなどの演出が入るゲームならば同様にオフのオプションを用意し、プレイヤーが選べるようになっていることが望ましいです。

PCゲームの場合、プレイヤーのハードウェアスペックに大きな幅があります。画質の設定や解像度設定など、グラフィックスに関する複数のオプションを用意しておき、プレイヤーがカスタマイズできるようにしておきましょう。高解像度でプレイしたときのために、UIや文字を大きく表示するオプションがあるとなお良いです。

最近のPCモニターは144Hzなどの高リフレッシュレートモデルや、横に非常に広いウルトラワイドモニターなどの製品もあります。これらの環境で起動した際に不具合が出ないよう、なるべく多様な環境で確認するとよいでしょう。こうした環境では、UIのレイアウトが崩れてゲーム内の見えてはいけないものが見えてしまったり、ゲームが高速に動いてしまったりといった不具合が想定できます。

グラフィックスの設定を考えるときは「Steamハードウェア＆ソフトウェア調査」のページを参考にしましょう。現在のゲームプレイヤーがどんな

GPUや解像度で遊んでいるかの統計を確認できます。

Steamハードウェア&ソフトウェア調査
https://store.steampowered.com/hwsurvey/Steam-Hardware-Software-Survey-Welcome-to-Steam

この情報によると、モニターについては2021年7月時点で1920×1080が67%であり、実は今でも「フルHD解像度」のプレイヤーが圧倒的であることがわかります。自分の開発環境から離れて、どんな環境を重点的にサポートするかを考えましょう。

アクセシビリティの向上

人間はみな同じではなく、個性と違いがあります。幅広いプレイヤーにゲームを遊んでもらおうと考えた場合、その違いによる困難を緩和する、アクセシビリティ機能があると望ましいです。

たとえば瞳孔・虹彩の色によって、モニターの見え方が違なります。日本では茶や黒の瞳が多いため、画面が暗めに見えるそうです。しかし、青や緑など明るい目の色をもつ人の場合は、画面が白っぽく見える傾向にあります。そこで、起動時にゲームの彩度や色調を調整できる機能の実装などを検討しましょう。

そのほか、たとえば色盲対応として色を見分けやすくするオプションを追加したり、字幕を大きくできるオプションなどもアクセシビリティの向上につながります。英語資料ですが、MicrosoftによるXboxのアクセシビリティガイドラインには、こうした情報がまとまっています。たくさんのゲーマーに遊んでもらうためにも、アクセシビリティ機能の用意を検討しましょう。

Xboxアクセシビリティガイドライン V2.5
https://docs.microsoft.com/ja-jp/gaming/accessibility/guidelines

個人情報のオプトアウト

ゲーム内に広告表示があるときや、プレイヤーの分析を行っている場合、それらの処理を行うSDKが端末を識別する番号を生成・送信している場合があります。個人を識別できるものは個人情報にあたるため、オプション内にそれらの情報の削除ができる項目が必要です。詳しくは第4章で紹介します。

動画配信に関する機能と画面レイアウト

昨今ではゲームをプレイする様子を動画にして配信する、いわゆる「ゲーム実況」が盛んになっています。ストアに公開した以上、どんな小さなゲームも実況されると考えたほうがよいでしょう。Steamではストア内に動画実況を流すしくみもあり、プレイヤーがゲームを見つけるためのフックになります。

家庭用ゲーム機の中にも、動画配信をボタンひとつで行えるものがあります。こうしたゲーム機には、特定のシーンなどで動画のストリーミングを禁止する機能もあるため、それを活用すればネタバレ場面などの配信を制限できます。しかしながら、ゲーム機本体の動画配信機能ではなく、キャプチャーボードを使っている場合はその制限機能は無視されてしまいます。動画配信と相性の悪いゲームジャンルもありますので、その場合はガイドラインで制限をしましょう。詳しくは第4章で紹介しています。

動画配信を禁止せず許容する場合は、むしろゲームの動画配信がしやすくなるオプションを用意しておくと喜ばれます。動画配信者の環境を考え、ゲームのウィンドウモードでの実行やマルチモニターの対応をテストしておくとよいでしょう。

動画配信ではコメント枠・ワイプ枠を配置する、というフォーマットがよくあります。動画配信者に積極的に動画を作ってもらいたい場合は、実況者のワイプを入れやすい画面構成にするモードがあるとよいでしょう。たとえば、「重要なUIをストリーマーが被る位置に表示しない」といった設計です。「版権管理されている曲を流さないモード」なども配信者フレンドリーなオプションといえるでしょう。

デバッグとリファクタリング

ゲームの品質を上げるためには、バグを調査して修正するデバッグ、プログラムコードやプロジェクトの構成を整理して見やすくし修正・拡張しやすくするリファクタリング、ゲームの動作が極端に重くなったりスペックを過度に要求しないためのボトルネックを探すパフォーマンス解析が必要です。

デバッグ

デバッグとは、バグがないかを調査し、その原因を特定して修正する一連の作業です。ゲームを公開して多くの人に遊んでもらうためには、当然ながらデバッグの工程が必須です。「お金を払ったのにゲームを遊べない！」となってしまったら大変です。

デバッグの実施

確実な方法としてはデバッグ業務を行う企業に発注することですが、残念ながら日本国内にはインディーゲーム開発者向けに恒常的なデバッグサービスを提供している会社はありません。ですので、多くの場合が有志のテストプレイヤーを募ってデバッグプレイを行うことになります。

デバッグ工程におけるバグ管理については、ツールや表計算ソフトを活用します。「プロジェクト管理ツールの導入」で紹介したツールの一部には、「バグトラッキングシステム」と呼ばれ、主にデバッグで使われているものもあります。発見したバグをリストアップし、修正状況を管理できます。特に複数人開発の場合、すべてをメールでやろうとすると破綻します！

悲しいことですが、バグはどんどん溜まっていきます。インディーゲームにおいては「毎週金曜日は新規機能の開発をせずに、バグの修正のみを行う『Bug Fix Friday』を実施しよう！」という文化があります。デバッグは定期的に行い、先々の困難を未然に防ぎましょう。

デバッグ機能の開発

ゲームをデバッグするために、一時的に無敵になったり所持アイテムをMAXにしたりといったチート機能があると便利です。ステージの特定の箇所だけをテストしたいのに、悠長にアイテム集めをしている時間はないのです。同じく時短の発想で、ワンボタンで別の場面にジャンプできたり、テストしたいシーンからすぐにはじめられたりするようなデバッグ機能を導入すると効率的です。

あわせて、ゲーム実行中に呼び出せるデバッグメニューも作りましょう。特殊なコマンドや画面操作を入力することで表示され、ゲーム内のステータスを示しつつ、さまざまなデバッグ機能を呼び出せるメニューです。

このようなデバッグメニューがあれば、デバッグ作業はさらに楽になります。ただし、このメニューが販売用の本番ビルドで有効になっていたら最悪です。よくあるのが、キーボードのファンクションキーなどにデバッグメニューの呼び出しを割り当てており、無効化するのを忘れたままリリースしてしまうパターンです。デバッグ機能は本番ビルドに含まれないようにしましょう。

また、人の手によるデバッグを減らすために、オートプレイ機能を実装してデバッグを機械に任せる手法がとれると理想的です。メモリ不足によるエラー落ちやキャラクターの地形ハマり、パラメータ設定ミスによる進行不可能バグなど、条件を与えて繰り返しプレイさせることで検出できるバグはオートプレイで見つけていきましょう。デバッグ用オートプレイの実装が難しいゲームジャンルもありますが、一部だけでもかまわないので、導入を検討しましょう。

テスト

テストはバグを発見するために、プログラムコードが期待した値を出力するかどうかを確認する行為です。また、コードの品質を計測する行為も含めます。テストの実装によって、不具合を修正したら別の不具合を誘発してしまう（デグレード）、修正時に別のバグが発生してしまう（エンバグ）といった事態を早期に検出できます。

テストの実践にはさまざまな専門書があるため本書では具体的手法につい

て詳しく述べませんが、こうした手法を導入することでコードの品質を改善し、プロジェクト全体において不具合を減らすことができます。

Quality Assurance

Quality Assurance（QA）は「品質保証」という意味です。デバッグは「ゲームが止まる」「意図したとおりに動作しない」というような、正常に遊べない状況を発見・修正する作業である一方、QAはプレイヤーがこのゲームをスムーズに遊べるか、説明や字幕に間違ったところはないかを確認していく作業です。

UIが不親切である、ゲーム内のガイドが足りない、快適に遊ぶためのオプションが少ないといった項目をチェックする、痛いところを突かれる作業でもあります。可能なかぎり開発と並行して進めていくとよいでしょう。

発売前のゲームの最終的な品質確認プロセスは、どんなに少なくても3日は余裕を持たせましょう。開発中に目が慣れてしまっているせいで気が付かなかった表示ミスなどに配信直前に気が付いたら大変です。ときには配信日を遅らせる勇気をもって、品質を上げていきましょう。

Linguistic Quality Assurance

多言語展開を行う場合、その言語が正しく表示できているかを確認するプロセスが必要です。これはLQAや言語テストとも呼ばれます。言語テストは翻訳の品質を見るだけではなく、「文字がはみ出ていないか」「読みづらい改行になっていないか」などの表示のエラーをチェックするものです。

このテストを素早く行うため、たとえばキャラクターのセリフを表示するゲームなら、会話ウィンドウに文字がとにかく表示されるだけのモードを作ったり、特定のUIの表示を強制的に行うモードを作るなど、効率を上げる工夫があるとよいでしょう。

リファクタリングと最適化

リファクタリングとは、ゲームの挙動を変えずに内部の実装を改善して、可読性を上げたり、より高速な処理に置き換えたりする行為です。最適化は、グラフィックスの調整を行って、見た目をあまり劣化させずに、よりグラフィックスパワーの少ないプラットフォームでも快適に遊べるようにするものです。

リファクタリング

ゲーム開発、特に個人や小規模の開発の場合は、開発スピード優先でプログラムコードを書き散らしてしまっていることが少なくありません。展示会や体験版などの締め切りが迫っていたときの実装では特にそうです。

しかしながら、インディーゲーム開発において「落ち着いたら」というタイミングは永遠にやってきません。イベント直後や毎月決まった日などで、「リファクタリング」に当てる時間を能動的に確保する必要があります。

「コードが読みづらいな」と思ったり、「どこを触ったらなにが変わるか自分でもわからなくなってきた」と思ったら改善のタイミングです。コードの整理以外にも、以下のような「やること」があります。

- プロジェクト内の不要なデータの削除
- ロード時間の高速化
- 重いビジュアルエフェクトの高速化
- DLC配信や将来のアップデートに向けた改善

パフォーマンスのプロファイリング

ビジュアルの最適化を行う前に、ゲームのどこに重い処理があるのかを調査する必要があります。UnityならばProfilerやFrame Debugger、UE4ならUnreal InsightsやStatsの表示などを活用して、どこの処理に時間がかかっているかを調査しましょう。そのうえで、特にパフォーマンスに影響を与えている処理からコードを改善したり、軽い処理に置き換えたりします。プロファイリングのやり方にはさまざまなドキュメントがあるので、詳細はそちらをご確認ください。

ゲームデータの容量削減

ゲームのデータ容量を小さくすることは、プレイヤーにとってさまざまなメリットがあります。まず、ダウンロードやインストールの時間が短くなります。また、スマートフォンやPCの空き容量には限りがありますから、プレイヤーはデータ容量が小さければ小さいほど嬉しいです。

さらに、空き容量を圧迫するとゲームがアンインストールされてしまう可能性が上がります。アンインストールは、基本無料・アイテム課金や広告モデルの場合は特に避けたい事態です。そのうえ、スマートフォンにはストアで配信できるデータサイズに上限があり、上限を超えるデータは別途サーバーから配信しなくてはなりません。これについては第4章の「スマートフォンゲームでの配信」でも紹介します。

さて、それではどのようにデータ容量を削減するのでしょうか。方法は2つあります。不要なデータを消すことと、データの圧縮です。まずは、ゲームのプロジェクトファイル内に使用していないデータがないかどうかを調査します。特にゲームエンジンにおいては、ゲーム実行ファイルの書き出し時に使っていないデータが含まれてしまうことが多いです。そのようなデータがないか調べるためのアセットやプログラムコードがWebで公開されていますので、自分の開発環境に合わせて使用しましょう。

そして、ゲーム内で実際に使っているデータにおいても、設定の見直しによって容量を減らせる可能性があります。ゲームのビルド時のログを見ることで、どんなデータが容量を多くとっているかを調べましょう。たとえばテクスチャデータであれば、解像度や圧縮方式を変えることで見た目をあまり変えずに容量を大きく減らせる可能性があります。同様にサウンドデータにおいても圧縮設定の見直しをするだけでデータ量を減らせますし、「サウンド関連機能」で紹介したサウンドミドルウェアを使用することで、品質を大きく下げずに容量を減らせる可能性があります。

最適化の罠

最適化やリファクタリングというものは、終わりの見えないゲーム全体の完成とは異なり、数値や見た目でフィードバックが得られる作業です。このため、ある種の開発者は過度にリファクタリングに凝ってしまうことがあります。ところが、やたらリファクタリングを行ってもプロジェクトの全体の意味が薄い場合があるのです。

ほんの少しテクスチャの容量が減ったり、表示できるキャラクターの陰影が肉眼でわからない程度に増えたり、ロード時間が0.5秒短くなるような改修に1週間を費やす意味はあるのでしょうか？ 少しのミスが生死につながってしまうような医療系ソフトウェアならともかく、そうした細部は目をつぶって、より修正の効果が高い箇所や、新規機能の開発に時間を使ったほうがよい場合があります。単純に技術的な探求心として最適化を行うことを止めはしませんが、ゲームを完成に向かわせるためには、常に優先度を考えながらやるべきことを選ぶべきでしょう。

また、ゲームエンジンや開発ツールは日々新しい機能が導入されアップデートされています。それらの機能の恩恵を受けたいために、開発中にゲームエンジンのアップデートを行うことがあるかもしれません。重大なバグの修正が入ったときや、その機能がゲームプロジェクトに必須の場合はやるべきですが、そうでない場合は開発環境を更新しないことを選ぶべきです。特に開発終盤は避けましょう。バージョンアップにともなって別のバグが発生し、スケジュールが崩壊する可能性もあります。

完成の極意

これまでは技術的な側面を中心にゲームの完成について取り上げてきましたが、本章の最後に、精神的な側面から、完成の確率を上げる考え方を紹介します。

公式のドキュメントと動画、書籍を活用する

かつては「わからないことはGoogleで検索して調べよう」と言っていたものですが、残念ながら2021年現在においては、検索結果の上位に誤った情報が出てくる時代になってしまいました。これは過度なSEO対策や、人目を引くことだけが目的のセンセーショナルな情報（炎上ネタを扱ったり、ツールユーザーの対立を煽るなどの行為）がどうしても上位に来てしまうためです。しかも、あなたの感情をむやみに刺激するために悪意をもって発信している可能性すらあります。書き手の素性がわからない、有害な発信者に惑わされないようにしましょう。

Web上の技術情報に関しては、まず公式のリファレンスやヘルプを読む力を身につけることをお勧めします。UnityやUnreal Engine 4を使っている場合は日本語化されたドキュメントが整備されていますので、これらを第一のソースとして知識をつけましょう。また最近、ゲームエンジンメーカーは動画にも力を入れています。UnityはUnity Learning MaterialsというWebサイトでUnityの公式動画と勉強会の動画を網羅しています。Epic GamesはUnreal Online LearningというWebサイトに無料の動画チュートリアルを公開しています。

Unity Learning Materials
https://learning.unity3d.jp

Unreal Online Learning
https://www.unrealengine.com/ja/onlinelearning-courses

また、専門書を購入して活用することも大切です。書籍は情報が体系だっ

てまとまっているほか、著者が記名で責任を持って執筆し、出版社のチェックを経て世に出ています。書籍は万が一内容に誤りがあった場合も、その訂正内容の周知が行われる保証があります。

過度な作り直しをしない

「リファクタリングと最適化」でも述べましたが、ゲーム開発を進めていくと自分のスキルがアップし、以前作ったモジュールがダサく見え、ゼロから作り直したくなることがあります。これは大きな罠です。作り直しは別の部分との不整合を産み、バグを産み、作業時間をどんどん削っていきます。ゲーム作り、特に個人・小規模のものはコードやエディタの設定がある程度カオスになってもしかたがありません。パフォーマンスに問題があるとか、ビジュアル上の不整合があるとかでなければ、作り直しは避けるべきです。成長したスキルは次回作に役立てましょう。

また、ゲームに盛り込める新しいアイディアを思いついたとき、その導入によってゲームを作り直さなくてはならないときも同様です。それは新規のプロジェクトとして次回にとっておき、いま取り組んでいるゲームはそのまま作り続けましょう。

新しいゲームのアイディアに目移りしない

先ほど次回作の話をしましたが、いま取り組んでいるプロジェクトを放り出して、新しいものを作りはじめてしまうと、そのサイクルが延々と続いて完成しません。まずは作ると決めたプロジェクトを最後までやり切ってから、新しいアイディアの作品に取り組みましょう（ただしまれに、複数同時にプロジェクトを進めていたほうが効率が上がるタイプの人もいます）。

苦手な部分は減らすか依頼する

開発者によって、苦手な部分は異なります。プログラミングまたはゲームのエディタを使ってゲームを作るのが苦手、という方はそもそもインディーゲーム開発者に向いていないのでやりようがありませんが、エフェクトを作るのが苦手とか、シナリオを書くのが苦手といった場合はその作業が発生する量を減らすことで精神的な負担を軽くできます。あるいは、苦手な部分だけスポットでほかの人に依頼してしまうこともできます。自分がゲーム開発に対して苦痛と思う時間をなるべく減らしていくことが大切です。

毎日やる

モチベーションの極意は、「モチベーションなどなくただやるだけ」という状態に落とし込むことです。1日のうち5分10分でもゲーム作りの時間を確保して進捗を出しましょう。日々の積み重ねの有無は年単位のスパンで見ると大きな差を生みます。

無茶な徹夜をしない

開発がノッているからといって睡眠を削ってはいけません。それはあなたの日常生活に異常をきたし、開発に対するパフォーマンスを落とすどころか、病気の原因にもなりえます。ゲーム業界でよく言われる「デスマーチ」「クランチ」をあなたの開発に当てはめてはいけません。締め切り直前の状況ならばある程度はしかたがありませんが、なるべくしっかりとした睡眠をとるようにしましょう。睡眠に限らず、食事・運動も同様です！ バナナを食べて日光を浴びましょう。

終わらせる

ゲームは完成しない、というのは、次々に新しい要素を加えたり、それによってバグも無限に増えていく状況に溺れるからです。逆に言えば、ゲームのコア体験さえあるなら、そのほかの要素はバッサリ斬り落として「プロジェクトを終わらせる」ことによって完成させられます。ここまでの要素ができたら完成というラインを決めたら、そこに付けたしはせず、次回作に回していきましょう。

対談

独立から家庭用ゲーム機展開へ、その道のりと苦闘

「カニノケンカ」
ぬっそ
×
「ジラフとアンニカ」
斉藤敦士

ゲーム開発会社に就職してじっくりと経験を積み、その後独立してインディーゲーム開発者としての道へ進む開発者が増えています。家庭用機リリースを中心としたゲーム開発においてなにが大変だったか、動画配信やプロモーション、個人開発を支えるコンテストや助成金について、ふたりの開発者にヒアリングしました。

ぬっそ

なぜか魚介類が闘争するゲームばかり作っているソロゲーム開発者。参考資料として買った蟹を蒸したらとても美味しかったらしい。発見と好奇心を大事に、型にはまらないゲームを作っていきたいと思っている。

斉藤敦士（紙パレット）

ゲーム会社でデザイナーとして20年勤務し、2018年に独立。2020年に「ジラフとアンニカ」をリリース。アートディレクション、背景デザイン、UIデザインが得意。いろいろなことができるゼネラリストタイプを自任している。

独立を決断した経緯

——おふたりの自己紹介と、代表作についてご説明をお願いします。

ぬっそ　「ぬっそ」という名前で活動しております。大学時代に『ネオアクアリウム -甲殻王-』という、甲殻類を題材としたシューティングゲームを作って、ある程度話題になりました。その後、大手ゲーム会社に5年半ほど在籍しましたが、引き続き趣味として同人ゲームを作っていました。

そんな中で「インディーゲーム」というジャンルが流行ってきて、任天堂さんから「家庭用ゲーム機でゲームを出さないか」というお声がかかりました。それが『ACE OF SEAFOOD』です。本作がWii Uで発売されたことをきっかけに会社を辞め、クリエイターとして独立しました。その後、PLAYISMさんと一緒に同作をPlayStation 4でもリリースし、いまは『カニノケンカ -Fight Crab-』（以下、『カニノケンカ』）を2020年の夏に発売しました。本作以降は、ひとりではあるもののゲーム会社として法人化しています。

斉藤　「紙パレット」こと斉藤敦士と申します。学校を出てすぐにゲーム会社に入り、20年ほど主にデザイナーとして働いていました。ゲーム

ぬっそ氏の最新作『カニのケンカ -Fight Crab-』より

会社にいたころからゲームを趣味で作っていまして、それが『ジラフとアンニカ』です。同作の開発をはじめて2年くらい経ったところでイベントなどに出しまして、評判が良かった一方で、作りたいものの規模も大きいものになっていました。

そこで会社の仕事とゲーム制作のバランスを考えたときに、一回集中して自分のゲームを作りたいと思い、会社を辞めて独立しました。いまはインディーゲームを作ることを専業としてやっていまして、「ゲーム作家」と名乗っています。

『ジラフとアンニカ』は、優しいグラフィックと、コミック風に表現された懐かしい世界観の3Dアドベンチャー＆アクションゲームです。ネコ耳少女が不思議な島「スピカ島」を探索して、島に隠された謎を解いていく。インディーゲームらしいといえばらしいですが、プレイ時間は5時間から10時間くらいのコンパクトな内容となっています。2020年2月にSteamでリリースし、同年8月にSwitch、PlayStation 4、Xbox Oneでリリースしました。開発には計4年半の時間がかかりました。

——おふたりの共通点は、かつてゲーム開発会社に所属されていたことです。独立を決断した背景を聞かせてください。

ぬっそ　私はもともと学校の卒業制作としてゲームを制作していました。題材をいろいろ考えたときに「甲殻類とゲームの組み合わせで行こう」と考えたんです。実は、もともとそこまで海洋生物に詳しいわけではなかったのですが、甲殻類という題材をえいやっと決めて以降、いろいろ調べていくうちに魅力が見えてきて、この題材を追いたい

斉藤氏の代表作『ジラフとアンニカ』より

なという気持ちが出てきました。

その後はゲーム開発会社に就職しました。会社でほかのクリエイターが考えたシリーズの開発に参加することもとても面白かったのですが、心の底では学生時代に研究した甲殻類や海洋生物のゲームコンセプトがずっと気になっていまして。就職後も引き続きアイディアが出てきて、趣味レベルで個人開発を開発を続けていました。

そんなあるとき、ゲーム会社で関わっていたプロジェクトが中止になり、余暇ができた時期がありました。そのときにあらためて個人制作のゲームを時間かけて作りはじめました。そうすると、自分にはまだ作れるものがあるなとわかってきたんです。おりしも日本で「インディーゲーム」が流行ってきたという情報もあって、インディーゲームのイベントにも出展しました。

ゲーム会社での仕事はたしかに面白いのですが、そうしたプロジェクトで開発されているゲームは、自分が作らなくても完成します。一方の同人ゲームは「自分の頭の中にあるアイディアは、多分世の中に出てこないな」と。まず自分が魚やカニのゲームを遊んでみたいし、「こうしたコンセプトの作品が世の中に出てきたらどうなるんだろう？」というのを見てみたい。そして「自分にしかできないものがあるならやろう」と思いました。そのあたりが独立のきっかけです。

――独立の際は、収入などの面で不安はありませんでしたか？

ぬっそ　すでに作品をSteamで発売して収入は入ってきていたので、大きな不安はありませんでした。コミケで少量販売する程度ではまだ食っていくことはできなかったんですけど、Steamの売り上げならば食っていけるという感覚があったんです。私が会社員をやっていて趣味でゲーム開発をやっていたころから、個人でもSteam経由で海外も含めてゲームを出せるようになったときに、世の中が変わった感覚がありました。

——斉藤さんの場合は、独立を決断した当時の気持ちはどうでしたか。

斉藤　私は会社に不満があったわけじゃないんです。なんせ創業時から在籍していたので、どちらかというと愛着があったんですよね。なので辞めるとき、すごく寂しい感じでした。

退職の一番大きい理由は、「会社の仕事も全力でやらなくちゃいけないし、自分の作っているゲームも全力でやらなくちゃいけない」っていう状況になったことでした。どっちかの手を抜くことはできない性分なので、すごく疲れてしまって。『ジラフとアンニカ』も全力で作っていて、会社でやっている仕事もフルパワーでやっていると、やっぱり持たない。会社の人は社長も含めて私が作っているゲームを知っていたし、「会社の仕事に身が入っていない」と思われてしまうのが嫌で両方全力でした。しかしこのままでは身体がもたないと思ったことが、独立した理由のひとつです。

独立後はインディー開発一本に絞りましたが、インディーだからといって必ずしも自分の作りたいゲームが作れるわけではありません。もしかすると、会社組織の中で自分の作りたいものに近いものに関われたり、もしくは自分が発案して作れるのであれは、本当は理想かもしれません。

独立に踏み切ったもうひとつの理由は、まだ会社に在籍していたころに「Unreal DevGrants」というアワードを獲得したことです。これは、Epic Gamesさんから無条件で賞金がもらえるという制度で（第5章で紹介）、そこで賞金を獲得できました。

——ゲームのみである程度まとまったお金が発生したわけですね。

斉藤　もちろんそのお金だけで生活できるわけではありません。そうではなく、「自分が提案したゲームが認められ、お金が発生したこと」が大きな自信につながりました。

以前は同人漫画やフィギュア制作などで細かい収入がありましたが、それは生活ができるほどのお金にはなっていませんでした。し

Epic Games主催の「Epic MegaGrants」(旧Unreal DevGrants)
https://www.unrealengine.com/ja/megagrants

かしゲームであれば、自分が作りたいものを作ってお金になる可能性がある、と気づかせてくれたんです。

それからさまざまなインディーゲームイベントに出していくうちに、計5社さんくらいから「貴方のゲームをうちでパブリッシングさせてくれませんか？」というお話がありました。さらにそのうちの何社かは、契約金もしくはミニマムギャランティーの話が最初からありました。もしその契約をとれば2年くらいは生活が大丈夫だろう、という見通しができたんです。であれば、その期間内に完成させてリリースすれば問題ないと考えました。実際には2年半くらいかかったんですが（笑）。そこは節約したり、イベントでアワードを取って賞金をもらったり、追加でお金をもらえたりしました。

――ゲーム自体を評価してくれる会社やアワードがあって自信がついてきたと。

斉藤 そうですね。単純に「生活ができるかどうか」の道筋が見えたということです。当たり前ですが、生きているだけでお金はかかります。まったくあてがないまま辞めたわけではありません。なにも考えずに会社を辞めたわけではなく、わりと石橋を叩いて、絶対大丈夫だってところで辞めています。

そのあいだ『ジラフとアンニカ』しか作っていなかったんですが、お金は大丈夫でした。「まあ、会社を辞めても、お金が無くなったらまた就職しよう」と考えていました。ゲーム開発会社でアートディレクションやUIデザインをやっていた経験がありますので、受託の仕事で日銭を稼ぐこともできるだろうと考えて、貯金が続くかぎりはやってみようかなと。

——たとえば1作目が上手く行かなかったとしたら、受託の仕事などで食いつないでいって、2作目の開発を頑張るとか。フリーランスや独立した方はそうしたキャリアもあると思います。

斉藤 私の場合はゲーム会社で働いていたキャリアがあっての判断ですが、「インディーゲーム開発者」というスタイルが出てきたいま、今後もずっとそうなのか、というのがわからないところがあります。学生時代にある程度成功して、そのまま就職しないで作家になるパターンが最近ちらほら出てきたので、そういうパターンも今後ありえると思います。

ぬっそ 「学生時代に自作ゲームを作っていた人が、そのスキルでゲーム会社に就職できるのか」という問題が、私の学生時代のころよりも複雑な気がするんですよね。私のころは、プログラマーとしてDirectXなどの低レイヤーが扱えなければゲームを作れなかったから、そのスキルを活かしてプログラマーとして就職する道がありました。でも、いまはゲームエンジンの力でゲームを作っていけますよね。それ自体はすばらしいことですが、「ゲームプログラマー」として就職できるかというとそうではないじゃないですか。

斉藤 私はデザイナーだから、プログラマーの人の協力を借りないと絶対無理だった。それでデザイナーとして会社勤めをしていました。Unreal Engine 4を2年ほど触った時期に、「これなら自分の作品を完成できるな」という手応えを得ました。デザイナーでも、ブループリントをはじめとしたノードベースの開発環境でゲームを作れるようになった。ゲームエンジンの進化による影響は大きいんじゃないかと思いますね。昔よりだいぶ楽に作れるようになったので。

——完成に向けて、どのような見通しだったのでしょうか。

斉藤 私がちょうど会社を辞めたときって、『ジラフとアンニカ』が50%くらいできていたんです。ちょうどそれくらいの進捗を出している人向けにいうと……みんながみんなこのやり方がいいかはわかんないんですけど、私は「あと2年で完成させる」とまず期限を切ったんです。2年間ぶんのスケジュールと予算を立てたんですよ。50%

もできていると、あとはなにが足りなくて、なにを作らなくてはいけないかがある程度わかると思うので、そこを全部細かく書き出しました。誰に頼むかとか、ここにはこれくらいお金がかかるとか、計算して出しました。

そうすると、タスクリストが書き出してあるので、要は1個ずつチェック入れていけばいいんですよね。私はある程度先が見えていないと不安な人なので、スケジュールを立てて埋めていけば不安は抑えられます。そういうのが得意な人はやったほうがいいかと。ただ、計画を全然考えずに作るのも、インディーなのでありかなと思います。ぬっそさんはこうした計画は立ててましたか？

ぬっそ　実は立てていないんですよ（笑）。でも、結局大変でしたね。思っていたより用意しなければならないものが多くて。

ゲームは完成すればいいっていうだけじゃなくて、プロモーションにも準備が必要なので、そこの見積りは大きめに取っておいたほうがいいな、と今回感じました。

――トレーラーのビデオを作ったりとかですよね。

ぬっそ　ビデオもそうですし、私は企画書とかデザイン画を書かないので、パブリッシャーさんからプロモーションの段階でスクリーンショットだとか、キャラクターの絵だとか、いろいろな説明だとかを用意してくれと言われると、その段階で作らないといけなくなり、大変でした。

斉藤　私はもともと中小の会社だったので、自分でデザインチームのスケジュールを引いたりとかしていたので、自分のゲーム開発のタスク書きだしなどには抵抗なかったのもありました。もしそういうキャリアで、50%ゲームができているなら、自分の会社での経験を活かすのもありかと思います。

国内外のイベント出展

――これまでどんなイベントに出展したかを教えてください。

ぬっそ　まずはコミックマーケットです。パブリッシャーのPlayismさんと会ったのもコミケでした。次にデジゲー博。任天堂さんとつながったのはここでした。あとは、毎回参加しているわけじゃないんですけど、東京ゲームショウ（以下、TGS）とか、ぜんため、TOKYO SANDBOX、BitSummitなどにちょいちょい出ている感じです。

——**出展できるイベントにはなるべく参加しているのでしょうか。**

ぬっそ　展示できるゲームができたタイミングで、参加できそうなイベントに行ってた感じです。デジゲー博はコロナ禍になる前までは毎回出ていました。BitSummitは、普段同人ゲームのイベントに来ないような層が来るので、ロケテストには面白いかなと思います。普通の同人イベントだと2人プレイヤーのゲームってあまり遊ばれないんですけど、BitSummitでは家族やペアで来ていただだくケースがありました。

斉藤　私の最初のゲーム展示はコミティアでした。もともとコミティアで漫画をずっと出していたので、その流れでゲームも出したんです。コミティアは基本的に漫画やイラストが強く、ビデオゲームはそんなに島（ジャンルごとのエリア）が大きくないイベントです。出展料は6,000円くらいで安いし、年に4回開催されるためスケジュールの都合がつきやすい。

展示といっても、最初は動画をiPadで流しているだけでプレイアブルではなくて、実際ゲームはまったくできていませんでした。『ジラフとアンニカ』ではゲーム本編より先に、設定のイメージのイラスト集を出して頒布していました。コミティアに出すうちに、「コミケにもゲームを出す場所があるんだ」とあとから知って出したりとか、TGS、BitSummitと展示の場を知り、出展先を広げていきました。

実は、同人とかコミケとかについて以前は疎かったんです。コミティアも会社の後輩が参加していたから偶然見に行って知ったんです。そこで「ああ、同人ってのはオリジナルのものを書いて出してもいいんだ」っていう（笑）。

——**そういう方も多いですね。**

斉藤　ゲーム会社に勤めていても、同人文化をまったく知らない人も意外と多いんですよね。私はゲーム開発を20年もやっていたのにそうしたことを知らず、世界の分断みたいなのがあった。まずオリジナルの漫画を同人で出して、その流れでゲームもオリジナルのものを出していいんだということを知りました。

――同じ会社の方の出展を見に行ったことが転換点になったんですね。

斉藤 同人の漫画にしても、漫画ってのは出版社に持って行って、そこで採用されないと世の中に発表されないものだと勘違いしたんですよ。pixivでイラストは出していたんですけど、それくらいしかやっていなくて。知ってると知らないだけで大きく違っていて、あとはそこに出る勇気というか。本当に最初出たときはドキドキしましたね。

私は以前、「コミケは若い人たちが多くて、オリジナル作品はダメなのかな」と思っていました。しかし実際はオリジナルもたくさんあります。そしてコミティアを見に行ってみて、60代くらいの方も自分の同人誌を出していて「すごい！」と思って。ベテラン世代がひとりで参加しても恥ずかしくないのだなと感じました。「オレがこのイベントにいてもいい」と。

――インディーゲームのイベントは全部特色が違うので、自分の気質や作っているものとフィットするイベントが見つかることが一番だと思っています。

斉藤 BitSummitなどのイベントは年齢層が幅広くていいですよね。ただ、やっぱり20代や学生が多いイベントに出るのは本当に勇気がいる(笑)。ゲームのほうは年齢層が幅広いので、ベテランの皆さんもぜひイベント出展にチャレンジしましょう。

出展して一番ビジネスに結びついたイベントはTGSでした。あそこで声を掛けてくれたパブリッシャーさんも多かったです。TGSには、ゲーム業界の関係者がビジネスデーの2日間に大勢参加します。業界関係者って、以前はインディーゲームのイベントにはなかなか来なかったんです（苦笑）。もちろん、インディーのパブリッシャーさんはそんなことなかったんですけど。

ぬっそ イベント出展に関して言えば、同じイベントに毎年同じタイトルで連続で出展申し込みをすると、選出される可能性が下がることがあります。全部に出展するのではなく、タイミングは重要かもしれないですね。

――メディアとのつながりはどうでしたか？

ぬっそ Webメディアについては、コミケも含めて殆どのゲームイベントに来てもらっています。特にTGSに来るメディアが多いですね。

斉藤 年末のコミケは12月末に開催なので、メディア側もお正月休みに入っていることもあって比較的少ないですね。かわりに夏のコミケのほうがメディアは多いです。メディアの参加が多い順で言うと、TGS、BitSummit、そしてデジゲー博、コミケの順番ですね。

——斉藤さんは海外のイベント出展のご経験などはいかがでしょうか。

斉藤 海外のイベントでコンテストに応募してプレゼンをしたことがあります。タイミングにもよりますが、海外イベントへの参加はとても新鮮な経験になります。実は今年（2020年）、台北ゲームショウに出展する予定だったんですけど、コロナで中止になっちゃったんですよね……。

ぬっそ 私も同じですね。

——私は2017年と2018年に出展してかなりよかったので、コロナが落ち着いたらみんなで行きたいですね。

斉藤 行きたいですね。ゲームコンテストでアワードを取ると、メディアさんにも作品を取り上げてもらえるので、そこが大きいなと思います。なにもしないと取り上げてもらえないと思うので。

——ぬっそさんのほうでは海外のほかのイベントでの出展は、いまのところありませんか。

ぬっそ 海外はないですが、最近はオンラインイベントが多くありますので、そちらに映像出展しました。コロナ禍で世界中のイベントがオンライン化した結果、日本から参加しやすくなった側面もありますね。

動画配信の文化と作品プロモーション

——作品のプロモーションについてお聞かせください。『カニノケンカ』の場合はYoutuberやVtuberによるゲーム配信が活発な印象があります。

ぬっそ 動画配信での盛り上がりは、当初は特に準備はしていませんでした。2019年の夏にアーリーアクセス版を出した際、かなりの数の動画配信があったので、それを見ながら足りない機能を実装していきました。

ゲームを企画した当初はそもそもこんなにVtuberという文化が流行るとは思っていなくて、正式リリースに合わせてVRoid Hubを入れたり、あとは「観戦機能が欲しい」という声があって入れたりとか。あとはリリース後、動画配信しているVtuberに対してファンが対戦で入れるように対戦部屋のパスワード機能を入れたりもしました。向こうの盛り上がりに追従して、こちらもアップデートで対応していったという感じです。

——対戦ゲームは動画配信の文化にとてもフィットしています。一方で、『ジラフとアンニカ』のように、ストーリーが中心だと動画配信されると困るかと思うのですが、いかがだったでしょうか。

斉藤 最初は「動画配信されては困る」という思いもありましたが、いまでは一応エンディングまでプレイしてもOKということになっています。ゲームをリリースしたときは「ステージ4以降の絵は出さないようにお願いします」という告知をTwitterで流したんですけど、すぐ流れちゃうんで、本来はホームページに配信のガイドラインを出すべきだったかなと思います（第5章を参照）。

ストーリー性のあるゲームの場合、YouTubeでゲーム配信を観た人はそのあとゲームを購入しようとはならないと思っています。しかし、『ジラフとアンニカ』は無名のゲームだったので、「少しでも多くの人に話題にしてもらって、広げてもらうほうがいいか」と考えを変えて、いまのところエンディングまで配信するのは許容している感じですね。

ネタバレありだとしても、結局は最後のエンディングで泣いたというファンもいました。動画配信者もプレイヤーではあるので、エンディングまでやらないとストーリーはわからない。拡散されないと話題にすらならないところもあるので、そこは動画配信文化のいいところでも悪いところでもあります。

ただせめて、動画のサムネイルでネタバレしてしまうは止めてほしいかなと思います。サムネイルでいきなりネタバレしているのがけっこう多い（苦笑）。ある重要なキャラのネタバレが見ただけでわかるのもあるので、そこはガイドラインを準備しておくべきでした。検索するとドーンと出てくるので、一時期は精神的にまいっちゃっていましたね。一応、サムネイルでシルエットみたいにして気を使ってくれている人もいたんですけども。

——動画配信については、作家さんのスタンスで決めて明示してほしいと思っています。極端な話、全部OKでもいいし、全部NGでもいいと思います。（動画については第5章で解説）

斉藤 ネタバレに関してはブログでのレビュー記事もそうです。本当にゲームを気に入ってくれて、ブログでレビューしてくれた人は「ここからはネタバレです」と書いて、ここでスクロールしなければ大丈夫という風にしてくれている人もいました。なのでまずはファンを増やすことが大事なのかなと思います。そういう熱のこもった作品のネタバレを配慮したレビューはすごく熱いんですね。「ネタバレの部分も書かないと、俺の気が済まない」というくらいそのゲームが好きだって人がいて、それで「ネタバレを見ないでゲームをやってほしい」と。

私自身にも、たとえば「エンディングが複数あるゲームにおいては1回自分でプレイして、残りの分岐を最初からやり直すのはしんどいので動画で見る」というときもありますしね。

——難しいルートがありますからね。そのあたりの判定って、個々の人によるものとは思いますが。

斉藤 それがYouTubeにアップされていなかったら、永久に見られなかったかもしれない。「一応標準ルートはやったし、ほかの2つは動画でもいいか」みたいな流れもあると思うんですよ。私のゲームもエンディングが2つあって、標準ルートだけ見たら、ほかは動画で見てもらっても構わないといまは考えています。なんだかんだ言って全部クリアするのは大変だし。そういう楽しみ方も私はありかなと思っています。

——『ジラフとアンニカ』の公認アンバサダー制度について教えていただいてもいいでしょうか。

斉藤 『ジラフとアンニカ』の公認アンバサダー制度は、プラットフォームを運営しているSHOWROOMさんからの提案でした。そこで実況や生放送をやっている駆け出しの配信者がたくさんいて、アプリの中で実況配信をして1位になった人が選ばれるという企画だったんです。そこで選ばれた方が、こうしてアンバサダーとなっている、という流れですね。

Twitterのフォロワーなどは、私のゲームにもともと興味を持っている人です。ただ、そことは違う人たちに魅力を伝えてもらうという意味で効果はけっこう大きいかなと思います。公式アンバサダーからついてくれたファンが、ゲームを広げてくれる現象もあったので、やって損はなかったと思います。

——ぬっそさんはそうした動画配信企画のオファーはありましたか。

ぬっそ 連絡をくれたところはもちろんあります。基本的に配信は自由にやっていいよということにしているので、自由にやっていただいていますね。

あとは、地方のeスポーツイベントなどに『カニノケンカ』が使用されました。富山と鳥取、あと茨城でありましたね。富山と鳥取はカニの産地というのもあって（笑）、ちょうどよかった。そこで名産品のカニがあって、カニのゲームとタイアップしないかみたいなことがうまく伝わったようです。

わりと都道府県ごとにeスポーツの団体や協会がありまして、そちらの方でeスポーツの企画を立てて招致したい、というのが最近のトレンドみたいだなと思います。

——それこそ狙っていないけれど、そうした展開があったんですね。

ぬっそ たまたまeスポーツに力の入っている時期に発売できたのはよかったなと思います。今後もそうしたお話はあると思いますし、富山のイベントは毎年やっているので今後もあるかもしれません。いまはeスポーツイベントの開催に補助金が出ることも多いんですけど、それを継続するにはどうしたらいいのかというのは模索しているらしいです。ですので開催側からしても、イベントに話題をもたらす対戦系のゲームがあればインディーでも使いたい気持ちはあるみたいです。

コンテストや助成金による資金調達

——続いて資金調達について教えてください。斉藤さんがEpic

MegaGrantsに応募したきっかけはなんでしたか。

斉藤 私が応募したのは、まだ「Unreal DevGrants」と呼ばれていたころです。定期的にEpic Gamesの公式Twitterで「このタイトルが受賞しました」と紹介されていました。当時はこのゲームが受賞して、さらにいくら助成金が出たかみたいなことまで詳細に書いてありました。だから「このくらいのレベルのゲームならば、このくらいのお金がもらえる」というのが目に見えるかたちでわかったので、応募しやすかったです。また、Epic Gamesの中の人に、「いま日本人が続々と応募している」という話を聞いて、これに乗り遅れないようにしようと考えまして（笑）（本書のEpic Games Japanインタビューも併せてご覧ください）。

いまEpic MegaGrantsはフォームが整備されて、アピールすべきポイントも明確です。しかし私が応募した当時は文章を送るフォームがあるだけでした。そこに「Unreal Engineはこんなにすばらしい！ ブループリントに救われました！」とか熱いことを書いていました（笑）。

あとはタイミングですね。応募したのはデジゲー博で最初のデモを出した直後だったんですよ。つまりゲームの基本的な部分、アドベンチャーパートがあり、音ゲーが遊べるデモが完成していて、作品をアピールするいいタイミングでした。『ジラフとアンニカ』のWebサイトも用意して、ゲームの動画もあったので、そのタイミングで応募したのが功を奏したかと思います。

応募して半年後くらいにメールが来て、「おめでとう！ 受賞したよ！」みたいな感じで銀行口座を教えてくれと書いてあって「早っ！」と（笑）。「すぐ振り込むと書いてあって、Epic Gamesさんは早いな」と、そんな感じでした。

――ぬっそさんは公益財団法人日本ゲーム文化振興財団による、「ゲームクリエイター助成制度」に受かっています。これはどんな経緯で制度に応募したか教えてもらえますか。

ぬっそ 「返済の必要がない、ゲーム開発者向けの助成金ができる」というニュースをその数年前に聞いたんですね。「別に損することはないし、じゃあ出してみようか」ということにしました。

実際に出してみたところ、わりと書類が必要でした。履歴書とこれまでの実績、制作しているゲームに関する説明や、降りた助成金をなにに使うかなど。それらの情報をしっかり提出したうえで、承認をいただきました。この助成金の場合は、1年後に「ちゃんとこの目的で助成金を使いました」という完了報告書を返す必要がありました。

——そのほかにもコンテストや、賞金のでるイベントへの応募は行いましたか。

ぬっそ TGSのセンス・オブ・ワンダー・ナイトに、最近ようやく賞金が出るようになったんですね。『ACE OF SEAFOOD』のときは大賞をとっていたんですけど、賞金は出なかったんです。だけど『カニノケンカ』はひとつだけアワードをいただけたので、5万円くらい貰えました。

家庭用ゲーム機展開と開発の体制

——おふたりともゲームのほとんどの部分をひとりで制作されており、かつ家庭用ゲーム機の展開も行っています。それについての苦労はいかがでしょうか。

ぬっそ 私は同人で活動していたころから、最初からひとりで作ることには慣れていました。最初からひとりで作る前提でゲームの規模を計画していたので、そこは苦しまなかったです。『カニノケンカ』のカニの3DCGモデリングも実物を撮ったものをベースにして作れるな、という考えがあったので、ありものでどうにかすることには慣れています。さらに今回は助成金をもらえたので、モデリングをいろいろな方に依頼することができました。もちろん、ここ数年でゲームに使える3Dアセットの素材がすごく増えたので、それも活用しています。武器や背景などほとんどアセットです。

コスト面はそれで大丈夫なんですけど、『カニノケンカ』にはマルチプレイ機能があったので、その開発はひとりではとても大変でした。本作は4人までネットワーク対戦ができます。PC版の開発ならばまだほかの人に動作確認やテストプレイを頼むこともできますが、家庭用ゲーム機では開発機を渡すわけにいかないので、ひとりで4台の開発機を操作してチェックする、といったところが大変でしたね。ネットワークマルチプレイは実装も大変ですし、リリースまでの手続きやチェックもすごく増えます。

デバッグについては、一度パブリッシャーを介してデバッグ会社に頼んだんですけど、やっぱり渡しただけだと向こうも仕様を完全に把握しているわけではないので、バグは出し切れない。外部の会社に委託する場合は下準備が必要だなと感じました。

——斉藤さんはひとりで作ることについていかがですか。

斉藤 私の場合は、厳密に言うと「ひとりで作った」とは言い切れないところがあるんです。フルタイムでずーっと作り続けていたんですけど、ピンポイントではほかの方に頼んでいます。たとえば音楽や、漫画のシーンの作画についてはいろんな人にお願いしています。また、3Dのキャラクターモデルでいえば、主人公のアンニカは私が作りましたが、それ以外はすべて3Dの制作会社や知り合いの3Dモデラーに依頼しています。実はいろんな人に手伝ってもらっているんですね。

予算を抑えるためにも、人をフルタイムで雇わずに、アセットの制作をそのつどお願いして納品してもらうかたちでやりました。もしも起業して社員を雇ってとなると、規模が大きすぎ、予算もノウハウもなかったのでできなかったでしょう。

私の場合は、ひとりで作りたいからインディーゲームをやっているわけではなくて、もしすごくお金があるんだったら、いろんな人にお願いして作るってスタンスが本当はいい。でもそうじゃないからひとりでやっている。工夫してるってことですね（笑）。

インディーゲームの開発においては、「俺の世界観を全部ひとりでやりたいんだ」という人と、「自分の世界観が最終的に表現できていれば、人にお願いしても特に問題ない」という人といろいろいると思うんです。

私の場合はゲーム会社に長いこといたので、自分が手が動かすことと同時に、アートディレクターとして別の人にお願いしてやってもらうことも経験しています。なので、依頼することにあまり抵抗がないんですよ。

もちろん販売されているアセットも活用しています。Unreal Engineのマーケットプレイスから背景の素材などの大部分を買って組み込んでいます。どうしてもオリジナルのほうがいいところは作っているんですけど、エフェクトとかも全部購入したアセットです。キャラクターは全部オリジナルで作りました。

ぬっそ 私も別の方にモデリングを頼んでいますね。音楽も。

アンニカのモデル（『ジラフとアンニカ』より）

斉藤　私はあの「カニノケンカ」の主題歌めっちゃ好きですよ。

——オープニングで歌が流れてくるとは思わず、びっくりしました。

ぬっそ　あの曲は作曲の方に完全に自由に作ってもらったんです。いきなり歌がついてたので、私も驚きました。あれはいいですよね。私が指示したわけではないです。

斉藤　凄い歌詞でめっちゃ面白かった（笑）。あれはいいなと。

——ゲーム機への展開について、ぬっそさんは前作はパブリッシャーさんにお願いして、今回は自分の会社でリリースしたのですね。

ぬっそ　前作のときにWii U向けとして自分でパブリッシングして、それが続いている感じですね。ただ、カニノケンカに関しては、海外の販売に関してはパブリッシャーに頼んだほうがよいのでそうしています。海外向けに売ろうとしても、外国語がわからないですし、海外メディアに対する知識もないし、メディアにつながるパスもないので。パッケージ版についても流通のやりとりが必要なためお任せしています。また、Steamは前作からPLAYISMさんのお世話になっているので、セール等の相乗効果を考えると引き続き頼んだほうがいいな、ということで依頼しています。

——斉藤さんも家庭用ゲーム機展開はPLAYISMさんですよね。

斉藤 そうです、私の場合は全部ですね。

——けっこうパブリッシャーさんにお願いしているかたちですね。移植などの技術面はどうされていましたか？

斉藤 技術面については、実際ひとりで全部移植しましたが、はじめる前に想像したよりは大変じゃないなと思いました。まさにゲームエンジンさまさまだなあと。なんだかんだで6ヶ月で移植できました。最初はもっとかかるなと思っていました。

もちろん、細かいところで苦労したところはあるんですけど、もともと家庭用ゲーム機で出せるように、グラフィックのスペックを調整したりとか、なるべく早めに開発機で動作を確認したりなどの措置を行いました。ごく一部はC++で実装しましたが、自分のようにプログラマーでなくともほとんどコピペしてやったら動いた、程度の規模で済みました。

『カニノケンカ』はネットワーク対戦がありますけど、『ジラフとアンニカ』にはネットワーク対戦がないので、移植が自力でできたのかなあと思います。

なので、みんな怖がらずに家庭用ゲーム機向け開発にチャレンジしましょう（笑）。やればできる。私ができたんだから誰でもできる気がする。

——そういったところを乗り越えて、家庭用ゲーム機にも展開できたという感じですかね。

斉藤 そうですね。ただ、ゲームを作っているといっても法人格や実績がないと、いきなりゲームプラットフォーマーさんと直接やり取りできないと思います。そこで、間にパブリッシャーさんが立ってくれることで、スムーズにいくことがあります。

ダウンロード販売だけだったら自分でもできるかもしれないけれど、もしパッケージ版を作ったり、海外展開までを考えると、やっぱりひとりだと厳しいんじゃないかなあ、という気がします。

——海外はやはりパートナーさんを見つける必要があるのでしょうか。

斉藤 はい、そう思います。たとえば一部の地域では現地の会社と組まないと難しいと聞きますね。

ぬっそ TwitterやFacebookとは違うSNSを使っている海外のゲームファンの様子って、全然わからない（笑）。こちらから観測できないんですよ。

斉藤 見えるところで言えば、海外の動画サイトの動画視聴者数を確認するとすごい数の人が見ているので、たしかに届いているんじゃないかなあ……とは思います。ただ、そうした広報活動もひとりじゃ無理ですよね。国内だけの販売ならひとりでもなんとかなるかもしれないけれど、海外も含めてとなると難しい。

開発で大変だったこと

――開発で大変だったことはなんでしょうか。

斉藤 うまくいかなかった部分でいえば、デバッグに想像以上に時間がかかりました。ゲームの素材が90%揃って、あとはローカライズだけという状態になったのが2019年の8月。しかしそこからが長くて、実際に完成したのは2020年の2月でした。結果的に、6ヶ月デバッグにかかったんです。1ヶ月半でデバッグは終わると思っていたんですが、甘かったですね。結局そこまでやってもバグは全部取り切れなくて、Steamでリリースした後もバグの修正をすぐに反映したりしていました。

ぬっそ たぶんパブリッシャー側としては、プロモーションの都合上、家庭用ゲーム機とPCを同時に出したいと思います。しかしクリエイターからすると、最初はSteam先行で出したほうが、バグの迅速な対応ができるので安全だと思います。

斉藤 それで言うと、私が失敗した点としてSteamと家庭用ゲーム機向けリリースの間が空きすぎちゃったというのがあります。特に国内のメディアさんはそうなのですが、Steamでリリースした時点でレビューが出揃ってしまい、家庭用ゲーム機版をリリースしたとき、あらためてレビューしてくれるところがほとんどなくなってしまった。時期がずれると話題になりにくいんです。同時リリースはなかなか厳しいですけど、あんまり間が空きすぎても話題が分散して良くないというのが今回の反省点だったなと思っています。

　売上としては家庭用ゲーム機版の方が大きかったのですが、ぬっそさんのようにSteamと家庭用ゲーム機版の間をあまり空けずにリリースたほうがいいかなと。2ヶ月くらいの感覚でしたっけ？

ぬっそ　1ヶ月ぐらいですね。ほぼ偶然でしたが。ゲームがアーリーアクセスに向いているタイトルかどうかにもよりますね。まずSteamでアーリーアクセス版を出して1年後に正式リリース、みたいな感じとか。

斉藤　ああ、そうですね。私のタイトルはアーリーアクセスできるタイトルじゃなかったので……。その手が使えなかったんですよね。ストーリーものの一本道なので、そういう詰め方ができない。ストーリーものは苦労するかもしれませんね。

ぬっそ　私もSteam以外でもitch.ioでアーリーアクセス版を出したんですけど、やっぱりアップデートのシステムはSteamのほうがいいので、アーリーアクセス版を出すならSteamのほうがいいと思います。itch.ioはZIP形式での配布であり、最新版をダウンロードするかはユーザーの判断になるので、まあSteamかなと思っています。

斉藤　そうですね……Steamは本当に便利ですね。よくできているなあと思って。あとはぬっそさんはDiscordをやられていたじゃないですか。そのコミュニティはどんな感じでした？

ぬっそ　アーリーアクセスしてくれた人は、当時だと海外の方が来てて、あまりコミュニティマネージメントしていなかったので、公式のほうはかなり鎮静化しているんです。

　一方で、ファンの方が立てたDiscordチャンネルが非常に高機能でした。日本語のチャンネルなんですが、ゲームのアップデートを自動で投稿する機能や動画サイトを検索する機能があるとか、すごいbotを作ってくれている方がおり、そちらのほうが良いチャンネルになっています。本来であれば、公式でDiscord管理者をあらかじめ用意できるといいのかな、という気がします。

2作目の悩み

斉藤　『ジラフとアンニカ』は個人制作の1作目だったので、2作目にすごく悩んでいます。ハードルが上がっているんですよ。信念を持ってやるというのは大変で……いま私が迷っているということでもあるんですけど。

『ジラフとアンニカ』は、ある意味勢いで完成できた側面もあります。もともとUnreal Engine 4の勉強をするために軽くはじめたプロジェクトで、作っているうちにだんだんかたちになってきて、「このまま作るとゲームになるぞ」みたいなノリだったんです。

最初の1作目はこの勢いでリリースまでこぎつけましたが、2作目はさらに先を考えなくてはならない。インディーゲームの作家さんって、1作目を出して2作目までちゃんと出せている人って少ないと思うんですね。周りを見ても、前の作品よりもすごく時間がかかっている人が多い。『天穂のサクナヒメ』もすごく時間がかかっていますし。

だから、ぬっそさんがコンスタントに作品を出せているのはすごいなと。逆にぬっそさんに2作目以降をしっかり出すという心構えを教えていただきたいですね。

ぬっそ 私の場合は、どちらかというと「海産物」という題材のおかげがあります。選んだ題材を追い続けて作品を作っていくんです。「カニ」という題材と、ゲームを普段遊んでいて「こういうゲームがあったらいいのにな」みたいな思いを組み合わせて、私はゲームを作っている感じですね。

たとえば『ACE OF SEAFOOD』だと、TPSとフライトシューティングをちょっと融合させたゲームを作りたいという思いから作っています。「3次元だから魚がめちゃくちゃ題材に合うな」みたいなのがありました。『カニノケンカ』だと、格闘ゲームでキャラクターの身体がぶつかりあって動いているようなゲームが作りたいなと思っていました。そこで「カニだと手足がでかいし、どっしりしているし、ひっくり返したりするやりとりも題材とあっているからうまくいくな」と考えて、作りはじめた感じです。

ひとつ作品を作ると、その題材に関して見えるものが増え、知見が広がります。その中で見つけた新しい発見を次のゲームにしたいと考えたり、アプローチやコンセプトを変えて次につなげたりとか。開発しているとそうした思いが課題として浮かんできます。

斉藤さんと私ですと、自分の作りたい世界を外から持ってくるか、自分の内面から持ってきているかの違いはちょっとある気がします。私は『ジラフとアンニカ』をプレイして、「ああ、すごく精神的に豊

ぬっそ氏の前作『ACE OF SEAFOOD』

かだなあ」みたいなのを感じていたんです。「こんな複雑なことを考えていたのか」とすごくびっくりしました。

たぶん私の場合は、「自分の内面の世界をずっと作り続けろ」と言われたら、ちょっと難しいです。「最初からこういうゲームを作りたかった」というよりは、調べたりとか考えたりとか、作っているうちに「世の中にないゲームが作れるんじゃないか」というのがだんだん浮かんでくるという感じですね。

斉藤 やっぱり海産物系を極めていって、調べれば調べるほど別のゲームシステムになったりするように広がっていくのでしょうか？

ぬっそ はい。たとえば『カニノケンカ』の場合は、やっぱり小さいカニを出せなかったのはちょっと残念だなあ……みたいなところもあって。ひとつ作ると、「これができなかったな」というところも当然出てくるんですよね。

じゃあ次回作ではリアルスケールのカニを出すにはどうすればいいのか、それを活かせるゲームシステムはなにか？ といったように、やりきれなかったところを次のテーマにするんです。たぶん、完璧なものが作れたら満足なんですけど、そこにはなかなか到達しないんじゃないかなと思います。

斉藤 ゲームの予算や規模については、2作目以降は大きくしていくものですか、それとも同じくらいでやっていきますか。

ぬっそ もちろん大きくはしたいんですけど、そんなに飛躍することもできないですね。プレイヤーから見て、ショボくなったなと感じさせない程度に大きくする感じです。大作も作ってはみたいですが、心が疲れちゃうだろうなと思っています。

斉藤 私の場合、たとえば次回作は『ジラフとアンニカ』の2倍とか1.5倍の予算でできればもっといろんなことができるのに……と思うのですが、リスクがすごく高い。めちゃくちゃゲームが売れていたら、その予算だけでなんとかなりますが、そこまでじゃないので、次も節約しながらやらなければいけないなと考えています。

ぬっそ もうひとつの理由としては、そもそも自分のスキルとして大きな作品を作れないなというのがわかったので……。今回、ちょっとほかの人にも協力を頼んだんですけど、ディレクションする能力が私には足りないなと感じました。ですのでだんだんステップアップしていかないと、いきなりは作れないだろうなというのは感じました。

——次作は必ずスケールアップしないといけない、という風に私自身も思っていないですね。

斉藤 そうですね。ただ、クオリティが下がったようには見えないようにしたいです。次の作品は前作と同じくらいの規模では作りたいと思っていますが、次回作との間にミニゲームっぽい、小さいゲームをつくるのもありだと思っています。

　信念を持ち続けて、ゲームを作り続けるのが実はインディーゲームで大変なんじゃないかと悩んでいるんです。1作目はある意味勢いで出せますが、1作目で示せたものが次も通用するのかと思いますし。特に開発には3年とか4年とか時間がかかるので、いま受け入れられているものが次もまた受け入れられるかどうかもわかりません。

　でも、ヒットするためにいろいろ変えてしまうよりは、信念をもってゲームを作りながら、生き残るためにどうするかなということを考えていきたいですね。なんとか生き残って、いい例になりたいなと思っています。

ぬっそ 楽しめるものを作るのがいちばんかと思います。作りながら、最初に考えていたものに到達してなくて、でもプロジェクトをいじっていると「あっ、ここでゲームになるな」というポイントも見つかったりしますよね。私も毎回、落としどころがそんな感じなんです。

斉藤 ぬっそさんはわりと早い段階で、カニが操作できるところまで出来ていましたが、あの時点で「コアができるな」という確信があったのでしょうか。

ぬっそ 最初のころはまったくの実験でした。カニの身体を表現できている操作体系がなかったような気がするので、そういうところをいろいろいじったらあれができたんです。展示してみたら話題になったし、プラットフォーマーの方から「いつできるんですか？」みたいなことを聞いてきたり（笑）。

斉藤 最初、『カニノケンカ』をコミケかなにかで出されていたのを見たときは、大作の間の小さめのゲームをだすのかな……と思ったんですけど、それがいまの規模までどんどん大きくなったので、すごいなと。

ぬっそ 小規模の作品で切ってしまってもいいし、フルまで作ってもいいしみたいな、どっちのプランも進めるようにしていました。

斉藤 どんどんグラフィックが良くなって、どんどんゲームが育っていったのが、傍でみていて体感できました（笑）。

ぬっそ 私の場合はストーリーが特にないのでそれがやりやすかったというのはあります。

読者へのメッセージ

――最後に、本書を読んでいる開発者に向けてメッセージをお願いします。

ぬっそ ゲームは完成してからが大変です。日々それを感じています。自分の感覚で「こんぐらいでいいや」といって出すと、アーリーアクセスや体験版でユーザーさんからいろいろな意見が来るし、あとは動画配信を見ても、たくさん配信してもらっていると「ああー！ すごくバグが出てる」みたいな発見があります。

　ゲームを作りきるところまでは自分の世界だと考えているのですが、そこから世の中に出そうとするとプレイヤーの声も含めてたくさんの意見を受けて改良していかなくてはならない。ゲームはプレイヤーが遊ぶことでゲームが完成する感覚があるので、いろいろな方の声に耳を傾けることだと思います。正解はないんですけど、苦労しながらやっていきましょう、というところですね。自分の経験を積みましょう、とお伝えしたいです。

斉藤 昔よりも開発のノウハウがWebに出てきているので、個人でゲームを作る環境はすごく整ってきたと思います。

　しかし、自分が作りたい世界をゲームで表現することと、信念を持って完成させることは変わらず大変です。「自分が本当に作りたいものはなにか？」を常に考え続ける必要があります。そのほかの競合となる作品と比べて、いかに差別化できているかどうかを考えなくてはならないです。

――ありがとうございました。

第3章

ゲームを「知ってもらう」ために必要なこと

宣伝活動の意味

インディーゲーム開発者として生計を立てるならば、当然ですが開発したゲーム売っていかなくてはなりません。しかしながら、今日においてゲームは世界中でとめどなくリリースされ、プレイヤーは大量の情報にのまれています。Steamでは2020年の1年間だけで、10,263本ものPCゲームがリリースされました。これほど多くのゲームがある現状では、いくら良いゲームができたとしても、ゲームの存在を知ってもらわなくては購入につながりません。Steamでリリースできたところで自動的にゲームが売れるわけではなく、なにもしなければほかのゲームに埋もれてしまうのです。

ゲームの宣伝告知活動は、「プレイヤーから発見してもらう確度を上げる」行為です。「SNSでバズるかも」という運任せの淡い期待は捨て、メディアへの情報提供やイベントの出展をコツコツこなすことで、プレイヤーになってくれる人に着実に知ってもらうようにしましょう。知ってもらうチャンスを掴むためには、同じ開発者やファンとのつながり、イベントでのパブリッシャーやプラットフォーマーとの人脈作りも重要です。

もちろん、大きな予算とノウハウがあれば大々的なプロモーションを実行できるでしょうが、個人や小規模開発チームにはどちらもありません。本章では、個人でできる範疇の宣伝活動について紹介します。

宣伝をする相手

ゲームの広報・宣伝計画を立てる前に、どんな人が対象になるのかを考えてみましょう。最終的な目標はあなたのゲームを買ってくれるゲームファンに情報を届けることですが、その手前にいるステークホルダーにまず情報を届ける必要があります。本章で説明する宣伝活動の対象としては、以下が想定できます。

- ゲームファン
- ゲームメディア(プレスリリース、プレスキットの掲載)

- パブリッシャー(パブリッシング契約の検討)
- プラットフォーマー(ストア上での宣伝)
- ゲーム展示イベントの主催者(イベント公式サイト、パンフレットなどへの掲載)
- 動画配信者(あなたが動画配信を許可する場合)

宣伝素材の制作

宣伝活動の第一歩として、宣伝に使うスクリーンショットやキービジュアル、ムービーなどの宣伝素材を制作します。ゲームメディアに記事で使ってもらうほか、コンテストやイベントへの出展、ポスターやチラシへの利用、動画配信者が使う画像など、さまざまな素材があります。

宣伝素材を作る前に、どのような人にゲームを買ってもらいたいのかをよく吟味しましょう。ほとんどのインディーゲーム開発者は、「自分が遊びたいゲームを作っている」のではないでしょうか。つまり、「自分のような人にゲームを買ってもらうためには」と考えればよいのです。ゲームの情報がプレイヤーに届いたときに、どこをフックにして興味を持ってもらい、そこからどのように購入してもらえるか、ストーリーだてて分析するとよいでしょう。

宣伝素材の準備は早めに!

インディーゲーム開発においては、開発の初期段階からイベントなどに出展することが多いです。ですから、こうした宣伝素材を展示イベントに合わせて逐次制作しておくと、そのほかの理由で素材が必要になったときにも慌てずにすみます。

画像素材

プレイヤーがゲームに興味を持つきっかけとなるのが「画像」です。SNSなどでスクリーンショットを見て興味がわくことで、YouTubeでムービーを見たり、ストアを訪問したりといった次のアクションにつながっていきます。

さて、画像素材はなんらかの画像ソフトを使って作成することになるのですが、イベントの出展などにおいてはPhotoshop形式またはIllustrator形式での提出を求められることが多いです。それぞれ有償のツールになりますが、宣伝活動では多用するためサブスクリプション契約してしまったほうがなにかと手間が少ないです。無償のツールでPhotoshop形式のファイルを書き出せるものもあるようですが、渡した先で正常に開けないなどのトラブルが起きる可能性があるのでなるべく避けましょう。

キービジュアル

開発が進み、ゲームの情報を公開する段階になったら、「キービジュアル」（メインビジュアルやキーアートとも呼びます）を用意しましょう。これは1枚の画像でゲームの世界観やコンセプトを伝えるための画像素材です。キービジュアルは、ゲーム内のキャプチャーを利用するほか、専用のイラストを制作する場合もあります。

ゲームスクリーンショット利用の例

絵を別途用意した例

キービジュアルは、展示会におけるポスターやチラシの制作、パンフレットや雑誌への掲載、公式サイトのバナー作成など、今後の宣伝活動においてさまざまな場面で活躍します。複数の解像度や縦横比で利用することを想定して、なるべく解像度の高いものを用意しておくとよいでしょう。海外展示会の申込みなどに使用することも踏まえ、ゲームタイトルが入る場合は英語版と日本語版の両方があることが望ましいです。ゲーム雑誌など紙のメディアでの掲載を想定する場合は、縦長・横長の形式でデータが用意されていると、紙面の構成がしやすくなるため、メディアから喜ばれます。

SNSのヘッダー用に加工されたキービジュアルの例

データ形式としては、PNG形式などの画像ファイルだけではなく、ロゴがレイヤー分けされたPhotoshop形式のデータをそのまま配布してあると、メディアが紙面を作る際や動画配信者がサムネイル画像を作る際の表現の幅が広がります。

また、ゲームのデジタル販売において、キービジュアルはパッケージ絵のようなゲームの「顔」となります。ゲームストアの「新作リスト」の中に大量にゲームがある中で、唯一見てもらえるかもしれない画像です。ゲームファンの印象に残るキービジュアルを用意しましょう。

スクリーンショット

スクリーンショットはゲームが動作している画面をキャプチャした画像です。しかし実際には、単にゲームの画面キャプチャを行うだけではなく、見栄えの良い瞬間を作るためのいろいろな下準備が必要です。そのため、スクリーンショット撮影用のステージやシーンを用意するべきでしょう。たとえば、いいタイミングでエフェクトを出したり、敵や背景を邪魔にならない位置に動かしたりなどして、ゲームの魅力が伝わる絵を作っていきましょう。もちろん、実際のゲームプレイと乖離した画像になってしまうとプレイヤーを騙すことになるのでやりすぎには注意してください。

こうしたスクリーンショットは、できるかぎり解像度の高い状態で作っておきましょう。ゲーム販売ストアや展示イベントによって、求められる解像度はまちまちですので、一番大きなデータを用意しておき、適宜そのフォーマットに加工して使うようにしましょう。

開発チームや会社ロゴ

開発チームまたは会社ロゴは、イベントやアワードに出展する際に提出を求められることがあるので、早いうちに用意しておきましょう。コツは、黒背景・白背景・透過・不透過などのバリエーションを用意しておくことです。「イベントの公式サイトが黒っぽい背景だったため、黒文字のロゴが見えなくなってしまった」といったことが起こるからです。

トレイラームービー

トレイラームービーは、ゲームを数分で紹介する動画です。ゲームの面白さを動きで伝える重要な素材ですので、制作の時間をしっかり確保しておきましょう。

トレイラームービーの使いみち

トレイラームービーの使いみちはYouTubeやSNSでの宣伝だけではありません。アワードへの申し込み、オンラインイベントでの審査、パブリッシャーへのプレゼンテーションなどさまざまです。トレイラームービーは、基本的にゲーム展示のイベントに合わせて、新しい動画を作るようにするとよいでしょう。そのタイミングでの新情報や新ビジュアル、アピールポイントを要約して動画化しておきましょう。

トレイラームービーの内容

トレイラームービーは、とにかく「つかみ」の部分が重要です。Twitterなどのの SNSで動画のリンクがクリックされた状況を考えてみましょう。ムービーの冒頭にダラダラと開発チーム名やゲームタイトルが表示されるような構成では、再生を止められてしまいます。

インディーゲームの場合、IPによる強みなどはありませんから、重要な情報の前に飽きられてしまう可能性があります。動画の冒頭は、ゲームプレイの中でハイライトとなる場面と、ゲームを特徴づける説明を入れるようにしましょう。ただし、なんの説明もなくゲームの絵を見せるだけでは、プレイヤーはゲームでなにが起きているか読み取ることができません。ハイライトでしっかり興味を引いたあと、比較的落ち着いた場面も挟みながら、ゲームが全体としてどんな楽しさを提供しているのかを伝えるようにしましょう。

トレイラームービーでよくある構成は次のような流れです。

- ゲームプレイのハイライト
- ゲームの設定、世界観を説明する映像
- そのほかのゲームプレイの様子

+ 発売時期・プラットフォーム・タイトル・予約方法・公式サイトURLなどを入れたエンドカード

プレイヤーは「ゲームを実際にプレイしているとき」の動画を見たいものです。カットシーンやキャラクター説明などは退屈に思われがちですので、なるべく少ないほうがよいでしょう。文字で多くを説明するのではなく、とにかくゲームプレイの映像で魅力を伝えるようにします。また、キャラクターの数やステージの数などのボリューム情報も、プレイヤーに対してはあまり訴求力がありません（標準と比べて異様に多い、たとえば『No Man's Sky』のように「1,844京個の惑星が登場します！」等であれば別です）。そして、動画の内容にウソがあってはいけません。まだ開発のめどすら立っていないのに、「広大なフィールド！ 数千個のアイテム！」などと謳ってはいけません。また、文字で多くを説明するのではなく、とにかくゲームの映像で魅力を伝えるようにします。

ゲームのジャンルによっても尺をとるべきところが違いますので、自分が作っているゲームと近いゲームジャンルのトレイラーがどのような構成になっているかをよく分析して反映していきましょう。

数多くのインディーゲームのトレイラームービーを手掛けたM.Joshua氏のWebサイトには、注目を集めたインディーゲームのムービーが集まっています。ぜひ自身のムービー制作にその手法を取り入れていきましょう。

M.Joshua Makes Trailers
http://mjoshua.com/

また逆に、「最悪のゲームトレイラー」というコンセプトで作られたムービーもあります。逆の意味でとても参考になりますので、ぜひご覧ください。

The Worst Game Trailer Ever
https://youtu.be/8ir5pbNtsn4

トレイラームービーのバリエーション

ゲームメディアやYouTube動画番組の制作者から、BGMや字幕が入っていないバージョンの提出を求められることがあります。これは、番組制作側がナレーションや曲をあとから入れるパターンもあるためです。そこで、あらかじめ「BGM・字幕なし」の動画素材を用意しておくと、そうしたデータが要求されたときに慌てずにすみます。

また、そうした紹介番組では1作品に充てる時間が短いこともあるため、20〜30秒程度のスポット動画もあるとさらによいでしょう。こうした短めの動画は、TwitterやFacebookに動画を投稿する際にも役に立ちます。

トレイラームービー制作のコツ

トレイラームービーではゲームプレイの様子が重要と述べましたが、ゲームの開発段階においても動画をキャプチャしやすいようにしておくと制作時のストレスが減ります。たとえば対戦型のゲームであれば、リプレイモードを搭載しておくことで、いい試合ができたときにあとからキャプチャしなおせますし、カメラの方向を切り替えて映える映像をとれます。RPGなどであれば、特定の戦闘の組み合わせ（「味方が瀕死、かつ敵が特定の魔法を使う」など）を瞬時に呼び出せるデバッグ機能があるとスムーズです。

また、ゲームのトレイラーに使用するビジュアル素材（文字要素など）は、可能なかぎりデザイナーに依頼するべきです。ゲームプレイに被さる文字がかっこ悪いと、ゲームそのもののクオリティも低く見えてしまいます。金銭的な余裕がある場合は、動画の制作自体を外部に依頼する方法もあります。

そのほかの宣伝素材

各種画像とトレイラームービー以外にもあると便利な素材がありますので、紹介しておきます。

動画素材

トレイラームービーとは別に、用意しておくと便利な動画素材があります。

まずは「ゲームのプレイの様子に説明のナレーションをかぶせた長めの動画」です。YouTubeなどにアップロードしておくことで、ゲームに興味を持ってくれたゲーマーやパブリッシャーに対して、より詳細にゲームの内容を伝えられます。また、イベントの展示会においてずっと流しておくことで、ロ頭による説明を省くこともできます。

さらに、インディーゲームの動画イベントや動画を中心としたゲームニュースサイトでの利用を想定し、ゲームプレイ中のハイライトなどをまとめた「B-roll」と呼ばれる映像集が用意されていると完璧です。

ファンキット

ゲームのファンがPCの壁紙に使ったり、動画配信者やYouTuberがゲームの動画制作にかぎって使える画像や音声素材などをまとめたものを「ファンキット」と呼び、公式サイトなどで限定的に配布することがあります。たとえばゲームで使用している楽曲について、作曲家から配布の許可を得てから、WAVE形式のファイルとしてファンキットに入れておきます。そうすることで、動画制作者がBGMとして使用できます。

ゲーム内の素材をどこまでオープンにしておくかは開発者の判断によりますが、多くの素材があればあるほどメディアや動画配信者がゲームを紹介するためのハードルが下がります。発売直前や直後にはファンキットを用意して、ゲームに興味を持ってくれた人が積極的にゲームの情報を拡散してくれるように仕向けましょう。

開発中の動画や画像

あなたがTwitterに投稿する宣伝素材として、ゲームのハイライトを切り取った短い動画や、それをGIFアニメーションにしたファイルなども用意するとよいでしょう。面白いバグが起こったときに録った動画はTwitter投稿にうってつけです（ただし、バグ動画はゲームの世界観や期待値を壊さないものを選びましょう）。

公式サイトの制作

ゲームの公式サイトの制作は必須です。公式サイトにはスクリーンショットや動画、どんなアワードを獲得したか、どんなメディアで紹介されたかなど、ゲームに関する情報をたくさん見せ、各プラットフォームのストアへ誘導する機能があります。ゲームプロジェクトを発表した早い段階でそのゲーム専用のページを公開しましょう。

ちなみに、イベントへの出展を予定している場合は、公式サイトと同時にチラシやポスターを制作してしまうと効率的です。なぜなら、載せる情報がほぼ一緒だからです（チラシについては第5章で紹介します）。

ドメインの取得

公式サイトの作成は、通常のWebサイト作成と同じです。ドメインを取得し、Webサーバーを契約してWebページのコーディングを行います。

ゼロからWebサイトを構築しなくとも、Wixなど簡単にWebサイトを作成できるサービスやGitHubのGitHub Pages機能、ゲーム販売サイトitch.ioを活用する方法なども存在します。必要な情報がしっかり記載されていて閲覧者に伝わればそれでも十分ですが、独自ドメインで専用に作られたWebサイトのほうが「公式」感が増し、ゲームのブランディングに良い影響を与えます。

また、ドメインを取得したら「info@ドメイン名.com」といったビジネス用メールアドレスも用意しましょう。第5章で説明する、イベント出展向けの名刺などで使用するためです。個人のメールアドレスを使うと、スパムや不要なメルマガに登録されてしまったときに厄介です。

公式サイトの構成

公式サイトは、「ゲームの紹介」だけがある1枚のページでもかまいませんが、ゲームのファン向けにはより詳しく情報を伝えるために、情報カテゴリごとにページを作りましょう。ゲームに興味を持ってくれたプレイヤーは、みな

「どんなゲーム画面だろう？」「キャラクターの情報を知りたい！」「いつ発売するのかな？ もう発売されているのかな？」など、いろいろと情報を知るためにWebサイトにやってきます。せっかく自分が開発したゲームに興味を持ってくれたのに、Webサイト内で迷子になってしまい最終的には離れてしまうような事態を招かないためにも、メニューバーを常に表示するなど、わかりやすい構成を目指すようにしましょう。

加えて、ゲームに重大なバグが発生した場合はその報告と修正状況の掲示をすべきでしょうし、各種イベントの展示案内なども掲載すべきです。

これらを含めた、一般的な公式サイトの構成は次のとおりです。

- トップページ（埋め込み動画やSNSのタイムライン表示、獲得したアワードなどの情報）
- 最新のお知らせ（イベント出展、アップデート、不具合情報）
- ゲームの紹介
- プレスキットへのリンク
- ゲーム開発に関わっているメンバーの紹介
- メディアカバレッジ（ゲームについて取り上げてもらったWebメディア、雑誌情報）
- 各種ゲーム販売ストアへのリンク
- 関連グッズの販売ストアへのリンク
- 利用規約とプライバシーポリシー
- 動画配信や二次創作に関するガイドライン
- よくある質問（Q&A）
- 問い合わせ・不具合報告フォーム

利用規約とプライバシーポリシーについては第2章で説明しました。これらの文書をゲーム内に直接含めるのではなく、Webサイトに記載し、ゲームからWebサイトへアクセスして表示する場合には、そのためのページの作成が必要です。

また、ゲームの紹介とプレスキットについては次項以降で、動画配信、二次創作に関するガイドラインについては第5章で紹介します。

問い合わせ・不具合報告フォームについては、botの攻撃にあわないように「reCAPTCHA」などのbot判定ツールを導入することをお勧めします。

ゲームの紹介

ゲームの内容を紹介するページには、メディアやゲームに興味を持った人が知りたいと思う情報を簡潔に載せます。たとえば、以下の情報などを記載しましょう。

- ゲームのタイトル
- ゲームシステムの概要
- ストーリー・キャラクター紹介
- スクリーンショット
- トレイラームービー
- ゲームのプレイムービー
- ゲームのスペック情報（ファクトシート）

「ゲームのタイトル」というのは当たり前のように感じられるかもしれませんが、「タイトルがはっきりわからない」という事例は実際にあります。これはたいへんもったいないので、まずタイトルがはっきりわかるようにしましょう。凝ったタイトルロゴデザインをしている場合は、通常の文字でもタイトルを併記しましょう。

ゲームのスペック情報（ファクトシート）は、ゲームの価格、発売日、対応プレイ人数、対応プラットフォーム、対応言語、対象年齢、ネットワーク機能の有無、開発チーム名、販売会社などの情報を箇条書きにしたものです。

プレスキットの用意

「プレスキット」とは、メディアに対して一律で渡す、ゲームに関する資料・素材一式のことです。メディアの記者は、記事を書くときにゲームの基本情報をプレスキットから得ます。プレスキットは、キービジュアルやスクリーンショット、トレイラームービー、ゲームのハイライトを収めた動画をGIFアニメーションにしたものなど、宣伝素材のすべてに加えて、ゲームの特徴やプレイ人数、対応プラットフォームなど各種情報を一括してまとめた「ファクトシート」をセットにしたものです。プレスキットが用意されていると、記者に対して「ここにある情報や画像は記事に自由に利用できます」というメッセージになりますので、記事の内容が正確になり、文量も増える可能性が高まります。

「公式サイトと情報が重複しているのでは？」と思うかもしれませんが、プレスキットにすべての情報を集約することによって、記者自身が公式サイトを調べて必要素材を集める手間を省けます。結果として、記事を作ってもらえる確率が上がるのです。また、イベント出展時などで記者に挨拶した際に、プレスキットのURLを知らせるだけでゲームに関する情報をいっぺんに渡せます。

後述する「プレスリリース」はニュースバリューがあったときに配信するものですが、プレスキットは日々更新できます。メディアに対して、最新かつ正しいゲームの情報を提供できるのです。

プレスキット作成ツールの活用

では、プレスキットはどのように作成すればよいのでしょうか？ 文字情報・動画・画像などをクラウドドライブなどにアップロードしてそれをプレスキットとして使う方法もありますが、プレスキット作成ツールであるpresskit()やPress Kiteなどを利用することをお勧めします。presskit()はPHPで作られており、サーバーにアップロードしてXMLで情報を記述することでプレスキットが簡単に作成できる無償のツールです。一方のPress Kiteはブラウザ上でプレスキットを作成できるツールで、こちらは画像の枚数などによっては有料となります。

presskit()
http://dopresskit.com/

Press Kite
https://presskite.com/

筆者もpresskit()を使って英語版のプレスキットを作成しています。

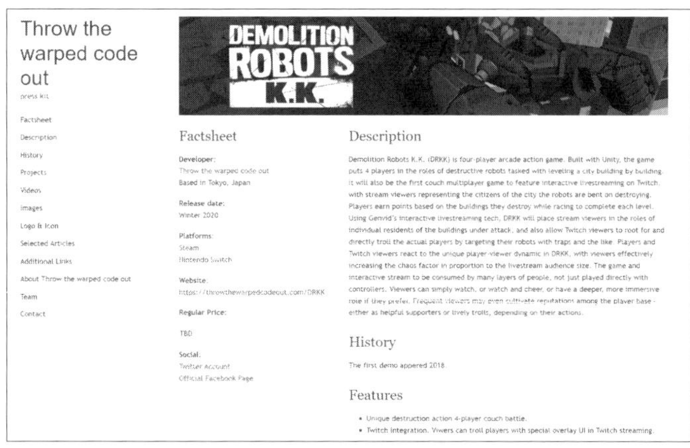

筆者がpresskit()で作成したプレスキット（https://throwthewarpedcodeout.com/presskit/）

公式サイトに必要なそのほかの機能

ゲームの公式サイトに必要な機能のひとつとして、OGP（Open Graph Protocol）の設定があります。OGPは、TwitterやFacebookなどのSNSにURLを含めて書き込んだときに追加で画像や文字情報を表示するための規格です。OGP対応により、以下のような画像と文字を出すことができます。

OGPの設定でTwitterに画像と文字を表示する

OGPの詳細な実装については述べませんが、ゲームの宣伝においては大きな画像を見せたほうが好ましいため、この例では「summary_large_image」タグを使って大きな画像を表示させています。

OGP経由の画像データは、SNSが個別にキャッシュを保存しています。新しくOGPを設定したり画像を差し替えた際は、その変更をSNS側に反映させるため、以下のツールを使って更新します。

Twitter Card Validator
https://cards-dev.twitter.com/validator

Facebookシェアデバッガー
https://developers.facebook.com/tools/debug

公式サイト制作で意識すべきポイントはほかにもあります。まず、公式サイトはスマートフォン端末で見られることが多いです。スマートフォンで表示した場合への対応も確認しておくようにしましょう。

そして、公式サイトへのSNSシェアボタンの設置も検討しましょう。TwitterやFacebookなどのシェアボタンを設置することで、ゲームを気に入ってくれた人がすぐにURLをシェアできるようになります。

デモ版や体験版の開発

ゲームの完成版以外にも、デモ版や体験版と呼ばれるバージョンを用意する必要があります。どんな種類があるのか見ていきましょう。

展示用デモ

展示用デモは、その名のとおり展示会で来場者に触ってもらうためのバージョンです。開発の初期段階であったり、まだまだ未完成であったりするバージョンでもあります。ゲームファンにゲームの手触りを知ってもらったり、メディアに興味を持ってもらうことが目的です。展示会に申し込む際の審査にこうしたバージョンが必要になる場合もあります。

展示用デモに入っていると便利な機能や注意点は次のとおりです

- なにも説明しなくても遊べるぐらいチュートリアルを作り込む
- 1プレイ10分～15分程度で遊べるようにする
- デバッグ表示を隠す
- プレイヤーがいないときはトレイラームービーやデモプレイなどをループ再生する
- 動画を再生しているだけのモニターだと勘違いされないように、ゲームが遊べることを明記する
- プレイ開始時に言語を選択できるようにする
- 取材対応に備えて、ゲームの見せ場へすぐにジャンプできるようにする
- 長時間の繰り返しプレイでエラー落ちしないか確認する
- PC展示の場合はコントローラーとキーボードの両方で動作するようにする
- 試遊時間や回数の制限を作り、それを過ぎたらお礼メッセージとともにタイトルに戻すようにする
- セーブがある場合は簡単にリセットできるようにする
- ゲームが途中で長時間放置されたらタイトルに戻すようにする

第2章で紹介したゲームの完成版におけるチュートリアルとは異なり、展示用デモでは、プレイヤーに対していかに早くゲームのクライマックス、コ

アとなる体験にたどり着かせるかが重要です。

なお、近年は新型コロナウイルス感染症の影響により、展示会相当のものをオンラインで配布するケースもあります。その場合は後述の「体験版」を参照してください。

パブリッシャー評価用デモ

パブリッシャーなどに自分の作品をアピールするために渡すバージョンです。最初のステージやゲームプレイの一番の見せどころに限定して、製品版に近いクオリティで作り込んでおくもので、「バーティカルスライス」と呼んだりもします。もしもパブリッシャーから資金を得ようと考えている場合は評価用デモの準備は必須です。パブリッシャーへのプレゼンテーション（ピッチ）については第4章で紹介します。

展示会と異なり、開発者がいない場面でチェックされることが多いため、ゲーム内に最低限の説明を入れておくか、どうしても間に合わないならいわゆる「Readme」（テキストファイルの説明書）を添付するなどして、ガイドがなくてもゲームの魅力にすぐにアクセスできるようにしておきましょう。また、海外のパブリッシャーに渡すならば、英語のReadmeをつけることはもちろん、デモを起動した直後に言語を選択できるようにしておくと、遊び方がわからなくて評価してくれない、といった躓きが減ります。

ベータ版

ゲームの一通りの機能が完成したバージョンを「ベータ版」と呼び、それを限定的なプレイヤーに動作テスト目的でプレイしてもらうことを「ベータテスト」と言います。ベータ版の主な目的はフィードバックを得ることです。バグ、ゲームバランス、さまざまな環境での動作チェック、コンフィグやシステムの不足がないかなど、とにかくゲームを改善するヒントを収集し、今後の開発計画へ反映しましょう。ネットワーク機能のあるゲームにおいては、ネット回線の状況や多人数が同時にログインしたときの挙動などを確かめるすべにもなります。

ベータ版の配布には、プラットフォームが提供している機能を使うことをお勧めします。Steamには、指定したSteamアカウントにベータ版を渡せる機能「Steam Playtest」があります。AndroidやiOSにも同様の機能があります。また、Unityが提供しているクラウドビルドサービス「Unity Cloud Build」には、ビルドのダウンロードURLを生成する機能があります。

ベータ版を渡した相手がなるべく気軽にフィードバックを返せるよう、専用のフォーラムやDiscordサーバーを用意しておくとよいでしょう。

アーリーアクセス

アーリーアクセスとは、開発中のゲームを販売することです。ゲームは開発中であり予期せぬバグなどがまだ存在する状態であることを前提として販売されます。つまりプレイヤーに「未完成のゲームです」と了承を得たうえで販売できるシステムです。対戦ゲームやサンドボックスタイプのゲームなど、プレイヤーの反応によって改善していくタイプのゲームジャンルに向いています。

アーリーアクセスはゲームによって向き不向きがありますので、一律に適用できるものではありません。また、安易に「早くお金がもらえるから」といってアーリーアクセスをすべきではありません。完成度が低い状態で売ってしまうと、プレイヤーがそのゲームに求めるクオリティとの間にギャップを生じてしまうかもしれません。こうなってしまうと、いくら未完成のゲームとして発売されるとはいえ、ゲーム全体の悪評につながる可能性があります。また、配信開始時のインパクトが薄れてしまう、という側面もあります。

加えて、プレイヤーの反応によってゲームを改善するということは、ゲーム開発にゲームファン、コミュニティを巻き込むことが前提になります。前述したプレイヤーのログを取得するアナリティクス機能を使った分析や、後述するDiscordコミュニティを積極的に運営し、アーリーアクセスに参加したプレイヤーからポジティブなフィードバックを得られる体制作りが不可欠といえます。

アーリーアクセスを開始したら、作品に対して多くの意見が寄せられ、そのフィードバックや意見への対応に追われて開発が進まないという事態も起きかねません。フィードバックに対する改修に集中できるよう、準備しておくべきでしょう。

ソフトローンチ

リリース当初の段階であえて地域限定で配信し、フィードバックからの改善を施したあとで、全世界での配信を解禁する手法です。スマートフォン向けのゲームでしばしば見られます。とはいえ、これは大手の開発会社が海外の狭い地域で実施することが多く、あまり個人や小規模のゲームでは見られません。小規模なゲームの場合はシンプルに、まず日本国内で配信を行い、さまざまな改良を行ってから多言語版の配信を行う、という手順がとれそうです。

体験版

体験版は、製品のゲーム本編の一部を切り出してプレイヤーに配布するバージョンです。製品版の発売と同時か、発売したあとに配布します。製品版の購入をプレイヤーに判断してもらうためのバージョンと考えてもよいでしょう。切り出す部分の決め方は評価用デモと似ていますが、ゲームの購入を促進するものですので、すべてを見せきってしまわないようにしましょう。

近年は、新型コロナウイルスの影響などにより展示用デモを触ってもらう機会が減り、体験版の意義が大きくなっています。Steamでも「Steam Next Fest」という体験版がたくさん遊べるイベントが実施されています。

有償の製品版と同時に体験版を配信する場合は、体験版の終了画面に製品販売ページへの誘導を作ったり、ストアを開くリンクを作っておく必要があります。

またストアによっては、「ゲーム本編のデータに制限をかけて体験版として配信し、プレイの最後に課金をするかプレイヤーに選んでもらうことで本編をアンロックする」というしくみをとることもできます。ゲームの特性がアンロック式に向いており、インストールサイズも小さく済むならば、このアプローチも検討するとよいでしょう。

ちなみに、最近ではクラウドストレージなどを使って体験版を配布する方も見かけますが、筆者としては可能なかぎり避けるべきと考えています。クラウドストレージは個人のアカウントに紐づいてしまうことと、アクセスが多いときにロックがかかってしまうこと、ゲームファンやメディアが「公式感」を感じてくれなくなることなどのデメリットがあるからです。

まだSteamでの配信を準備していない場合は、itch.ioなど登録の手間が少ないストアを使って体験版を配布するとよいでしょう。

プレスリリースの作成と配信

プレスリリースとは、メディアに向けた情報をある種のフォーマットに沿ったかたちで送付するものです。多くのゲームメディアはゲーム開発者から日々送られてくるプレスリリースを情報源にして記事を書いています。

実は、ゲームメディアへのプレスリリースは誰でも送付できます。ゲームメディアは常に新しい情報を欲していますので、しっかりとしたプレスリリースを用意すれば内容を読んでもらえるはずです。個人開発者だからといって、躊躇する必要は一切ありません。パブリッシャーと契約している場合は、パブリッシャーがプレスリリースの作成と配信を行ってくれることが多いですが、ここではあなた自身で実行する場合について紹介します。

プレスリリースの例文

プレスリリースの構成に特に決まった形式はありませんが、メディアが読みやすく、記事にしやすいお勧めのスタイルがあります。まずは、一例としてプレスリリースの例文を紹介します。以下は、筆者が「Back in 1995」を配信した際、実際にゲームメディアに配信したプレスリリースです（一部短縮しています）。

2019/5/16

Nintendo Switch/ Xbox One版『Back in 1995』発売日決定、
PS4/PS Vita版も順次発売

インディーゲームスタジオThrow the warped code out（所属：株式会社ヘッドハイ、代表取締役：一條貴彰）は、ゲームタイトル『Back in 1995』について、Nintendo Switch™版の発売日が2019年5月23日（木）、Xbox One™版の発売日が2019年5月22日（水）に決定したことをお知らせします。Nintendo Switch版は、本日5月16日より「あらかじめダウンロード」を開始します。

ティーザーイメージ

『Back in 1995』の多機種展開について

『Back in 1995』は、ポリゴン黎明期のアドベンチャーゲームが持つ独特のプレイ感覚を現代によみがえらせた、日本産インディーゲームです。Steamにて2016年4月から配信を開始し、2018年3月にはNew ニンテンドー 3DS™シリーズ向けバージョンである『Back in 199564』を配信いたしました。

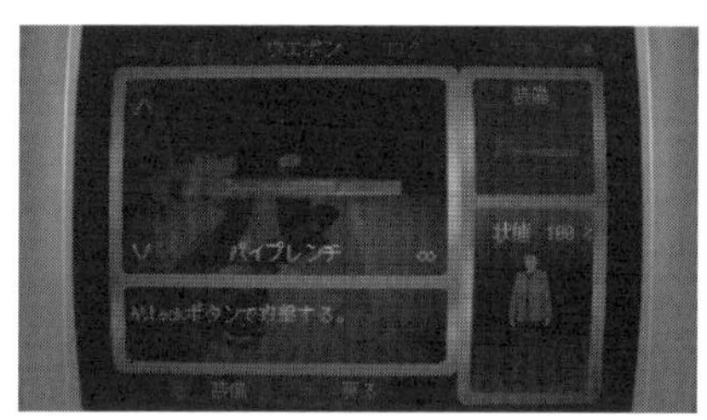

Nintendo Switch、ならびにPlayStation®4、PlayStation®Vita、Xbox Oneへの移植版開発は、Ratalaika Games S.L.が担当しております。発売は、メディアスケープ株式会社のインディーゲームブランド「Play,Doujin!」が担当します。一部の機種・地域・販売形式はRatalaika GamesまたはEastasiasoft Limitedが担当します。

■『Back in 1995』概要
ジャンル：レトロ3Dアドベンチャー
プレイ人数：1人
価格：980円
発売日：Xbox One版：2019年5月22日（水）
NintendoSwich版：2019年5月23日（木）
PlayStation 4版、PlayStation Vita版：2019年6月予定
※発売日は日本地域のものです。その他地域の発売日は異なることがあります。
開発元：Throw the warped code out（株式会社ヘッドハイ）
翻訳協力：株式会社デジカ
配信元：Play,Doujin!（メディアスケープ）、Ratalaika Games、Eastasiasoft
公式ウェブサイト：https://backin1995.com/
※ゲーム内容は、Steam版の「Survival Update」と同等の内容です。

【株式会社ヘッドハイ】
本社所在地：東京都品川区
代表取締役：一條貴彰
会社紹介：インディーゲームスタジオ「Throw the warped code out」を有し、PC・家庭用ゲーム機向けの小規模ゲームタイトル開発を行っています。また、インディーゲームクリエイターを対象としたゲーム開発ツール・サービス専門のDeveloper Relation事業を展開しています。
公式ウェブサイト：https://head-high.com/

※PlayStation・PS4・PS Vitaは株式会社ソニー・インタラクティブエンタテインメントの登録商標または商標です。
※ニンテンドー3DS・Nintendo Switchは任天堂の登録商標または商標です。
※Xbox Oneは米国およびまたはその他の国のMicrosoft Corporationの登録商標または商標です。
※Steamは米国およびまたはその他の国のValve corporationの登録商標または商標です。

プレスリリースの内容

プレスリリースに決まったフォーマットはありませんが、「だいたいこうい

う情報が載っている」という基本的な構成はあります。順番に説明していきます。

タイトルの考え方

まずはプレスリリースのタイトルを考えましょう。タイトルは、「ゲームプロジェクトにおいて一番伝えたいこと」「コンセプトを表現するキーワード」「今回のプレスリリースのニュースバリュー」をメインに考えていくとよいでしょう。ゲームの名称を含めて考えねばならず、長すぎても意図が伝わりづらくなってしまいます。タイトルは50文字程度、全体で2行に収めるようにしましょう。

よくある例としては、「○○、スマートフォン向けに×月×日に配信決定」のようにリリース内容の事実を並べるパターンと、「迫りくる敵を燃やし尽くす！ アクションゲーム○○、アーリーアクセス開始」のようにゲームのキャッチコピーを使うパターンがあります。

プレスリリースに含めるべき内容

プレスリリースの内容を考えるときは、「これが誰が読むものなのか」を意識しましょう。プレスリリースは、あなたのゲームについてまったく知らない人が読む文書です。前提知識が必要な部分には、補足を入れたり表現を変えたりしなくてはなりません。言葉を簡潔にして、専門用語や固有名詞を避けましょう。また、あなたがターゲットとしているプレイヤー層に刺さる内容を目指しましょう。

プレスリリースの基本構成については次に説明しますが、なにより世の中に出ている大量のゲームのプレスリリース文面を参考にするのが一番早いです。各ゲーム開発会社の「過去のプレスリリース」ページや、プレスリリースの全文を掲載しているWebメディアの記事を参考に、自分のゲームに合った構成を作りましょう。

プレスリリースの全体構成

プレスリリース全体は、「プレスリリースの主題」「ゲーム内容の簡潔な紹介」「ゲーム内容の詳細な説明」「ファクトシート」の4部構成とするのがお勧めです。

最初の「プレスリリースの主題」は、このプレスリリースでなにを伝えたいのかを1文にまとめたものです。「Who（誰）は、When（いつ）、Where（どこ）でWhat（なにを）する」という型に沿って作るのがわかりやすいでしょう。たとえば「ゲームスタジオ××は、×年×月×日にPC向けアクションゲーム『○○○』をSteamで配信します。」や、「個人クリエイター××は、×年×月×日に開催されるイベント「△△ショー」に、『○○○』を出展いたします。」など、1文でまとめます。また、その下にキービジュアルやゲームのロゴ、見栄えの良いスクリーンショットなど、一番見てもらいたい画像を配置しましょう。

次に、ゲームの内容について簡潔に紹介します。こちらも「Who（ゲームのどんなキャラクターが）、Why（なんの目的で）、When（いつ）、Where（どこで）What（なにを）するか」という指針に沿って構成するとよいでしょう。具体的な例としては「『デモリッション ロボッツK.K.』は4人対戦アクションゲームです。主人公は建物破壊業者として、巨大ロボットでビルを破壊して街を更地にします。たくさんビルを破壊すると給料が増えますが、ほかのプレイヤーにパンチが当たると減給です！ ステージのギミックを駆使して「うっかり」ほかのプレイヤーを邪魔しながら、誰よりも多くビルを破壊しましょう」などです（これは筆者が開発中のゲームです！）。

あまりに詳細すぎても、逆に情報が少なすぎても記事を書きづらいので、300〜400文字を目安にまとめましょう。ポイントは、ほかのゲームと比較したときに特徴となる内容を詰め込むことです。例では「ロボットゲームなのに戦ってはいけないのか！」という意外性を与えながら、ゲームの基本ルールを説明しています。

加えて、ゲーム内容のさらなる詳細や、ゲーム開発チームの情報を少しだけ入れます。ゲームにほかの特徴があればそれを書き、実績のあるスタッフが関わっている場合は過去の作品についても紹介します。ゲームがイベントでアワードを受賞しているならその履歴や、レビューがある場合はその点数などを紹介してもよいでしょう。

最後に、ファクトシートとしてゲームのスペック情報をまとめます。例文のように、ジャンル、プレイ人数、価格、発売日、対応プラットフォーム、開発チーム名、パブリッシャー、ストアや公式Webサイト、トレイラームービーのURL、SNSのURLなどです。価格や発売日が決まっていない場合は、「未定」と書いたり「2021年予定」などざっくりした予定でも大丈夫です。なお、URLについてはハイパーリンクを設定してアクセスしやすくするのを忘れないでください。

末尾には、メディアやパブリッシャーがあなたにコンタクトを取りたいと思った場合に備えて、メールアドレスを記載します。公式サイトに問い合わせフォームがある場合は、そちらに誘導してもかまいません。

プレスリリースに添付する素材

プレスリリースには、記者が記事を作成しやすいように、画像素材のリンクを添えておくとよいでしょう。素材としては、ゲームのスクリーンショット、キャラクター紹介イラスト、キービジュアル、ゲームのロゴ、開発チームのロゴなどです。先に説明したようなプレスキットが用意されていれば、それをそのまま渡すだけで済みます。

動画のリンクを添えることも有効です。YouTubeへのアップロードのほか、メディアが動画を使った番組を作ることを見越して、動画ファイルを個別にダウンロードできるようにしておくと便利です。ゲームメディアも動画番組を作成する機会が増えており、動画ファイルがあれば番組で使ってもらえる可能性があるためです。

権利関係と確認事項

他社が権利を持つプラットフォームに文中で触れる場合は、プレスリリースの最後に商標表示をしましょう。また、ほかの会社や開発者の権利が絡む情報を含んで配信する場合は、当事者に事前の確認をするべきです。特にパブリッシャーと契約している状態でみずからプレスリリースを配信する場合は、事前の確認が必須です。なお、プラットフォームによっては、配信に関する手続きが終わる前の段階で、「家庭用ゲーム機○○で×月×日に発売！」と勝手に告知してはならないケースがあります。情報開示について、各プラットフォームのルールを確認しましょう。

プレスリリースに書かなくてよいこと

開発についての「がんばったアピール」やかけた期間などは、メディアやプレイヤーから共感を得られない要素ですので、書かないほうがよいでしょう。あなたの熱意や情熱はまったく売りになりません。ゲームを開発している人にはみな平等に強い情熱があります。「鋭意開発中」の一言があればそれで十分です。

また、メディアはまず作品について知りたいので、開発者本人の経歴や自己紹介は最小限に留めましょう。これまで発売したゲームの紹介程度が適切です。

繰り返しになりますが、プレスリリースではゲームについて必要な情報のみを届けるようにしましょう。ゲームの設定やストーリー、キャラクター情報などが大量にあると、記者が途中で飽きたり、読まれなくなってしまいます。ほかのゲームでキャラクター紹介のニュースが成り立っているのは、有名IPやシリーズだからです。ニュースバリューがなければ不要ですので、そうした情報は公式サイト側に載せておきましょう。

なお、プレスリリースの中ではストーリーのネタバレにあたる情報を書かないことをお勧めします。記事になるということは誰にでも見られる情報になるということですから、ネタバレを嫌うプレイヤーに悪い印象を与えてしまいます。

プレスリリースの配信

文面ができたらいよいよ配信です。配信先を事前に確認しておき、プレスリリースの威力が最大限に発揮される時期や日時を狙いましょう。

プレスリリースには、PDFとWordの2種類のフォーマットが用意されていると、文書をコピー&ペーストしやすくなるため記者に喜ばれます。

配信先の確認とリストアップ

プレスリリースの送り先は「すべてのゲーム系Webメディア」です。メディアのWebサイトの「お問い合せ」ページなどにプレスリリースの送付先が明記されていますので、そのメールアドレスやフォームに対してリリースを送ります。リリースの送付タイミングは同一であるとよいでしょう。

また、ゲームの展示会で入手したゲームライターのメールアドレスも、貴重なプレスリリースの送り先になりますし、ゲーム動画配信者などのインフルエンサーなどもプレスリリースの送り先となります。

送り先は多岐にわたりますので、配信当日に慌てないよう、プレスリリースを送る窓口のメールアドレスやフォームを事前に確認しておき、表計算ソフトで管理しておくと安心です。

メールアドレスが増えてきた場合は、Mailchimpなどのメール配信サービスを使って管理・配信すると手間が減ります。こうしたサービスはリストを使ったメールの一斉送信のほか、一人ひとり違うコードのクーポンを発行するような送り方もできます。

Mailchimp
https://mailchimp.com/

配信のタイミング

プレスリリースを配信するタイミングは、「作品の発表」「リリース日決定」「発売日当日」の3タイミングです。インディーにとってプレスリリースが最も効くのはこの3カ所で、逆に言えばこのタイミングを逃すと、メディアへの掲載が非常に難しくなります。

発売日を告知する場合、当日か1週間前程度を目安にしましょう。ニュースが早すぎると記事になってからプレイヤーが買ってくれるまでのタイムラグが発生し、忘れられてしまう可能性があります（事前予約が可能なストアの場合はこのかぎりではありません）。また、配信の時間帯として、午前中に送ることをお勧めします。午後は打ち合わせや取材で記者が不在の可能性があるためです。

配信時のメールの文面

プレスリリースを配信するメールでは、礼儀・礼節を持った文面を作りましょう。「お世話になっております～」からはじまり、「どうぞよろしくお願いいたします。」で終わり、名前と連絡先があるビジネスメールです。こうしたビジネスメールをまったく書いたことがない場合は、メールにおけるビジネスマナーを紹介している書籍やWebサイトなどで例文を読んでおくとよいでしょう。

［メディア名］
［担当者名］様

いつもお世話になっております。Throw the warped code outの一條と申します。
開発中のゲームタイトル、「デモリッション ロボッツ K.K.」につきまして、下記のプレスリリースを発行いたしました。
ご確認いただければ幸いです。

（中略。プレスリリース本文から手短に重要事項を抜粋）

プレスリリースの全文、ならびに画像・動画素材を下記リンクにまとめております。
https://throwthewarpedcodeout.com/DRKK

プレス内容や作品につきまして、なにかご質問等ございましたら、お気軽にお問い合わせください。
どうぞ、よろしくお願いいたします。

Throw the warped code out
一條 貴彰
［メールアドレス］
Twitter: @drkk_jp

配信を専門とする企業への依頼

プレスリリースの配信を専門の会社に任せるという方法もあります。当然お金がかかりますが、文書の校正や、自分では気が付かなかった文化的にまずい表現があった場合などの指摘を期待できます。また、自分の手間をかけずに大量の送信が可能になり、メディアカバレッジ（実際にいくつの記事になったか）もレポートとして確認できることがメリットです。海外のゲームライターにコンタクトを持つ会社もあります。

そのほかの宣伝活動

これまでの解説が基本的な宣伝活動です。これ以上のことを行いたいのであれば、第4章で紹介するパブリッシャーとの契約を行って、宣伝のプロに任せるほうが効率がよいでしょう。ですが、「個人でできる範囲でもっとチャレンジしたい」という場合は以下に紹介するような方法もあります。

海外への宣伝

海外向けの宣伝方法の中でも、個人や小規模チームでできることはいくつかあります。

ただし、海外への宣伝をするということは、あなたのゲームに対して世界中のプレイヤーから問い合わせが来ることを意味します。パブリッシャーと組んで海外展開を行うことを基本的にはお勧めしますが、自力で行う場合は英語でのコミュニケーションコストが大きくかかることに留意してください。

まずはプレスリリースです。英語でプレスリリースを配信する場合は、ゲーム記事のライター向けにプレスリリースを登録するサービス「Games Press」があります。無料プランもあるので、まずは触ってみましょう。

Games Press
https://www.gamespress.com/

海外への宣伝手法として、多くのフォロワーを持つ動画配信者をはじめとした発信者（インフルエンサー）にゲームを動画で紹介してもらう、「インフルエンサーマーケティング」という手法がスタンダードになっています。ただし、イベント会場で声をかけられて、あるいは突然メールが送られてきて、「私はインフルエンサーだからゲームのダウンロードコードを送ってほしい」と求められても、嘘をついてゲームをタダでもらおうとしているだけですので、相手にしてはいけません。代わりに、ゲームの動画配信者とインディーゲーム開発者をマッチングするサービスを利用しましょう。個人でも登録でき、それぞれ無料で利用できるプランもあるので、挑戦してみるのもひとつの手です。こうしたサービスではゲームのジャンルやストリーマーの傾向に応じて適切にコードを送れるため、効果的に動画配信者とつながることができます。

もちろん英語でのコミュニケーションが必要になりますが、近年成功したインディーゲームはこのようなサービスによってインフルエンサーによる発信の機会を得て、ヒットにつなげています。

Keymailer
https://www.keymailer.co/

Woovit
https://woovit.com/

indie boost
https://indieboost.com/

海外市場に向けて単に英語のプレスリリースを配信しただけでは効果が薄いです。金銭的な余裕があるなら、海外のPR会社やエージェンシーに依頼してしまうのも手です。ただし、費用が妙に安かったり、実績がなかったりする場合は注意が必要です。もしエージェンシーに頼む場合は、これまでの実績に加え、海外でのSNSリツイート数や、ニュースサイトでの記事数など、具体的にプロモーション活動の目標数値を課したうえで契約しましょう。

広告配信サービスの利用

特にスマートフォン向けゲームの場合、ゲームのダウンロード数を伸ばすため、アプリの広告を広告配信サービスに出稿する方法があります。広告を出稿することで、広告モデルを採用しているほかのアプリなどに自分のゲームの広告が表示され、そこからダウンロードにつながります。ゲームの広告が配信できるプラットフォームとしてはGoogle AdsやTenjinといった広告の効果測定ツールとセットになったサービスもあります。

もちろん広告の出稿は有料なので、広告表示や出稿にかかった費用をゲームの売上が上回らなくてはなりません。プレイヤー1人あたりの売上と、プレイヤー1人の獲得にかかる広告費用のバランスを日々チェックしていく必要があります。

競合タイトルの調査

宣伝手法の一番の参考になるのは競合タイトルです。類似のテーマやジャンルで人気のゲームを調べ、そのゲームがどんなプロモーションをしてきたかをつぶさに分析することであなたのゲームに適した宣伝方法を見つけられます。トレイラームービーの構成、プレスリリースの見せ方、インタビュー記事、出展イベント、ストリーマーとのコラボレーションなど、そのゲームがどんな施策をとってきたかを詳細に調べましょう。文書や画像素材のコピーはしてはいけませんが、「やり方」はどんどん参考にしてください。

Steamで配信されているゲームの調査に使えるツールとして、「Steam Scout」と「SteamSpy」があります。

Steam Scoutは、Steamのコメント欄がなんの言語で記入されているかを分析できるサービスです。類似タイトルに対して、プレイヤーの国籍の傾向がどのようになっているのかを調べることができます。

Steam Scout
http://togeproductions.com/SteamScout/steamAPI.php

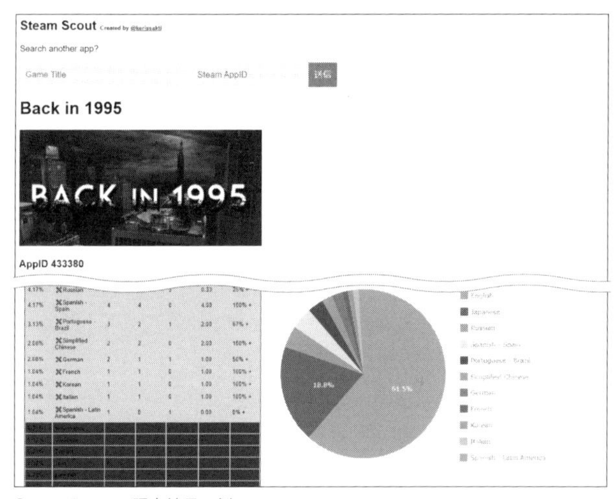

Steam Scoutの調査結果の例

SteamSpyは、Steamで販売されているタイトルのデータを収集しているWebサービスです。ゲームがどのくらい販売されているかの概算値や、プレイヤーによるゲームの評価値、実況動画がどれくらい視聴されているかを確認できます。また、月額3ドルからのサブスクリプションに加入すると、どの地域のプレイヤーが活発に遊んでいるかといった詳細な情報にアクセスできます。

SteamSpy
https://steamspy.com/

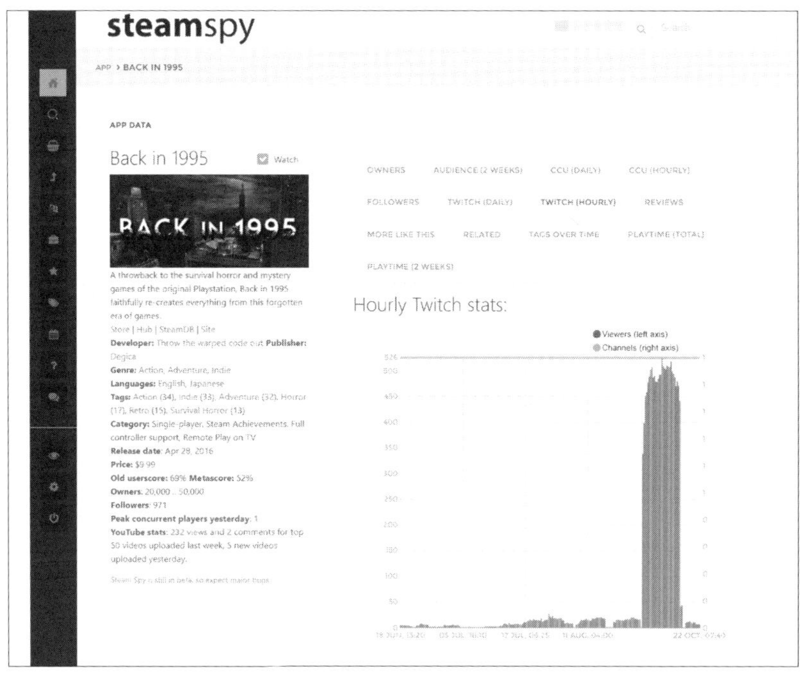

SteamSpyの調査結果の例

インフルエンサーやメディア担当者との関係構築

インディーゲームの展示イベントなどでゲームのインフルエンサーやメディアの担当者と知り合った際、特にゲームのコンセプトを気に入ってくれた人がいたならば、しっかりとしたコミュニケーションを取って関係を構築していくことが重要です。メディアやインフルエンサーに対して評価用デモを送り、記事や紹介動画を制作してもらうように積極的に連絡しましょう。

メディアやインフルエンサーに連絡するときのコツは「自信をもってゲームをプッシュする」ということです。作品に自信が持てない状況もあるかもしれませんが、メールの文面にネガティブな印象があると掲載の確率は下がります。

また、インディーゲームは開発者自身が見えることが重要です。かっこつけて「スタジオ」を名乗りたい気持ちもあるかもしれませんが、丁寧かつ開発者個人のこととして連絡することが、親身になってもらうためのひとつの手です。

Unityがインディーゲーム開発者に支持される理由

高機能なゲームエンジンの低価格化を切り開いたUnityは、ゲーム開発の敷居を大きく下げ、インディーゲーム文化の発展の大きな起爆剤となりました。Unityが誇る強力なマルチプラットフォーム対応は、インディーが家庭用ゲーム機へと展開するためのチャンスを多く生んだといえます。さらに日本においては、学生向けのコンテスト「ユースクリエイターカップ」で新たな才能の発掘も積極的にサポート。そんなUnityの日本支社であるユニティ・テクノロジーズ・ジャパンの大前氏に、日本のインディークリエイターに向けた取り組みについてヒアリングしました。

――Unityのインディーゲームでの実績についてお教えください

大前：おかげさまで、非常に多くのクリエイターにUnityを使っていただいています。3D・2D問わず、どんなゲームでも作れるように機能を拡充しています。現在では、モバイルゲームのトップ1,000タイトルのうち、71%がUnityを使って作っています（2020 Q4時点）。インディーゲーム事例からの最近のヒット作は『Among Us』ですね。

また、家庭用ゲーム機向けタイトルにおいてもUnityは非常に使われています、Nintendo Switchでリリースされているゲームの半分以上はUnityです。また、近年は特にUnityを安心してお使いいただけるよう、安定性について非常に力を割いています。

――国内向けのインディーサポートについてお教えください

大前：Unity Technologies Japanを立ち上げたときから、できるだけ多くの新しい才能の創出を手助けしたいという思いがありました。そこで、日本オリジナルの取り組みとして、ゲームや開発者を紹介するMade With Unityというサイトを運営しています。

Made With Unity
https://madewithunity.jp/

また、学生向けのゲームコンテストを2014年から立ち上げました。2018年にアワードを取った作品『モチ上ガール』は、これがきっかけでNintendo Switchでのリリースを果たしました。2021年からは、高校生・高専生（3年生以下）および小・中学生を対象にした「ユースクリエイターカップ」として新たにスタートしました。

Unityユースクリエイターカップ2021
https://uycc.unity3d.jp/

加えて、モバイルゲーム開発者向けには「Game Growth プログラム」を行っています。モバイルにおいては、個人や小規模な開発においてもFree to Play（基本無料・アイテム課金）モデルを採用するケースが増えています。そうした課金要素のあるゲームに対して、プロモーションの支援やプレイヤーの獲得のための資金提供などを行うものです。

Game Growthプログラム
https://unity.com/ja/products/game-growth-program

――本書を読んでいる開発者へメッセージをお願いします。
大前：まずは本書を手に取った時点で、みなさんは「ゲームを売ろう」と考えるところまで辿り着いているわけですから、「自分の作ったゲームは面白いんだ」と絶対的な自信を持ってください。

そして本書を読んだうえで、あらためて自分のゲームの企画をプロデューサー目線で見てみましょう。すると、「こういう要素を入れたらもっとよくなる」と、たくさんの気づきが得られると思います。その気づきをメモしておいて、自分のプロジェクトへ無理のない範囲で反映させたり、見せ方を変えたりしてみてください。

ゲームを作ることは難しいですが、それ以上に難しいのは、ゲームのことを知ってもらうことです。「遊んでもらって面白いと感じてもらえた」という状態は、ある意味でもう戦いのあとなのです。そこにいち早く気が付いて、そのためにどういうフックをゲームへ入れるのか考えてほしいと思います。

別の視点を持って自分のゲームを眺めてみる力を獲得する。あるいは、それを考えてくれるパブリッシャーと一緒に作っていくとよいと思います。ただ、あまりに人の言うことばかり聞いていてもコンセプトがバラバラになってしまうので、自分自身の意思を持ってゲームを作り上げてもらいたいと考えています。

――ありがとうございました。

対談

スマートフォンゲームの生存戦略

「TapTripTown」
いたのくまんぼう
×
「くまのレストラン」
Daigo

対談

スマートフォンゲームの生存戦略

巨大なゲームプレイヤー数を有するスマートフォンアプリ市場。誰でもゲームを全世界へ公開できる場所としてのApp Storeの登場とともに、数多くのインディーゲーム開発者が生まれました。無料のコンテンツがひしめき合うスマートフォンで、いかにプレイヤーに体験を与え、対価を得て生活していくべきなのでしょうか。ゲーム開発会社勤務から個人開発へ転身を遂げたふたりの開発者に開発者としてのキャリアについてヒアリングしました。

いたのくまんぼう(和尚)

ゲーム作家。神奈川工科大学非常勤講師。コンシューマーゲームプログラマーとして不思議のダンジョンやサウンドノベル等のシリーズに関わる。独立後はスマホアプリが主戦場。アプリ界の相談役として「和尚」の名で親しまれている。

Daigo

Odencat株式会社代表。米国、日本、ベトナムにてゲーム開発を経験後独立。ストーリーとドット絵を根幹に据えたゲームをメインに開発。記憶に残る物語体験を最重視し、世界に向けて数々の作品を送り出している。

スマートフォンアプリを選んだ経緯

——まずはおふたりの自己紹介と、主な作品についての紹介をお願いします。

和尚　いたのくまんぼうと申します。周りからは和尚という愛称で呼ばれています。もともと、コンシューマーゲームを十数年作っておりまして、独立後はスマホアプリをつくっています。これも10年ちょっとになりますね。

いろいろツールやゲームの開発もやってきていまして、いまは新作の『TapTripTown -タビスルマチ-』を作っています。もう作りはじめて3年近くになりますね……。4回くらい作り直していて、難産だなあと。

いままで作ってきたスマホアプリの中でも最長の開発期間となっていて、「もうライフワークとして長いことやっていこうかな」と思いはじめているくらいです。実はもう1本作っていて、それは早めに出そうかなと。

いたのくまんぼう氏の最新作『TapTripTown - タビスルマチ -』より

Daigo　Daigoと申します。もともとアメリカのActivision（現：Activision Blizzard）からキャリアをスタートしました。そこからスクウェア・エニックスで『Final Fantasy XIV』に関わったのち、DeNAに入り、そのアメリカ支社に赴任しました。

ですが、DeNAのアメリカ支社は解散してしまい、なんと「シリコンバレーでニート」ということなってしまったんです（苦笑）。もともとインディーゲームクリエイターになりたかったんですけど、幸か不幸か退職金もあり、よいきっかけだと思ったので、「自分の好きなゲームを作ろう」と一念発起しました。

気づけば2年が過ぎ、「そろそろ就職しないとやばい……」と思いはじめた時期に売れたのが『くまのレストラン』です。そこまでに2年で4本ゲームアプリをリリースしていたのですが、小さな作品だったので、生活できるレベルではありませんでした。『くまのレストラン』のおかげで、食っていくことが可能になったという感じです。

——就職活動も視野に入れつつ、制作していたんですね。

Daigo　半年に一回、就活しつつ制作していました。内定を取っては蹴るということを繰り返していました…。

和尚　なんで就活したんですか……（笑）。

Daigo 就活していたのは、「自分はまだゲーム産業の人材として価値がある存在なのか」ということを確かめたかったからなんですよね。ちなみに、そのとき受かったのは『キャンディークラッシュ』のKingとか、アメリカのイケイケスタートアップとか、『FFXV：新たなる王国』を作っていたMachine Zoneとか……。

——おふたりはかつてゲーム開発企業に所属していた経験があり、そこからインディークリエイターとして独立しています。どの段階で「独立してやっていけそうだ」と判断したのでしょうか。

和尚 私はチュンソフトをやめたあとに、2年か3年くらいフリーランスをやっていました。そのあと、元チュンソフトの仲間を集めて制作チームを立ち上げたんです。

そこで私は2年くらい社長業的なことをやっていました。コンシューマーゲームの企画を大手に持っていって、2本くらいチームで作っていたんですが、私はプレゼンばかりの毎日で。自分で手を動かして物を作れなくなっちゃって、心を病んでしまったんですよ。

本来の私はよく喋るんですけど、まったく喋らなくなっちゃったんです。地面しか見ていない1年間みたいな。それでもう無理だと思いチームにお願いして、また独立して一匹狼に戻りました。

それでまたフリーランスの仕事をちょっとずつやりはじめました。それがスマホアプリがはじまる少し前くらいの時期で、「これからはiPhoneだ！ 3Gでアプリストアが個人にも開放される！」と世の中が変わりはじめてました。

iPhone 3Gのころは、個人のゲームクリエイター第1期的な感じでたくさんのゲームが出てきたことがあったじゃないですか。最初のころの「スマホを傾けてビールを飲むだけのゲームが何百万本も売れてるよ！」なんて瞬間に「これだ！」と手を出し、そこから10年になります。

——Daigoさんはそれより後のタイミングで参入していますよね。現在は独立して何年目になりますか。

Daigo 5年目になります。法人化して2年目で、その前は個人で活動していました。

——タイトルをリリースしつづけて、『くまのレストラン』の成功に

Daigo氏の代表作『くまのレストラン』より

よってインディーゲーム開発者へ舵を切った感じでしょうか。

Daigo 「くまのレストランで食っていけるようになった」というのはそのとおりなのですが、会社をやめてゲーム専業で開発しはじめたときからもうインディークリエイターになったという自負はありました。仮にまた就職することがあっても個人ゲーム開発をやめる気は微塵もありませんでした。とはいえ、自分が作ろうとしていたのは「ドット絵の短かめのスマホのストーリーゲーム」で、全然お金の匂いがしなかったんじゃないかと思います。正直言ってこれで儲かると思っている人は周りにはほとんどいなかったんじゃないかな。でも自分には「なんとかなるんじゃないか」という根拠のない自信がありました。

　もともとソーシャルゲームの会社にいたわけなので、お金の稼ぎ方といえば、ガチャを入れたり、イベントを入れたりであるということは分かっていましたが、あえてそこにはいかず本来自分が作りたいゲームにこだわりました。結局、自分がゲーム作りを続けてこられたのは、パッションがあったからだとしか言えないですね（笑）。

　ただ、実はここには裏話があって、自分が当時目指していたのは「スマホで動くRPGツクール」だったんです。「償いの時計」という作品を作ったころは内製のツールがスマホで動いていて、ゲームの30％くらいはスマホの上で組んだりしていました。そのころカリフォルニアのサンマテオに住んでいたのですが、ベンチに座ってスマホでゲームを作るのはなかなか快適な体験でした。しかし、途中で私は気づいてしまったんです、自分は自分でゲームが作りたいだけであって、だれかにゲーム作ってほしいわけじゃないということに。

ということで、スマホ向けのRPG制作ツールを公開することは取りやめ、いまでは普通にデスクトップからそのツールを使用してゲームを制作しています。

――プラットフォームにスマートフォンを選んだのはどういった理由だったのでしょうか。

和尚 サイズ的にちょうどよかったんです。私がチュンソフトをやめた当時のゲームって、だんだんスケールが大きくなってきて、ひとりのスタッフが担当する部分がちっちゃくなってるように感じていたんですね。

でも私はゲームすべてをひとりで作りたくなったんですね。ストーリーやシステム、できれば絵も。要は世界観をひとりで作りたくなったんです。

はじめは絵本を描こうとおもってチュンソフトをやめたんですよ。いろいろ描いて試してみたんですけど、さっきもお話したように制作チームを立ち上げ、辞めてひとりに戻ったとき、ちょうど目の前にスマホアプリがあり、世界観をひとりで作れるものというサイズがぴったりだったんです。

結局、自分が持っている武器で一番お金になって、戦えるものはゲーム作りだったんです。ゲーム作りに関しては長年やってきたので自信はあったので、まず持っている武器で戦おうとおもってスマートフォンを選んだんです。2009年ごろのことですね。

――ワールドワイドではSteamがあり、Xbox Live Arcadeがあり、モバイルがありという感じだったんですけど、当時の国内から見ると、PCゲームでは市場として難しそうという印象がありました。

和尚 Xbox Live Arcadeも「個人はお断りだ」って言われたりとかありましたね。話をMicrosoftに聞き言ったら、チュンソフト時代にお世話になっていた方が出てきて、「なにしに来てるの？」って言われて、ここで出したいっていったら「いや～、いまは無理だわ」って言われて。

――いつごろの話ですか？

和尚 Xbox Live Arcadeが出てきて、個人でゲームを出せるようになるんじゃ？ って話が出てきたころですね。そのときの最初に説明会に行ったんですよ。

——興味があったんですけどお断りされてしまったと。

和尚 そうですね。本当は個人クリエイターは対象ではなかったけれど、説明会には通してもらえたっていう（笑）。帰ってきたら、Microsoftに行った知人から「説明会行ったの？ 和尚さんが来たって聞いたんだけど」って電話がかかってきて。「個人では出せないよ」って言われて「じゃあなんで説明会呼んだねん！」って（笑）。

——Daigoさんがスマートフォンを選んだ理由は？

Daigo そもそもソーシャルゲームの会社にいたのが一番大きいです。どうやって儲けるのか、ゲームをリリースするのかということが知識として分かっていたので、そこに迷いはありませんでしたね。もちろん、Steamや家庭用ゲーム機にも興味はあるのですが、規模が大きくなりがちですし、期待されるクオリティも高いと思っていたので、体力がもたないなと感じて当時は考えていませんでした。

たとえば、私はバトルの入ったRPGが好きなんですけど、工数を削減するためにはバトルや成長要素をカットしちゃおうという発想がありました。ただ、そうしたシンプルなゲームをコンソールやSteamで出すとショボい気がちょっとしたんです。

一方スマホは、良くも悪くもユーザーの期待値が低いため、ゲーマーに物足りないゲームでもチャンスがあるんじゃないかと考えました。ちょうどそのころに出たゲームに『彼女は最後にそう言った』ってアプリがありました。タップでキャラを進めてストーリーを見るだけというシンプルさで、日本だけで約70万ダウンロードもいったのを見て需要を感じたんです。また、当時Undertaleの大ヒットを間近で見ており、見下ろし型RPG風のゲームは世界的に求められているのではないかとも思いました。その需要に対し、スマホゲーム市場においては、ストーリーゲームの供給が足りないのではないかとも思いました。

ちなみに、見下ろし型ストーリーRPGジャンルに注力することを選択したのは、需要があったり自分の好みであったりという部分も大きいのですが、開発都合で見たときにもいくつか有利な点がありました。ストーリーゲームのいいところは、仮にシステムが同じでも、ガワさえ変えればプレイヤーがどんどん楽しんでいけるところだと思ったんです。自分の経験上、ゲームシステムを考えるのが一番辛い部分で、そこがシンプルでいいのであればずいぶん楽になるだろうなと。

自分の好み、市場の需要、開発の規模感、そういったものを総合的に考えて、「いけるかな？」と思ったんです。

――興味のある分野や経験などが組み合わさったゆえの判断なんですね。

Daigo でもパッションがないと無理ですよ。こういうのは。

マネタイズの工夫

――おふたりともスマートフォンのマネタイズ方式は、動画広告やアプリ内の追加課金です。それを選択した理由はいかがでしょうか。

和尚 時代の流れに乗って、という感じです。いま作っている新作では、アプリ内課金とのハイブリッドです。私が個人開発をはじめたときは、有料のアプリと無料のアプリとでは、まだ有料アプリのほうが多かったです。ですが、時代がやっぱり無料に流れていって、それに合わせて自分も無料モデルになっていきました。それはもう、市場に合わせていったというのが一番わかりやすいかと。

――IPタイアップについてはいかがでしょうか。

和尚 1個ゲームを作ったら、ガワを変えていろんなキャラクターを変えて出したりしているんですよ。それが私にとってのベーシックインカムのようなものを作りだしてるんです。

そういうやり方もあるので、過去にガチャガチャを回して、ドット絵を集めるゲームを作ったんですよ。現実のガチャガチャの筐体をスマホの中に再現したようなアプリですね。その収支が良かったので、キャラクターIPを持ったいろんなメーカーさんと組んでガワを変えたゲームを出しました。それが積み重なったりしてるんですね。

前作の『お水のパズル a[Q]ua ～アヒルちゃんを救え！～』も成績がよかったので、『よつばと！』のダンボー版を出しました。家から車でちょっと走ったところによつばスタジオがあるので、訪ねて行って直談判し、使用許可をもらったんです。個人でもそんなふうにタイアップをとりつけたりできちゃうんです。

ガチャガチャのほうは、キャラクタービジネスに強い会社さんに入っていただいて、次のキャラクターを選別していただき、どんどん出したりしていました。そういうやり方もあるので、成功したタイトルがあれば二次創作的なやり方をセルフでやって、積み重ねていくこともできます。

——その関連でいえば、コンテストなどがきっかけでIPを乗せましょうというのも聞くのかなと思っています。

Daigo みんなコンテストに応募したほうがいいですね。応募してない人はけっこういるのでもったいないなと。

和尚 コンテストは審査員よりプレイヤーとして参加するほうが絶対いいと思った（笑)。審査員をやって、すごくそれを感じるようになった。

Daigo いわゆるゲームコンテストだけではなく、資金提供プログラムの募集などにも、企画書をまとめるいい機会ですし、参加したほうがいいと思います。

——課金モデルについて、Daigoさんはいかがでしょうか。

Daigo そもそも前職でプロのゲーム開発者として複数のゲームをリリースしていたのでたいがいの課金モデルの知識はありました。また、会社員と働いているとたとえばAppAnnieのアクセス権限を与えられたりしてお金を払わないで情報を閲覧することもできました。業務のついでに得たさまざまな知識が助けになったんですね。たとえば、データを見ると有料アプリがまったく売れないことがデータで分かってしまうんです、だから開発するとしたら無料アプリ一択でしたね。

ただ、自分がやりたいことっていわゆるソーシャルゲームのお作法が通じない、どちらかというと買い切りゲームに近いゲームだったので、周囲に参考になる事例が少なかったです。そのためビジネスモデルは、複数の作品を作るうちに実験しながら確定させていきました。それぞれの作品で「実験すること」を決めて、少しずつ改善を重ねたという感じです。

『くまのレストラン』でたどりついたひとつの答えは、ハイブリッドモデル、つまり買い切りアプリと無料広告アプリのあいの子でした。お金を払えばほぼ買い切りアプリの体験をできるけど、広告視聴のみでも最後までゲームをクリアできる、というものです。生き抜くためにはゲームの客単価を上げる必要があり、試行錯誤した結果たどりついた答えですね。まだまだ改善していきたいです。

——和尚さんもちらっとハイブリッドと語っていましたが、周りの開発者さんもその流れでしょうか。

和尚 時代だと思います。個人開発とはいえ、開発期間が長くなってきたのと合わせて、アプリ内広告だけではやはり1ダウンロードあたりの単価が低く、自分のアプリの宣伝広告を出せるほどの収益にならないんです。そこで高単価にするためにハイブリッド化した課金モデルを導入する方が増えています。時代の流れとしてはそうなってきています。

最初に自分のゲームに広告表示を入れるときに葛藤はありました。最初はすごく入れたくなかったんです。拒否反応を起こしながらやっていたんですけど、次第に慣れてしまって（笑）。

それは作るほうもなんですけど、ユーザのほうも慣れてきてるなあというのもすごく感じていました。「広告が入っているから……」ってユーザが嫌がっていた時代もあったんですけど、いまはみんな慣れちゃいましたから。そこは市場の流れかなと。

Daigo わかります。自分はストーリーゲームを作っているので、広告は没入感も世界観も壊していくので敵なんですよ。入れるのは本当に怖いというか、うまくいかなかったら嫌だなと思っていました。

ただ、いざ広告を入れてみたところ、多くのユーザは広告を気にしないどころか、お礼を言ってくれることすらありました。なぜなら、お金を払う代わりに広告を見てゲームを進める手段を用意したからですね。「普通はDLCは有料で無料で続きが遊べないことが多いのに、無料で最後まで遊ばせてくれるなんて、なんてやさしいんだ」みたいな喜びの声が各地から来ました。

特に発展途上国ってお金を払えないことが多いので、そういうところって本当にありがたく思ってくれるらしいです。

——お金はなくとも時間はあるから、ということですか。

Daigo 広告見てる時間もったいないし、お金払ったほうがいいのでは………？とも思うのですが、そもそも支払手段を持っていないパターンもあるのでどうしようもないですね。お国柄もあります。

和尚 スマホのゲームを遊ぶってことに対して、お金を払わない前提のこともあるから。冷静に考えたら、時給換算するとけっきょくお金を払ったほうがいいよってこともあるとは思うんですけど。

——広告と課金のハイブリッドのお話がありましたが、「課金すると広告を外せる」というものもあります。また、最近はDLCや課金による追加要素もあると思うのですが、いかがでしょうか。

和尚 課金じゃないとできないというのは、逆になるべく作らないようにしていますね。スマホゲームの作り方としては、「無料でも遊べるけどそのかわり時間はいただくよ」ってかたちですよね。

Daigoさんがやってらっしゃるような、DLCじゃないとストーリーの続きが見られないみたいな流れには、私は乗っていないですね。

——それを見て、あまりいい反応をしないユーザーもいるかもしれないと考えましたか。

和尚 うーん……。というのも、しばらくいろんなユーザーを見てきたので、Daigoさんのやり方でどれくらい行けるのかなと、勝手に心配というと失礼ですけど、考えてしまって。いままでの流れだとどれくらい食べていけるかということに懐疑的というか。

だからDaigoさんがまずそれを見せてくれたのはすごくいいなと思っています。変な話になっちゃうけど、感謝しているといいますか、新しいやり方を開拓してすごくかっこいいと思ったりするんです。何本もプロデュースするようなかたちで出していたりとか、やり方とか。「やるなあ！」と思っていました。

Daigo 自分はマネタイズを発明するのがけっこう好きなんですよ。そこでびっくりさせたいなと思うこともあって。

そんななか、たぶん自分が発明したとのではないかと思っているのが、スポンサーシステム。ゲームを買ってからクラウドファンディングをするというようなしくみです。ゲームクリア後にお金を払うことでスタッフロールやクレジットに名前を載せられるというわけなんですね。それがどこをどう見ても誰も損しない、Win-Winという優しい世界で、かなり好評だったんです。

もともとは投げ銭を入れていたのですが、それだと誰も課金しないんです。投げ銭だけじゃ誰も課金しなくて、スタッフロールに名前が載せられると少し増える。ちょっとした特典をつけるとさらに課金が増えることもわかりました。

和尚さんが言っていたように「DLCじゃないとストーリーの続きが見られない」というのは自分も問題だと思っていました。そもそもせっかく作ったものなんですから、なるべく多くの人に見てもらいじゃないですか。そこで考えたのは、ざっくりいうと、「課金の代わりに広告を200回見てくれるなら遊んでいいよ」というシステムです。広告を1回視聴するとだいたい1円入ると考えたらそんなものかなと。

和尚 連続で200回見るっていうしくみ！？

Daigo そうです。それで最初は本当に、広告を200回見ればDLC解禁というしくみを入れたんですよ。もちろん、このしくみがOKかどうかプラットフォーマーに確認したうえでやっています。

ただ、それだけだと苦行になりがちなので、ミニゲームっぽくしたらいいのではないかと考えて、魚を9,999匹集めるミニゲームを入れたんです。広告を見なくても集められるんですけど、広告を見るとブーストがかかって、お魚を集めやすくなるというしくみです。

これも発明なんじゃないかなぁ、と勝手に思っているのですが、この「ミニゲーム広告」のしくみを使うことで課金ユーザーも非課金のユーザーもゲームを最後まで楽しんでいただけるようにできました。この際、ABテスト（2パターンの仕様を同時に実施して効果を比較して見ること）も実施していて、適切な魚の量を調整するということもしましたね。

自分の場合は、作品を少しずつ出していきながら、マネタイズもどんどん発明していこうという考えのもと開発をしています。分析ツールを使用して、きちんとユーザーの反応を見て検証して……というPDCAを回しています。

——Daigoさんはストーリー中心の作家性でありながら、運営型ゲームのような知識を使って開発を続けられているのが珍しいと思います。

Daigo それがうまくいっている秘訣かなと思います。RPGでアナリティクスを入れるという発想があまりないんじゃないかと思うんですが、ずっとソーシャルゲームを作ってきたから自分にとってはそれが当たり前なんです。

作家性のあるゲームを作っている人に「クリア率がどれくらいか？」と聞いてもわからないことが多いんじゃないでしょうか？

——ストーリーの核の部分は変わっていなくても、ゲームのしくみの部分はアップデートされているということですよね。

Daigo そうですね。共通のエンジンを使っているので、未来のタイトルで成功したら、そのしくみをバックポートしています。「DLCも含めて無料で遊べる」というしくみを『くまのレストラン』で発明したので、過去の4作品に全部適用しました。結果売り上げも増えました。

——CEDECの講演だと「相互送客する」というお話もされていましたよね。

Daigo そうですね、貧者の戦略ですがかなり効果的な戦略だと思います。この戦略はもともとは「ふんどしパレード株式会社」の山田裕希さんに教えてもらった方法なんです。彼は前職・前前職が一緒だった人なのですが、スマホゲームのマネタイズを誰よりも真剣に考えている人でした。自分は最初、集客やマネタイズのことを考えることが面倒くさいと感じるタイプのインディーの人だったんですが、彼の意見を取り入れて、相互送客というひとつの答えにたどり着きました。

いまもほかのタイトルから学ぶことが多くて、例えばいまはスマートフォン版の『オクトパストラベラー』をやってるんです（スマートフォン版の同作は無料でダウンロードできる）。やりこんでどうなるか見届けたいタイトルだと思っています。

——『オクトパストラベラー』はシングルプレイRPGですよね。

Daigo そうそう、普通にシングルプレイヤーで遊べるんですよね、自分にはその割り切りが衝撃的で。あれが成功するならいいロールモデルになるかもな、と思っています。

——技術的な面についてうかがいますが、課金を実装するのは難しくありませんか。

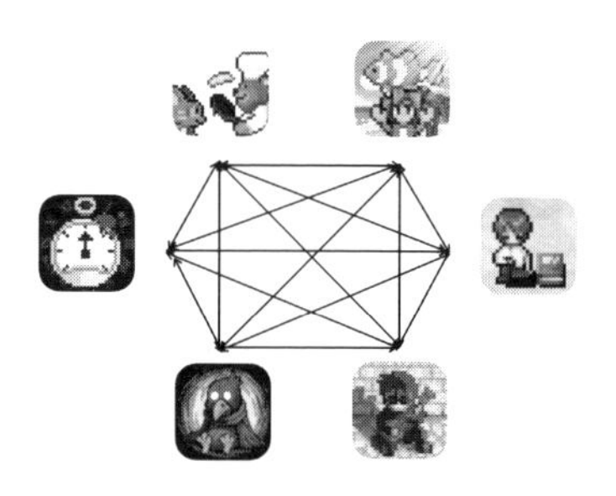

Daigo氏のCEDEC講演「好きなゲームを作ることをあきらめない。スマホインディーの生存戦略。」資料より

和尚 昔は大変でしたけど、最近はそんなに大変ではないかな……Unityもだいぶ対応してきているし、サードパーティのサービスもありますし。「昔に比べて」という話なので、古いと言われちゃうかもだけど(笑)。昔に比べたら、消費アイテムじゃなければ全然です。

ただ、ちゃんと勉強しないとダメなんですよ。法律の勉強をせずにアプリ内のコインや消費アイテムを投入しちゃってるアプリはけっこう見かけるので、「怖いな」と思ってます。アプリ内課金、特に消費型の課金を組み込むなら、「資金決済法」は一度目を通しておいたほうがいいです。

Daigo 自分はやるだけやってから悩めばいいんじゃないかなとは思っています。

ただ、サーバーが絡むと難易度が途端に高くなりますので注意が必要です。たとえば、ローカルのデータが消えたら購入したコインが消えるとか。サーバーなしですませられるよう、自分は消費アイテム型を入れないことをポリシーにしています。

和尚 そこは運営の手間がかかっちゃうから、というのはあります。

Daigo あと、ネットを見ていると課金にビビっている開発者をときおりみかけます。そういう意味でも非消費型アイテムの場合はAppleとGoogleのサーバーがある程度は担保してくれるので安心ではないかと思っています。

ただ、どうしても課金を実装するにあたり避けられないのが、課金を入れると住所を晒さなきゃいけなくなることです。これは個人開発者にはかなり障壁が高いと思っていて。うちも一時期は自宅の住所で出していました。

――個人事業主は自宅の住所が責任所在地になるのでそれを出さなければいけないのですが、法人化すると法人用の住所になりますね。本書でも言及しており、クリエイターさんがリリースする段階でようやくそこに気が付くパターンもよくあります。

Daigo この間もとある有名な開発者の方が中傷されていたのですが、個人住所を晒していたので、相当の恐怖を感じていたのではないかと思いました。有名になる前に住所はバーチャルオフィスなどに移しておいたほうがいいかもしれませんね。

――あとはスマートフォンゲームでも、パブリッシャーさんを噛ませてみたいなケースもありますね。海外展開を考えるとほぼそれかなと思ったりします。

Daigo 海外展開については、自力でのパブリッシングが難しい地域以外は自前でやっていいのではないかと思っています。必要なのは翻訳くらいなものなので、自分の場合はスマホでパブリッシャーと組む理由をあまり感じないですね。ただし、ハイパーカジュアルの場合はパブリッシャーが必須になるかもしれません。

コミュニティでのつながり

――クリエイターどうしのコミュニティにはどのように関わっていましたか。

和尚 私たちには、スマホ市場の最初の立ち上げのときから、同時期に同じ問題にぶち当たっては話し合える、成長しあえるコミュニティがあったんですね。

　最初はなかったんですけど、そういうのが必要だと思ったので、大きい飲み会やイベントをやって、個人でゲームを作っている人が集まるコミュニティを作ろうと動いていました。

　気が付いたら、150人が集まるような飲み会を毎年やるようになりました。「どこどこの広告の単価がいいよ」とか「こういう見せ方の広告ならユーザにも嫌がられなくていいよ」みたいな話とか、あとはマネタイズについて、あまり外には出ていない話をして「なるほど、そういうやり方もあるのか」と勉強会も兼ねた集まりになり、みんなで成長していけたんです。

それがはじまって5、6年はそんな感じだったんですけど、最近はそれがちょっとずつ薄れているなあと。今年なんかは特にコロナもあって。

Twitterで「最近アプリを作りはじめた」という初心者の方たちをみていると、マネタイズや広告の入れ方のような、最初の問題について悩んでいたりしています。そういう問題を共有する場があったんですけど、そんな初心者が集まってできた場だったのが、いまは固まったコミュニティになっていると外からは見えちゃって、入りづらくなっているのが問題なんだと思います。

3年ほど前から同じことを思っていたので、初心者向けに「アプリに広告を入れる勉強会」という、私たちには当たり前になってしまっているようなことをテーマにした勉強会を開催しました。たとえば「メディエーションってなんなの？」みたいな話の勉強会を3回くらい実施しています。

——Daigoさんは開発者コミュニティに参加していましたか。

Daigo 1年半前に日本に戻ってきましたが、いまも昔もわりと孤独ですね。意外とアメリカとかでも、インディーでの出会いがそんなにないんですよね。「スマホで頑張るインディー」がけっこう少ないのかな、と感じました。

——目立つのがPCやコンソールですからね。

Daigo やっぱりインディーゲームとして展示されるものってSteamのものが多いですし、スマホ界隈とSteam界隈の開発者は分断されている印象がありますね。

コミュニティといえば、Twitterやイベントを通じて知り合うくらいでしょうか。あと少し変わったところでいうと、会社員のころは「進捗確認会」という会があって、社内で個人制作をしている人たちが集まる会があったのが良かったですね。

——会社で働いているから、ということですよね。

Daigo 創作をしたくてフラストレーションを抱えている人は多くいるので、大きな会社であれば気の合う仲間を見つけることは案外できるのかもしれませんね。あまりおおっぴらにはできないですけど。基本みんな会社辞めたいといっているという（笑）。

——CEDECでの講演でも感じたんですが、日本だとゲーム産業のコミュニティとインディーのそれとは分かれています。社員でつながりがあると、話を聞けるのはいいんですけど、オフィシャルでの交流ってほとんどないんですよね。

Daigo そうですね。ゲーム会社で働いている開発者とインディーゲーム開発者が会うとすればCEDECなどのイベントになりますが、若干の温度差を感じます。

——独立でゲームを作っている人と、会社でゲームを作っている人とで、技術などの交流があまりないなと思ったんです。

Daigo 話が合わないんですよね。同じゲーム開発といえども、規模が違いますし、与えられている役割がまったく違うのでしょうがないと思います。「どちらが優れているか」とかではなく、視点がちがう。

海外市場への展開

——おふたりは海外市場向けにはどのような対策をしていますか。

和尚 海外のパブリッシャーと組もうかなと考えています。おかげさまで、新作も作っている段階からお声がけをいくつかいただいているんで、その方たちと組んでやろうと思っています。地域によっては自社で配信していくつもりです。

——ローカライズを行ってストアで全世界に販売するかたちですか。

和尚 そうですね。ローカライズに関しても、最近作っているのはなるべく言語情報は少なくしているんですね。できればゼロにしたいくらい。

Daigo わかる（笑）。

和尚　なので海外進出に関しても、翻訳の手間はありません。それでもパブリッシングするにあたってのもろもろの手続きが必要な地域については、パブリッシャーと手を組まざるをえないというのが正直なところです。必要最低限にしてますね。

英語はなんとか自分でやっています。英会話教室に通ってたんで(笑)。多少は心得があり、日常会話くらいはなんとかなります。あとは最終チェックとしてネイティブの友達にも見てもらってます。

——Daigoさんはいかがでしょうか。

Daigo　私はもともと海外で成功したい思いが強いので、日本語と英語は必須というのを前提に取り組んでいます。自分で翻訳家に頼むこともありますが、ファンによって翻訳版ができることもあります。一番翻訳されているタイトルは14言語対応していています。有志の方が「お金は別にいらないから翻訳してあげるよ」と声をかけてくれた結果ですね。ストーリーゲームだと翻訳する側もやりがいがあるのかもしれないですね。翻訳が作品に影響を与える余地が大きいですし。そんなこんなで、英語と韓国語以外はほとんどがファンベースの翻訳です。

——コミュニティでの有志翻訳が多いんですね。

Daigo　そうなんです。ただ、やはり英語翻訳があってこそなんですよ。韓国語と中国語は日本語ベースで翻訳するほうが好ましいですが、ほかの言語は英語がないと広がりがまったくないです。作家性の高い作品はファンの翻訳家にとって魅力的に映ると思うのですが、英語版がなければどうしようもないという。

また、翻訳についてファンの方が連絡をくれる場合、メッセージそのものが英語であることがことがほとんどですから、英語がまったくできない状態では辛いかもしれないですね。自動翻訳である程度はなんとかなると思いますが。

おかげさまで、ブラジルやイタリアで売り上げが立ちはじめていたりします。またロシアではこの間、「くまのレストラン」がTikTokの有名配信者に取り上げられたため、かなりの人気がでてきています。ロシア語対応してなかったら、起こりえなかったことでしょうね。

——基本はゲームを配信して、日本語と英語があり、あとから他言語を加えるかたちですね。

Daigo いまは日本語、英語、韓国語を必須で出して、日本、アメリカ、韓国の順番で売れています。そのあとはオプショナルという感じですね。

和尚 ゲームの親和性も高いですからね。日本と韓国は。

開発者としてのキャリアを築く

——先ほど、和尚さんが「海外での展開は声をかけられて」とありました。ビジネスパートナーとのつながりを作ることに関してはどんなことをしていますか？

和尚 私は個人でのゲーム開発をはじめたときからもともと、自分を知ってもらおうと戦略的に動いていました。それはなぜかというと、自分で好きなものを作ってい生きていく難易度を下げるためなんです。

たとえば、私はもともと和服が好きだったので積極的に和服で人前に出ていました。これって要は、人の脳みそをハッキングする行為だと思っています。誰かの記憶に残れば、なにかチャンスにつながるんです。

たとえばUnityの入門書を書いてもらおうと出版社が考えたときに、企画者の頭の中に何人か候補が思い浮かぶはずなんです。そこで第一候補として思い出してもらえるかどうかなんです。チャンスが巡ってくるかどうかって。そういう縁を引き寄せやすくしています。今回の対談のお話もまさにそういうもののひとつですよね。

ビジュアルで記憶に残るようにしなさいって話ではないんですけど、ひとつの方向としては、作品だけじゃなく自分も含めて知ってもらうことがあるかなと。

作品だけ知ってもらえればいいやって作者さんもたくさんいらっしゃるんですけど、自分を知ってもらえれば、自分が次の作品へのハブになります。そういうことを考えたりしているうちにこうなりました。

——しっかりゲーム開発者として見た目も含めて記憶に残るというか。

和尚 「和尚さんにぜひ」と名指しで仕事が来るようになるとですね、やはり生きていく難易度ってすごく下がるんですよ。その状態に持って

いたのくまんぼう著『Unityの寺子屋 定番スマホゲーム開発入門』エムディエヌコーポレーション（2017年）

いこうとしたのも、自分がなんにも縛られずにゲームを作るためなんです。

しがらみとか、収益みたいなお金の問題とかなんですけど、要は好きなゲームを好きなように作るために、ゲームを作らなくとも生きていける環境を作れたっていうのがここ何年かかなあ、という感じです。

逆説的ですが、「ゲームを作るために、ゲームを作らなくても生きていける環境」を作ったので、新作も「いつまで作っとるねん！」ということができるという（笑）。そういうのを狙っていました。

なので、ゲームの枝葉の部分の仕事ですよね。たとえばメンタリングだったり出版だったり。ゲームから派生していったいろんな仕事で、ベーシックインカム的なことができて、すごく生きていきやすくなってですね。「新作ではマネタイズをきちきちにチューニングしないともうダメだ……！」ということを考えなくてすむっていうのは、ひとつの幸せなかたちではあるので。

――完全な副業ではなくて、出版のようにクリエイティブの周辺にあるものを戦略的に活用していったかたちですね。

和尚 そうしていきたいと思っていて、だんだんできるようになってきました。もちろん最初は普通のツール系アプリの受託をやっていましたが、その比率がだんだん減って、少しずつゲームだけ考えていればいいという状態になっていったという感じですね。

そうやっていって、海外進出のお声がけをしていただけるようにまでなってきたと。

——Daigoさんの場合は、さまざまな経歴もあって会社から声をかけられることも多かったですか。

Daigo ゲーム会社からはないです（笑）。私はどちらかというと、技術者としての価値を認められて、いわゆるスタートアップに誘われることが多かったんです。実はニート期間にさすがに苦しくて、一時期バイトをしていたことがあって。そのときは、Facebookインスタントゲームの基盤をつくったり、ReactNativeでコミュニケーションアプリをつくったりとか、エンジニアらしいことをしていました。

エンジニアとしての自分のスキルもキープしたいと思っていたので、これは良かったと思います。いまでもGo言語でゲームのプログラミングをする日々ですよ。ゲーム作家のようなものになれたのは嬉しいのですが、それでもいざとなったらなんとかなる能力というのはキープしたいので、今後もプログラミングはしていきたいと思っています。

——本当にそれは大事だと思います。私も「ゲーム開発が全部うまくいかなかったら、こうして生きていこう」みたいなプランB、プランCは考えます。

Daigo そもそも、インディーゲーム開発に注力できた理由のひとつは、貯金があったことですね。私は会社員のときから、貯金をするたびに時間に換算してたんです。たとえば100万円を貯めたら「これ○ヶ月分の時間だな」と思いながら働いていました。時間を貯金している感覚でした（笑）。

投資を受ければいいじゃないか、という話もよくされたのですが、自分はすごく我が強いというか、自分の作品を奪われたくない思いがあるので、投資はなるべく受けずに済ませたいと思っていました。

特に経験値が少ないうちに投資を受けるのはあとが不安でしたね。インディーなのにけっきょく誰かのために働いているみたいになったらいやだなって。いまでもその判断は正しかったと思います。

——本書でも、「一生をゲーム開発に捧げるぞと、いきなり会社を辞めるな！」とは書いています。仕事をしつつ、ゲームを作りはじめたほうがいい、という指針です。

Daigo それは同意ですね。なぜかというと、会社を辞めたからといって辞めたぶんの時間をまるまるゲーム開発に使えるわけじゃないから。あと、会社って、給料をもらえる学校みたいなものだと思うんですよ。仕事中にUnityの技術書を読んでいても給料をもらえますから。だから会社にいながら、個人でのゲーム制作を成功させるケースってけっこうありますよ。

なので会社を辞めずにゲームを作るほうがメリット大きいんじゃないですかね？ 少なくとも独立するなら、「戦略」は必要だと思います。自分は会社が解散ということである意味半強制的にインディーの道を進みはじめましたが、自分なりの「戦略」はあったんです。それは積み上げることです。

一発でホームランを狙おうとせずに、同じジャンルのゲームを継続的に作る、という戦略です。たとえば、1作目がアクション、2作目がシミュレーション、3作目はパズル、という風にはやらずに、同じジャンルを継続して作ることで強みを伸ばしていく方向に全振りしたんです。ファンベースやプログラムの実装、ノウハウなど過去の資産が積みあがりやすいかたちにしたかったんですよ。

まったく属性の違う作品をただ出すだけではダメで、シナジーを生まないと、積み上げというのはなかなかむずかしいです。私の場合は最初に出した作品の売り上げがいまさら伸びているんですが、そこはシナジーで、新作を遊んでくれた人が過去の作品を遊んでくれているからなんです。だから資産運用のようなもので、相性のいい作品を積み上げていくことは複利を産むんです。積み上げられているかどうかを見ていくかが大事だと思っていて、Twitterのフォロワー数とか、ローンチ時のダウンロード数とか、あともちろん作品ごとのLTV（Lifetime Value、生涯顧客価値）とか、そういうところが少しでも伸びていると、売り上げが出なくても希望が持てるんですよ。特に立ち上げ期って、売り上げはすぐ出ないんですけど、伸びている数字があることで自我を保てるところがあります（笑）。

——積み上げていくことが重要なんですね。

Daigo だからやっぱり一番伝えたいのは、積み上げのパワーです。つまり「ホームランは出ないと思っておけ」ということです。1発目を作ってみて、そもそも売れるって期待しちゃだめだよと。これはもちろんスマホの話で、Steamや家庭用ゲームがどうなのかはわからないです。

私の個人的な印象として、スマホの場合はソーシャルゲーム会社出身の個人開発者の方が成功率が高いです。なぜならデータをしっかり見てPDCAを回すことが身に付いているからですね。あとは、インディー開発者を観ていて思うのは、自分の強みと弱みを受け入れない人が多いなということです。ゲームメカニクスが面白いのはわかるけど、グラフィックがどう見てもしょぼい、とか。

たとえば自分はもともとドット絵も打てるけど、人にドット絵をお願いしています。自分がやるよりいいものができるので。一方、意外と自分はシナリオが強みということがわかったので、そこは強みということで自分でやろうと考えています。

ドライな話ですけど、自分の強みと弱みを認識するというのは絶対に必要だと思います。インディーでやっている人の多くは自分のやってることに愛着がありすぎて、捨てられないんだと思います。残酷ですけど時には向き合う必要もあると思います。「全部ひとりでできるインディー開発者」が神格化されすぎてないかな、と思うこともあります。時間は有限ですし、プレイヤーはゲームが面白ければなんでもいいので効率よく進めるのがいいんじゃないでしょうか。人の意見を聞く素直さは大事なんじゃないかなと思います。

読者へのメッセージ

——最後に、ゲームを作りはじめようとしている本書の読者にむけて、一言ずつメッセージをお願いします。

和尚 ゲームを作って生きていこうと思ったら会社に入る以外の選択肢があまりない時代が長らくありました。でもデジタルゲームの黎明期の話をすれば、そのころは個人クリエイターしかいない世界だったんです。だからいまは「また個人にゲーム開発が帰ってきた！」という時期で、「こんな楽しい時代はないなあ」と感じています。私は50歳を越えているんですけど、まだまだ青春のつもりでずっとやっているんです。

なので、覚悟があれば何歳になってもこういう生き方ができる世界なんですよ。いまは個人で世界に向けて作品を出して戦えます。まずは1本、出すところからです。1本出さないと、すべてを体験できないと思います。

はじめてゲームを出してみて、「なんでダウンロードされないんだ」ってだいたいみんな体験するんですけど、そこがスタートです。どう作品を知ってもらうかということ。作ることが片方の翼、売るほうがもう片方の翼。2つの翼が揃わないと飛び立てない。その研究を少しずつしていけばと思います。

Daigo インディーゲーム開発者は、世界で勝負できる数少ないラッキーな職業だと思っています。日本だけではなくて、はじめから世界を狙えるゲームを作って、世界で遊ばれるゲームを目指しましょう！ そのためにゲーム開発だけではなく、英語を学習されることを強くオススメします。

——ありがとうございました。

第4章

ゲームを「配信する」ために必要なこと

税金・販売計画・契約・法律

ゲームを販売しお金を得たら、売上から発生する税金を支払う義務があります。また、お金や個人情報を扱うからには、各種法令を遵守しなければなりません。そして、パブリッシャーなどほかの会社と一緒にゲームを販売するならば、そこには契約が発生します。

これらはゲーム開発の創造性と最も遠いところですが、おろそかにすると知らないうちに法律に違反してしまったり、訴えられてしまったりする可能性もあります。しっかり準備しましょう。

事業をはじめる前の手続き

ゲームの販売で収入を得るのであれば、事業に関する経費と売り上げを申告して、税金を支払う義務があります。「副業としての確定申告」「個人事業の開業」「法人登記（会社の設立）」のいずれかを行うことになるでしょう。以下ではあなたがどれを選ぶべきか、また、税金を支払う際になにを考慮すべきかについて解説します。いずれの場合も、本書では確定申告に関する具体的な手続きについては述べませんので、専門書を購入するなどして別途確認しましょう。

ゲーム開発と副業

会社に所属しながらゲーム開発で活動する場合、給料以外から収入を得る行為は副業にあたります。20万円以上の所得（売上から経費を引いた金額）があるなら、会社の年末調整ではなく、自分で確定申告をしなければなりません。

また、会社によってはルールとして副業を禁じている場合もあります。会社とのトラブルにならないよう、労働契約や就業規則などをチェックして副業禁止規定がないかを確認しましょう。残念ながら副業禁止であった場合は、隠れて活動をするのではなく、上司や人事と相談しましょう。黙っていると、発覚した際に戒告や懲戒免職となる可能性があります。

逆に、もしあなたがこれから脱サラし、フリーランスとしての受託事業と並行してゲーム開発をしていこうと考えている場合、収入のバランスをよく考える必要があります。フリーランスとしての費用感覚や税務処理などは、サラリーマンとはまったく異なります。よく「フリーランスは月収として欲しい額の2倍を稼がなくてはならない」と言われます。所得税であったり、経費であったりがすべて自分の負担になるからです。フリーランスのための税務や案件の受託に関する書籍が多数刊行されていますので、事前に読んでおくとよいでしょう。

個人事業主の開業

ゲームの売上から経費を引いた利益（所得）が38万円を超える場合には、個人事業主としての確定申告が必要です。個人事業主の開業は、税務署に必要書類を提出するだけすみます。会計ソフトなどに開業書類の作成機能が付いていることもありますので、それを利用すると早く正確に準備できます。

また、開業が済んだあとは、事業の助けになる各種制度を調べて、必要に応じて加入しましょう。たとえば、取引先の倒産時に一定条件で無担保・無保証での借り入れが可能な「経営セーフティ共済」や、廃業・退職に向けた積み立てが行える「小規模企業共済」という制度があります。

法人登記

一方、法人登記についてはどうでしょうか。第1章で述べたとおり、法人化は必要がないかぎりするべきではありません。法人化が必要なのは、年間1,000万円以上の売上が確定していて法人化による節税が見込める場合や、社員を雇いたい場合、融資を受ける予定がある場合などです。法人登記の手続きとその後の税務手続きは煩雑になるため、登記は司法書士、税務は税理士などの専門家と契約することを強くお勧めします。

法人化のメリットとしては、第一に融資や各種助成制度を受けられることが挙げられます。法人化後の2年間は消費税が免除となる制度や、赤字を10年間繰り越して利益を相殺できるなど、税金面でのメリットもあります。

もうひとつのメリットは「有限責任である」という点です。個人事業主は、事業に失敗して負債を抱えたとき、債権者に対して個人の財産も含めて弁償しなくてはなりません。一方で法人の場合は有限責任、すなわち債権者が会社に対して出資した金額が責任の上限となります。しかし、投資や融資を受ける際に代表者の個人補償を求められるような場合は、法人化のメリットはあまり意味がなくなります。

また、法人化をきっかけに想定できるのが投資です。ゲームプロジェクトへの投資家が見つかり、株の何割かの譲渡を条件に資金を調達できる場合は株式会社化が必要です。ただ2021年現在では、日本においては非常にレアケースのため、期待度は低いです。

もちろんデメリットもあります。先述した手間の面はもとより、法人化すると売上からの手取り、つまり自分の給料にできるお金にも自由がなくなります。

このようなメリットデメリットが存在しますが、一部のプラットフォーマーとのやりとりには法人が必須ですし、この先多くの人にゲーム作品を届けることを考えれば、責任の所在を個人から法人に拡張しておくことも検討しましょう。たとえばゲームの有償販売に住所の開示が必要なストアもあり、個人事業主の場合はそれが自宅住所になってしまいます。

税務手続きと確定申告

事業にかかる税務手続きを説明すると、それは一冊の本になってしまいますので、本書では特にゲーム開発・販売に関することに注目します。詳細な税務手続きについては、国税庁のWebサイトや、別途専門書籍を購入して学んでください。

国税庁
https://www.nta.go.jp/

また、「同人作家」や「イラストレーター」を対象にした確定申告や税務の書籍や、起業をテーマにした税金に関する書籍が発売されていますので、あわせて読むとよいでしょう。

なお、税務手続きはクリエイティビティとはかなり遠いものです。freeeやマネーフォワードクラウドなど、経理管理のサービスの契約・利用が時短の近道です。

さて、それではゲーム開発に関連する税金の話に移りましょう。以降では、税金に関わる「売上」と「経費」に分けて説明していきます。

売上と利益

まずは売上です。みなさんの場合、ゲームを販売して得たお金が売上になります。そして、売上からゲーム開発を行うためにかかった費用、すなわち経費を引いたもうけが利益になります。個人事業主の場合は、利益がそのまま所得になりますので、所得税が発生します。法人の場合は会社の利益に対する法人税と、給与に対する所得税が発生します。二重に取られるわけではなく、給与も経費として売上から引いています。そのほか、ゲームのグッズ販売を行う場合、グッズの発注は経費となりますが、売れ残ったグッズは「在庫」となり、在庫がどのくらい残っているかによって利益の計算が変わります。

経費の計上

ゲーム開発に必要な機材やソフトウェアの一部は「経費」となります。すなわち、第2章の「全体の予算を想定してみる」で紹介した費用の一部が「経費」となります。確定申告では、「売上－損金＝利益」に対して税金がかかりますので、経費をしっかり計上することで税金の負担を軽減できるでしょう。

もちろん、家庭用ゲーム機へのリリースが決定したのであれば、対象のゲーム機の購入費用も立派な経費です。最近はソフトウェアでも採用されることの多いサブスクリプション費用も年間の損金として計上できます。また、作業場所としてオフィスを利用している場合や、別のクリエイターにアセットを発注した費用も経費計上できます。

ゲームの売上が発生したあとにきちんと確定申告を行えば、使用したツールやソフトウェアの費用は、申告によって発生しなくなった税金のぶん安くなったも同然です。ただし、本当にゲーム開発の事業に関連しているかどうかの証拠を残さなくてはなりません。外注なら請求書、物品購入なら領収書などです。税務署から税務調査があったときに、用途と必要な経費であったことをきちんと説明できるようにしておきましょう。

なお、その年の損金にできる金額上限は個別の製品・支払いにつき10万円です。10万円を超える機材やソフトウェアライセンスは「資産」とみなされ、減価償却といって複数年度にわたって損金を計上しなくてはならなくなります。そのため、ソフトウェアはサブスクリプションで利用したほうがお得です。機材についてはどうでしょうか。「開発用スマートフォン」は10万円以下になりそうですが、「開発用パソコン」などは、10万円を超えてしまうことが多いでしょう。そんなときは、「中小企業者等の少額減価償却資産の取得価額の損金算入の特例」を活用することで、30万円まではその年度内に損金算入できることがあります。諸条件については、国税庁のWebサイトを確認してください。

なお、法人化している場合は自宅を「社宅」として扱うことで、家賃をほぼ経費にすることも可能です。これにもやはり諸条件があります。

税金に関連した各種制度

有償ゲームの場合は、ゲームの発売時に大きな売り上げが立つので、発売した年度の税金だけ大きくなってしまうことがあります。このように年間の売り上げに大きな変動がある場合は、低い税率を適用できるようになる「平均課税制度」という税制を利用できることがあります。この制度を利用するためにはさまざまな条件があるほか、確定申告書の提出と同時に、税務署に「変動所得・臨時所得の平均課税の計算書」を提出しなくてはなりません。税理士など、専門家に相談のうえ検討しましょう。

また、青色申告をしている個人事業主は、赤字を3年間繰越せます。つまり、ゲームが発売して大きな利益が出た年があったとしても、その前3年の赤字で利益を相殺し、その分の税金を抑えられます。

利益の分配

チームでゲーム開発をしている場合、給料や固定の発注費用での支払いではなく、ゲームの売上をレベニューシェアというかたちで分配するケースがあります。

このとき、誰にどのくらい分配するかについてあらかじめ決めておき、可能であれば契約書として残すようにしておきましょう。

こうした取り決めは、仲間でチーム開発をしていると特に忘れがちですし、売れる前にこういった取り決めをするのは「狸の皮算用」に思えて恥ずかしかったり、仲間を信頼していないような気になるかもしれません。しかし、長年のパートナーが金銭トラブルをきっかけに破綻するケースは非常に多いです。簡単なものでかまわないので、証拠が残るかたちで売上分配に関する書面を作っておき、プロジェクトへの貢献や拘束時間などで早めに決めてしまいましょう。

販売計画

続いてはゲームからどのように収入を得るかを考えます。スマートフォンアプリの場合は広告収入のケースがありますが、ここでは買い切り販売について考えます。

価格の設定

ゲームの販売価格はインディーゲーム開発者の大きな悩みのひとつです。販売価格を決定するための基本的な戦略としては、ほかの近いジャンルのゲームとストアで並んだときに無理なく手に取ってもらえるか、という観点から考えることです。

そこでまずは、類似・競合ゲームの調査を行いましょう。自分の作品と近いジャンルやゲームシステム、規模感、国別の傾向などから近いゲームを複数見つけ、それらの平均価格から導き出すのが最も手堅い方法です。

2021年現在の平均的な感覚としては、インディーゲームはおおむね1,500円から3,000円程度が定価になることが多いです。3,000円を超えてくると、ボリューム的にもビジュアル的にも優位性のあるタイトルでなければ、ストアの同価格帯のタイトルと比較されて負けてしまうかもしれません。「インディーゲーム」の解釈の拡大にともなって規模が大きくなり、より高めの値段をつけるゲームもあります。ただし、無暗に高額では、そもそも購入の選択肢に入ってくれません。たくさんの手間と年月がかかったのだから相応の価格にしたいと思うのはやまやまですが、プレイヤーが「制作者がどれだけ苦労したか」という観点でゲームを選ぶことはまずありません。

ただし、逆に安すぎてもクオリティに対しての不信感につながり、なにより売上に大きく影響します。「趣味の作品であるから」「まだ技術が未熟だから」安くする、という考え方はよくありません。開発したゲームでプレイヤーがどのくらい満足感を得てくれるかはまったく予想がつかないからです。

価格を決めるときは、自分の作品の価値を過大評価も過小評価もしてはならないのです。価格に正解はありません。

また、デジタルゲームの販売戦略は、セールを行って売り上げの山を作る手法が基本となりますので、セールに入って割引価格が33%オフ、50%オフとなったときにどんな値段になるか、というイメージを作っておくことも価格設定時にあるとよいプロセスです。

売上の予測

ゲームの売上予測は、ゲーム開発の活動で生計を立てていくにあたって重要な意思決定の指標になります。あとどのくらい開発を続けられるのか。どのくらいの費用を外部のアーティストに投じることができるのか。第2章でも述べた「予算」を回収できるのか。そういったことを考えるためには、売上予測が必要です。後述するパブリッシャーと契約するときにも、交渉材料として売上予測がきちんとなされているかを見られることがあります。

そして、発売前だけでなく、発売したあとも売上予測を更新していきましょう。その本数から、さらに売上を伸ばすためにDLCを配信するのか、広告を打つのか、他機種への移植をするのか、はたまた次回作の開発をはじめるのかといった今後の戦略を修正できます。

ゲーム開発者向けカンファレンスGame Developers Conference 2018の講演「Let's Be Realistic: A Deep Dive into How Games Are Selling on Steam」によると、インディーゲームの売上には「初年度利益＝初月利益×2.5＝初週利益×5」という公式が当てはまるそうです。これによって初月と初週で売れた本数によって、1年間どのくらい収入があるかを予想できます。

Let's Be Realistic: A Deep Dive into How Games Are Selling on Steam
https://www.gdcvault.com/play/1024976/Let-s-Be-Realistic-A

配信日の設定

ゲームの完成が見えてきたら、配信日を決めなくてはなりません。大前提として、ゲームの配信時期は「あなたが万全の体制で対応できる時期」にしましょう。配信を開始したときに、思わぬミスがあるかもしれません。不具合が発覚して、急いで修正しなくてはならなくなるかもしれません。メディアから取材の申し込みがあるかもしれませんし、SNSなどで発売に関する告知活動を行う時間も必要です。

SteamやApp Storeなどのストアでは、販売に際してゲームデータに対する審査があるため、ゲームが完成したからといってすぐに配信を開始できるわけではありません。また、ストアによって「休日は配信できない」「指定の日数より前までにマスターアップしておかなければならない」といったルールがありますので、発売日を告知する前にストア側のルールをよく確認しましょう。

では、具体的に「配信日」はいつにするべきでしょうか。最近のように一日に数百本のゲームがリリースされ続ける世の中では、配信日の決定には「ビッグタイトルとのバッティングを避ける」以外の明確な戦略はありません。プレイヤーの層が異なるタイトルであっても、メディアの注目がビッグタイトルに集まってしまうためです。ゲーム情報サイトのゲーム発売日リストなどを見て、ビッグタイトルの日程をチェックしておくとよいでしょう。特に、11月から12月の年末はビッグタイトルの発売時期になるため、避けたほうが賢明です。

ほかにも、ゲームイベントへの出展に合わせるかどうかを考慮するのは良いアイデアです。イベント当日に「本日から発売！」というアピールができれば、相乗効果を狙えるかもしれません。しかし、メディアはイベントの取材記事で忙しいので、レビュー記事のチャンスを失ってしまう可能性もあります。

デジタルグッズとデジタルデラックス版

近年のゲームでは、ダウンロード版においても「通常版」と「デジタルデラックス版」そして「アルティメット版」といったグレード別の販売を行っています。上位のグレードにはゲーム内で使えるアイテムなどが同梱されており、ゲームに期待しているファンがより深くゲームを楽しむことができます。

インディーゲームにおいてアイテム付きデラックス版などのケースはあまり多くありませんが、その一方で「デジタルサウンドトラックアルバム付き」

というグレードを用意するケースはよく見られます（サウンドトラックについては第5章でも紹介します）。ただし、楽曲を外部に依頼している場合、ゲームに組み込まないかたちでの音源配布は別途の契約が必要な可能性がありますので、作曲家に事前に確認しましょう。また、素材集から買ってきた曲は再販できません。オリジナル楽曲と素材集の曲を混ぜて使っている場合は特に注意しましょう。3Dモデルなどの素材も同様です。

ほかにも、プラットフォーム上のシステムで利用できるアバターやアイコン、メニュー画面に使える背景画像などをストアで販売することもあります。ゲームファンに向けてどんなものを用意したら喜んでくれるのかを考えて、できる手段を選ぶとよいでしょう。

海賊版への対策

海賊版、すなわちゲームの違法コピーの被害は、Steamの広まりによりそれ以前より減少したものの、いまでも大量の海賊版がファイル共有サイトなどに出回っています。あなたも、こうした海賊版への対策を考えたくなるかもしれません。

対策のひとつとして、「コピーガード」などの技術的なアプローチをとることはもちろん可能です。しかし、その技術を導入する労力や費用がインディーゲームに必ずしもよく働くとはかぎりませんし、コピーガードは結局のところ、悪意を持った技術者とのいたちごっこになってしまいます。

そもそも、違法コピーをダウンロードするような人はなにをやってもゲームを買ってくれないのです。インディーゲーム開発者にできる最善の手は、Steamをはじめとした海外からアクセスしやすい販売経路の確保と多言語への対応、適切な価格設定による入手性の改善である、と筆者は考えています。コピーガードの実装にかける時間より、ゲームのクオリティアップにかける時間を確保すべきでしょう。

パブリッシャーとの契約

家庭用ゲーム機ビジネスの商慣習には、ゲームを実際に開発する「ディベロッパー」と、資金を出してディベロッパーに開発を依頼し、販売の仕事を担当する「パブリッシャー」の2つの立場があります。この「パブリッシャー」という機能が、個人規模のタイトルにも対応するようになったのが近年の動きです。ここではパブリッシャーと交渉する場合のポイントについて紹介します。

インディーゲームパブリッシャーの役割

そもそも、なぜパブリッシャーが必要なのでしょうか。

少し前までは、「インディーゲームパブリッシャーの大きな役割は、法人格を持たない個人やチームのゲームをSteamや家庭用ゲーム機でリリースするためのサポートを行うこと」と考えられていました。しかし、現在では必ずしもそれだけではありません。パブリッシャーの最も大きな力は、「ゲームを売るための知見と技能に長けている」ことです。

本書では、個人のゲーム開発者でもできるような宣伝や広報のノウハウをまとめていますが、やはりプロによる実績と経験、人脈の蓄積にはかないません。イベントへの出展、プレスリリースの配信やとメディアへの広報活動、レーティングの取得、インフルエンサーマーケティング、Steamなどのストアページの設定、Steamコミュニティハブの運営管理、SNSキャンペーンなど、会社にもよりますが幅広いサポートを期待できます。

また、ゲームをリリースする際のさまざまなトラブルに対処してくれる点も心強いです。違法コピーや盗作などへの対処、プレイヤーからの誹謗中傷コメントへの対処、バグが出た際の素早いアナウンスなど、ゲームリリースにまつわるトラブルに立ち向かうためのノウハウを持っています。なにより、プロフェッショナルにカスタマーサポートとして矢面に立ってもらえる安心感があります。

第2章で紹介したローカライズやQAなどの機能を持っているパブリッシャーもおり、ゲームリリースの経験に長けたプロに任せることが期待できます。もちろん、家庭用ゲーム機展開の知見を幅広く持っていることも引き続きパブリッシャーの強みです。自分で各プラットフォームのドキュメントすべてに目を通すことはたいへん困難ですが、技術面で陥りやすい罠や、家庭用ゲーム機ならではの実装についてはパブリッシャーがよく知っています。契約内容によっては、技術的なサポートをしてくれたり別機種への移植を担当してくれたりする場合もあります。

なお、パブリッシャーに作品を預けるからといって、ゲームが「自分の作品でなくなる」というわけではありません。ひとりでできることには限界があります。そして、パブリッシャーは営利企業ですから、なんらかのかたちでゲームの売上の一部を渡すことになります。前金をもらったとしても、ゲームの売上からそれを返すことになります。

なるべく多くのパブリッシャーと対話して、条件を聞き、自分の作品やチャレンジしたいこと、メリットなどを考えてパートナーを選ぶか、自分で配信するかの道を選ぶとよいでしょう。

パブリッシャーの探し方

パブリッシャーはどのように探せばよいのでしょうか？ 日本において最も確実な方法は、ゲームイベントの現場で自分の作品を見つけてもらうことです。パブリッシャーがWebサイト上で作品募集のためのフォームを設置していることもありますが、文書やゲームのビルドだけでは熱意が伝わりにくいこともあります。イベントについては第5章でも紹介します。

もし海外パブリッシャーも視野に入れて探すなら、いくつかの方法があります。まずは、コンテストやアワードへの申し込みです。賞のノミネートや受賞によってイベントのWebサイトやメディアにゲームタイトルが掲載され、そこからパブリッシャーにつながる可能性ができます。また、英語ベースになりますが、ゲームビジネスマッチングの「MeetToMatch」というイベントが年に数回開催されており、インディーゲームに関する企業も多く登録されています。

MeetToMatch
https://www.meettomatch.com/

そのほか、開発者どうしのコミュニティからパブリッシャーにつながったり、第5章で紹介する「インキュベーションプログラム」でパブリッシャーにプレゼンする機会を提供してくれたりすることもあります。

パブリッシャーへのプレゼンテーション

パブリッシャーは営利企業ですので、パブリッシングの活動を通じて利益を出さなくてはなりません。どんなゲームでも取り扱ってくれるというわけではないのです。ですから、もしパブリッシャーを通してゲームをリリースしようと考えたなら、自分のゲームの魅力をアピールするプレゼンテーションの準備をしておきましょう。

パブリッシャーに対して5分程度で自分のプロジェクトについてプレゼンテーションすることを、海外では「ピッチ」と呼びます。海外ではインディーゲームプロジェクトに対する投資が盛んですから、インディーゲーム開発者はこの「ピッチ」を行うことが一般的です。日本においても、これからインディーゲームの市場が拡大するにしたがって、ピッチを行ってパブリッシャーと交渉をすることがより一般的になっていくと考えています。

ピッチはいかに手短にゲームの魅力を紹介できるかが勝負です。自分のゲーム作品の特徴を一言で表現できること、プレイヤーの拡大をどのように見込んでいるか、資金はなんのために必要でどんなスケジュール感なのか、とにかく端的に答えられるようにしておくべきです。ピッチには、自分なりの売上予測を盛り込みましょう。ゲームの販売予測が根拠とともに立てられており、その数字を達成するにはなにが足りないのか、資金追加によってどう伸びるのかが説明されているとベストです。パブリッシャーの仕事はゲームを売ることですが、それを全部丸投げできる存在ではないのです。

ピッチ資料は、一度用意しておけばさまざまな場面で使えます。たとえば、展示会のアワードなどで作品紹介を行う場合などです。さらには海外のパブリッシャーや投資家に見てもらうことも想定し、それぞれを**英語化して**暗記しておくと相当可能性が広がります。また、こうした資料はイベント出展前に用意しておくとよいでしょう。イベント出展中にブースへパブリッシャーや投資家が訪れたとき、自分の作品をアピールする機会があるかもしれません。

幸運にもピッチの機会を得てアピールできたあと、そのまま待っていれば向こうから連絡がやってくる……ということは少ないです。パブリッシャーは大量のゲームのピッチを受けていますから、あなたのゲームのことを忘れてしまっているかもしれません。ピッチのあとは月に1回程度、ゲームに関する近況をメールで送るようにして、ゲームのことを思い出してもらうようにしましょう。メールするのを忘れそうなら、カレンダーに毎月予定を立てておきましょう！

契約条件の交渉

ピッチを通してうまく自分のゲームに興味を持ってもらったら、次はそのパブリッシャーたちと打ち合わせを通じて契約条件を交渉し、どのパブリッシャーと手を組むのが最も効果的かを考えます。

パブリッシャー選びのパラメータは以下のようにたくさんあります。

- 予想売上額に対するマーケティング予算は何%か
- 国内外の展示会にいくつ出展できるか
- 家庭用ゲーム機などへの移植依頼は可能か
- パッケージ展開・限定版販売は可能か
- 海外展開はどの地域が依頼可能か
- QAとLQAを行う体制はあるか
- Steamのビルド申請、技術支援体制はあるか
- ストア素材などのマーケティングアセット制作を任せられるか
- SteamコミュニティハブやDiscordコミュニテイ運営を任せられるか
- パブリッシャーの手数料は売上から何%なのか

なるべく多くの会社とミーティングを行い、強みと弱みを表計算ソフトなどでまとめて比較するとよいでしょう。

開発者によっては、展開する国やプラットフォームごとに異なるパブリッシャーと契約するケースもあります。地域ごとに強みのあるパブリッシャーの力を発揮できる一方で、取引先が増えることの煩雑さや、プラットフォームを横断したセールを行いにくくなるなどのデメリットもあります。よほど計画的なグローバル展開でないかぎりは、パブリッシャーの数は少なくまとまっていたほうが手間が少ないでしょう。

レベニューシェアとミニマムギャランティー

パブリッシャーを介した販売を行う場合、どのようなお金のやり取りになるのでしょうか。多くの場合は発売後の売上を按分する「レベニューシェア」という形式がとられます。たとえばSteamで1本1,000円のゲームを売ると、まずSteamプラットフォームが30%の手数料をとります。したがって、売上は1本あたり700円になります。そこから、パブリッシャーが30%の210円、クリエイターが70%の490円が配分されるといったかたちになるのがレベニューシェア方式です。実際はさらに税金が関係しますが、流動的な部分もあるので割愛します。

この例では仮にパブリッシャーの手数料を30%としました。これはよくある契約の割合ですが、あなたが得られるお金が減る代わりに、提供するサービスの範囲が大きくなる契約もありえます。たとえば利益を50%ずつの按分とする代わりに、パブリッシャーが広告予算を大きく組んでくれたり、家庭用ゲーム機への移植を代わりにやってくれるといった契約もあります。逆に、ストアへのリリースとベーシックな告知活動のみに絞る代わりに、クリエイターの取り分をもっと大きくしてくれるパブリッシャーもいます。あくまで筆者の感覚ですが、「翻訳とストアリリースの2つで手数料を50%〜90%とる」というケースは、今日においてはあまり良い条件ではありません。そのような条件を持ちかけられたら、別のパブリッシャーとも話をしてみましょう。

パブリッシャーからの開発資金の提供

パブリッシャーの重要な役割のひとつは「開発資金の提供」です。販売契約をした開発者に対し、売上の前払金として開発までの資金を支払い、ゲームが発売となったあとで、売上から提供した資金と自社の利益分を回収し、残りを開発者に払います。このしくみを「ミニマムギャランティー（MG）」といいます。「配信まで収入がゼロ」という事態を避けられるため開発者にとっては嬉しい条件ですが、ゲームの発売後、そのMGの金額を超えるまでレベニューシェアを受け取ることができません。このMG分の回収を「リクープ」といいます。

また、パブリッシャー側はまだ完成していない作品にお金を出すことになりますので、必ずゲームから売上が発生するように開発者へ完成保証を求めるなど、契約条件が厳しくなる可能性があります。
　本書執筆時点（2021年）では、日本ではこうした資金提供の事例は多くなく、主に海外のパブリッシャーが行っています。海外のインディーゲーム開発者の中には、開発資金を獲得してからゲームを完成まで作り込み販売するケースがありますが、日本ではほとんどのインディープロジェクトは開発者の自己資本で、ほぼ完成してからパブリッシャーと交渉するパターンが多いです。しかしながら、今後はクリエイター数の増加とビジネス規模の拡大により、日本でもこうした出資型の契約が増えてくると筆者は考えています。

契約書の確認

　パブリッシャーにゲームの配信を任せる際は、「契約書」を締結することになります。パブリッシャーは企業です。企業との決めごとは契約書にすべて盛り込むことがベースとなります。金銭的な条件、作品の権利、マーケティング実施内容の保証、自身と相手に権利関係の問題がないことの保証などがあります。おおまかな契約条件が決まったら、契約書のドラフト（草案）をパブリッシャーに送ってもらいましょう。
　契約書においてまず知っておくべきことは、契約前の交渉と同じく「書面の内容も交渉できる」ということです。携帯電話の契約などは「同意」か「サービスを使わない」しか選択肢はありませんが、ここではあなたがパブリッシャーを選択する余地があります。契約内容に疑念があったら必ず確認し、場合によっては訂正を提案します。
　契約書では、自分のゲームの権利を守ることが最も重要なポイントです。権利をパブリッシャーに譲渡するといった内容はもってのほかで、契約すべきではありません。また、「パブリッシャーまたは開発者が契約内容に従わない場合は相手側がいつでも契約を打ち切ってゲームの配信を引き上げられる」という条項を盛り込んでおく必要があります。パブリッシャーは企業ですから倒産が避けられない事態もありえますし、あなたも開発が遅延して契約違反になる可能性があります。したがって、パブリッシャーが倒産した場合は自社販売に切り替えたり、別のパブリッシャーを探せる契約にしておきましょう。倒産直前の売り上げは回収できないかもしれませんが、移管タイミングを早めれば早めるほどクリエイターの収入を守ることにつながります。

契約書面は普通は表に出ないものですが、インディーゲームパブリッシャーのRaw Furyが自社の契約書を公開しています。参考の日本語翻訳も付いていますので、パブリッシャーとの契約時にはどんなことが定義されるのか参考になりますので、目を通しておくようにしましょう。

Raw Fury Developer Resources
https://rawfury.com/developer-resources

悪質な企業に注意!

あなたのゲームがメディア掲載など注目されるようになると、世界中のさまざまな会社やフリーランサーからビジネスの提案がやってきます。パブリッシングのほか、家庭用ゲーム機展開や移植、海外展開などの打診が届きます。嬉しいことですが、浮かれてはいけません。残念ながら悪質な企業も紛れ込んでいるためです。前述したように、パブリッシャーによるゲームの販売における利益の配分は、クリエイターの取り分が7、パブリッシャーが3というケースがよくあるパターンです。これを基本としてパブリッシャーが担当する内容や条件によって割合が変動するのですが、開発者からお金を取ってろくに販売活動を行わないといったケースも出はじめましたので、注意しましょう。

なお、パブリッシング契約において開発者側からお金を払うことは、よほどの特殊な事情を除けばありえません。通常は、開発資金としてお金をもらうか、ゲームの発売後に売上の何割かを受け取るものになります。以前、「あなたのアプリが優秀作に選ばれました!」などというメールをゲーム開発者に無差別に送信し、マーケティング費用と称してお金だけをとる詐欺がありました。契約する際は契約書の専門家によるチェックと共に、その会社のこれまでの実績と、できればゲームのリリース経験がある開発者に話を聞くとよいでしょう。

ゲームの販売・運営に関する法律

サーバーを介したプレイヤーどうしのチャット機能の実装や、アプリ内課金を利用したい場合、日本国内の各種法令に従う必要があります。提供したい機能によっては関係する省庁への事前の届け出や、プレイヤーに対する通知義務が発生する場合もあります。ここでは、日本国内の法律の中で、ゲームに関わるものを紹介します。

なお、本書で紹介している内容に従ったからといって、これらの法律に違反しないというわけではありません。以降の内容に抵触しそうな場合は、本書の内容だけで判断せず、必ず弁護士との相談のうえでゲームに導入するようにしましょう。

特定商取引法

特定商取引法とは、販売者（作品・関連グッズの販売を行う作者）の悪質な行為から消費者（作品のファン、プレイヤー）を守る法律です。同法では、物だけでなくデジタルデータを含む商品をネット上で販売するにあたって、いくつかの表記を消費者にわかるかたちで販売ページや自サイトに記載する義務が定められています。

App StoreやGoogle Playでアプリを有償販売したりアプリ内課金を実装したりする場合も、日本の法律では通信販売に該当し、特定商取引法が適用されます。具体的には、「特定商取引法に基づく表示」などのページをアプリ内に設けるかアプリからアクセスできるWebページを作成し、販売者の住所や電話番号、返品する際の方法、情報やサービス提供期間などを表示します。自宅の住所を公開するのはなかなかハードルが高いので、バーチャルオフィスや法人登記が可能なコワーキングスペースなどを活用することをお勧めします。ただし、バーチャルオフィス側のルールとしてこうしたアプリストアでの住所の利用が禁じられている場合もあるので、事前に確認しましょう。また、問い合わせ先の電話番号については個人の携帯電話番号を使わずに、IP電話サービスを使って専用の電話番号を取得したり、転送サービスなどを利用するとよいでしょう。

消費者庁の「特定商取引法ガイド」に詳しい情報が載っていますので、確認してください。

消費者庁 - 特定商取引法ガイド
https://www.no-trouble.caa.go.jp/what/

基本的には弁護士と相談して文面を作るべきですが、Webでテンプレートを提供している弁護士事務所もありますので、それらを参考にしながら自分のゲームに表示しましょう。決して「難しそうな文章をとりあえずコピペする」のようなかたちだけの方法をとるのではなく、あくまで消費者目線で内容を考えてください。

資金決済法

ガチャなどに使用するジェムやコインなどのゲーム内通貨を販売する場合は、資金決済法の対象になる場合があります。販売・利用の形態にもよりますが、デパートの商品券や引き出物のギフト券と同じ「前払支払手段」に該当するからです。

この場合、まずは金融庁に「前払式支払手段の発行届出書」を事前提出しなければなりません。そして、購入したジェム等の利用期限や返金にかかる情報をまとめた「資金決済法に基づく表示」のページをアプリ内に設けるかアプリからアクセスできるWebページとして作成します。

そして、プレイヤーが購入したジェム等の合計金額のうち、基準日における未使用分が「1,000万円」を超えるときは、その半分以上の金額を供託金として供託所（法務局）に預ける必要があります。供託金には、ジェムなどの有効期限や無料ジェムとの区別など、さまざまなルールが存在します。

以下は金融庁による資金決済法についてのゲーム事業者向けガイドです。

金融庁 - ゲーム事業者向けの資金決済法に関するリーフレット
https://www.fsa.go.jp/common/about/pamphlet/2019game.pdf

景品表示法

景品表示法は、商品やサービスの品質・内容・価格などを偽ることを規制するための法律です。

消費者庁 - 景品表示法
https://www.caa.go.jp/policies/policy/representation/fair_labeling/

ゲームと関係が深いポイントとしてまず挙げられるのは、「二重価格表示の規制」です。具体的には、セールなどの販促活動において「定価は1,000円だけど、いまだけ800円！」という売り方を行う場合、その定価に一定期間の販売実績がなければ景品表示法違反となります。

消費者庁の「不当な価格表示についての景品表示法上の考え方」ガイドラインによれば、販売実績がない状態とは以下の状態です。

- セールがはじまる日を起点として8週間前までの期間のうち、通常価格で売られていた期間がその半分以下である
- 通常価格で販売されていた期間が通算して2週間未満または通常価格で販売された最後の日から2週間以上経過している

有料のゲームだけでなく、ゲーム内でアイテムを有償販売する場合も同様です。「期間限定販売！」としながら実際はずっと売っているという行為は景品表示法違反になるおそれがあります。また、ゲーム内でアイテムなどを有償で販売する場合は「優良誤認表示の禁止」も関係します。たとえばガチャを販売する場合に、当たりの排出率を実際とは異なる数値で表示したり、ゲームがあまり有利にならないのに「最強カード出現！」という謳い文句を載せることも景品表示法違反となるおそれがあります。

もうひとつのポイントは「品類の制限及び禁止」です。有料ゲームまたはゲーム内アイテムを買った人へ抽選でなにかをプレゼントする場合、その総額は、売上予定総額の2%以内にする必要があります。抽選ではなく、もれなくプレゼントする購入者特典などの場合、プレイヤーが支払った金額の20%以下の価値のものにしなくてはなりません。

景品表示法は、ソーシャルゲームで規制対象となった「コンプガチャ」にも関わる法律です。ゲームにおいて前例の少ない課金モデルを考えている場合は、まず弁護士に相談しましょう。

個人情報保護法

ゲームにソーシャル要素などのオンライン機能を実装する際、メールアドレスや年齢、性別などの情報を取り扱うとします。それらはれっきとした個人情報であり、あなたは個人情報保護法に基づいて「個人情報取扱事業者」となります。スマートフォンにおいては、顔認証や指紋認証などの生体情報もこれに含まれます。

事業者がこのような個人情報を取り扱う場合、どのような情報を収集し、

どのようにゲームで使うかを、ゲーム内またはゲームから表示できるWebサイトで表記する義務があります。これが第2章で説明した「プライバシーポリシー」と呼ばれるものです。個人情報を扱う以上は、プライバシーポリシーの表示は必須です。

利用するゲームエンジンの機能や、導入したBaaSによっては、個人情報の収集機能が自動的にオンになっている可能性があります。ゲームのプレイ状況や、起動した端末の情報を収集して分析を行う「アナリティクス機能」等が含まれるためです。自分のゲームがどんな個人情報をどのように扱うかしっかり把握するようにしましょう。

総務省 - 個人情報保護
https://www.soumu.go.jp/menu_sinsei/kojin_jyouhou/

電気通信事業法

ソーシャル要素に加え、プレイヤー間のダイレクトメッセージのような、クローズドなチャット機能をアプリへ独自に搭載したい場合、電気通信事業者として総務省への届け出が必要になることがあります。

家庭用ゲーム機やOS機能として提供されているものや、ほかのチャットツールなどの機能をそのまま使うぶんには必要ありませんが、アプリ独自の機能として実装する場合は要確認です。事業者には、検閲の禁止や通信の秘密を守る義務が発生します。

総務省 - 電気通信事業の手続き
https://www.soumu.go.jp/soutsu/kanto/com/jigyo/tetuzuki/

プロバイダ責任制限法

プレイヤーがステージを作ってアップロードできるような、いわゆる「UGC（ユーザージェネレイテッドコンテンツ）」を実装してプレイヤーが画像や文字などを自由にアップロードできるシステムを搭載する場合は、悪意のあるプレイヤーがこの機能を悪用して他人のプライバシーを侵害したり、名誉毀損にあたる行為やわいせつ物の表示、著作権の侵害などを行う可能性があります。

こうした問題行為が起きてしまっても、サービスの提供者は「プロバイダ責任制限法」によって、著作権侵害による被害への責任が免責されます。ただし、データを取り扱う管理者責任として、問題行為が発生した場合、公的機関から個人情報の開示要求に従うことをプレイヤーにあらかじめ伝えなくてはなりません。具体的には、責任の所在と措置について、アプリ内に設けるかアプリからアクセスできるWebページを作り、表記しておく必要があります。詳しくは総務省のWebサイトを参照してください。

総務省 - インターネット上の違法・有害情報に対する対応(プロバイダ責任制限法)
https://www.soumu.go.jp/main_sosiki/joho_tsusin/d_syohi/ihoyugai.html

商標法

商標法は、商標の取得に関わる法律です。ゲームのタイトルやチーム名などを他社に勝手に使われないように、「商標」の取得を検討しましょう。商標は利用範囲によって料金が異なりますが、最低でも15万円程度の費用がかかり、適用される商品やサービスの指定が多くなるほど費用がかかります。特に商標を重視する場合は弁理士と相談して取得を検討してみるのもよいでしょう。

特許庁 - 商標
https://www.jpo.go.jp/system/trademark/index.html

GDPRやCCPAなど海外の個人情報保護関連法

みなさんはSteamやApp Store、Google Playなどでゲームをリリースする際、基本的に海外からもゲームが購入できる状態に設定すると思います。しかし、その際には海外における法令についても知っておかなければなりません。

海外においては、昨今の個人情報の保護に関する関心の高まりを受け、さまざまな法律が施行されています。有名なものには、EUのGeneral Data Protection Regulation(GDPR)や、アメリカ・カリフォルニア州のCalifornia Consumer Privacy Act(CCPA)があります。これらは個人情報の保護に関する法令で、個人の写真や声のデータ、メールアドレス、氏名が範疇となります。広告の最適化やアナリティクスに使用する端末識別番号も対象です。

これらに対応するためには、プレイヤーに対して個人情報の収集の同意ダイアログを必ず表示し、同意が得られた場合にのみデータを使用できるようにしておく必要があります。また、プレイヤーが個人情報の削除を行うためのしくみもオプション画面内に必要です。

これらの海外の法令への対策については、リリース先のプラットフォームや、利用している広告SDKやBaaSなどの開発者向けサイトに対応方法がまとめられています。それらのドキュメント内を「GDPR」「CCPA」のキーワードで検索して、対応方法を確認しましょう。

スマートフォンでの配信

さて、これ以降はスマートフォンのゲームとPC／家庭用のゲームで配信のために行うことが異なるため、「スマートフォンゲーム」と「PC／家庭用ゲーム機」に分けて解説します。

ただし、この分類はあくまで便宜上のものです。たとえば本節で解説しているような基本無料スタイルのゲームは家庭用ゲーム機の上でも運営できますし、スマートフォン向けに有償アプリを販売することもできます。あなたのゲームプロジェクトに合わせて、適宜読み替えてください。

アプリストアルールへの準拠

スマートフォンゲームの配信においては、代表的なストアであるApp Store（iOS）とGoogle Play（Android）がそれぞれ定めるルールへの準拠が最も重要です。特にApp Storeではルールが厳格で、OSのバージョンアップに伴う仕様変更も激しいため、配信前には細心の注意を払う必要があります。「ゲームが完成していざ配信」というときに、ストアに申請を出すために必要な文書や画像データなどは多岐にわたります。個人開発の場合は、1日でこなせるかどうかも怪しい物量です。早め早めの準備をしましょう。

なお、各ストアのルールは随時改定・更新されているため、本書では現時点で判明している代表的な注意点を大まかにピックアップします。本書の情報だけでストアの審査にすべて通るわけではないため、必ずApp StoreやGoogle Playの開発者向けWebサイトで最新情報を確認してください。

公式のガイドラインを必ず読む

各ストアには、アプリを配信するためのガイドラインが用意されています。

App Storeの場合は、ゲームがレビューされる段階でどのような点がチェックされるのかをまとめた「App Store Reviewガイドライン」があります。アプリでどんな挙動が許されていて、どんな機能が許されないのかを学べます。

App Store Reviewガイドライン
https://developer.apple.com/jp/app-store/review/guidelines/

Google Playには、ゲームを公開する前に開発者が確認しなくてはならない項目の一覧である「公開前チェックリスト」があります。機能の要件やルールを守るためになにをしなくてはならないのか、順番に確認できます。

Google Play - 公開前チェックリスト
https://developer.android.com/distribute/best-practices/launch/launch-checklist

アプリの容量制限と追加データ配信への対応

データ容量が小さければインストールに必要なストレージ容量要求とダウンロードにかかる時間を減らせます。第2章の「リファクタリングと最適化」でも述べましたが、ゲームのデータ容量はなるべく小さく抑えるべきです。なお、以前のApp Storeではデータ容量が200MBを超えるアプリをモバイル通信環境でダウンロードできませんでしたが、iOS13以降はユーザーが設定を変えればダウンロードできるようになりました。Google Playでは、アプリサイズが150MBを超える場合は、「APK拡張ファイル」という機能を使って、ファイルを分割して配信・登録する必要がありますので、対応方法を事前に確認しましょう。

また、継続してアップデートを行う運営型ゲームの場合は、画像やサウンドなどのデータをサーバーから追加で配信する方式を採用することが多いです。そのようなデータを配信するためのサービスを「コンテンツデリバリネットワーク（CDN）」といいます。CDNはいくつかの会社が提供しているものの、大規模ゲームを前提とした、クラウドサーバー上でのシステム開発が必要なものがほとんどでした。最近はようやくインディーゲーム開発者でも使いやすいCDNが現れはじめており、UnityのCloud Content DeliveryやAzure Playfabと統合可能なAzure CDNなどがその一例です。

Cloud Content Delivery
https://unity.com/ja/products/cloud-content-delivery

Azure CDN
https://docs.microsoft.com/ja-jp/

こうしたCDNを経由してデータを配信することで、ストアから配信するアプリのサイズを抑えることができます。しかしApp Storeの場合は、追加でデータをダウンロードする前の段階でゲームがある程度遊べなくてはならないというルールがあります。また、インストール後にデータを追加でダウンロードさせる場合も、「最終的なダウンロードサイズを明記する」というルールもあります（App Store Reviewガイドライン 4.2.3）。

なお、アプリからダウンロードしたデータについては、iOSやAndroidのデータバックアップ領域に保存しないようにしましょう。端末のバックアップサイズを不必要に大きくしてしまうほか、App Storeの場合は「iOS Data Storage Guidelines」に違反します。

iOS Data Storage Guidelines
https://developer.apple.com/icloud/documentation/data-storage/

アプリアイコンの制作

App Store／Google Playとも、アプリアイコンのルールが決まっています。解像度や角丸の設定、デザインガイドなどがあります。

アプリアイコンはゲームの「顔」です。アプリをダウンロードする人は、アイコンの出来によってインストールするかを決めるタイプの人もいます。ゲームのメインキャラクターやゲームの主要な要素が大きく描かれたアイコンであると望ましいでしょう。

また、開発しているゲームのジャンルに典型的なアイコンパターンがある場合は、それに従ったほうがダウンロード数が伸びる可能性もあります。本棚にお気に入りの本を並べるように、ホーム画面の良いところをとったり、類似のゲームと並べてもらえる可能性が高まるからです。

ストア用のスクリーンショットと説明文の用意

アイコンと同様、ストアのスクリーンショットもダウンロード数に影響する重要な要素です。目を引くキャラクターやゲームの中心的要素がひと目でわかるようにしておくべきです。ゲームによっては、スクリーンショットをチラシのように活用し、ゲームの魅力を伝える画像として使っているケースもあります。ただし、最近はストアのルールによっては加工されたスクリーンショットが推奨されないこともあります。

一方、ゲームの説明文については、ほとんど読まれないと考えてよいでしょう。自分がストアでアプリを探している場面を考えてみてください。まず見るのはスクリーンショットなのではないでしょうか。とはいえ、スクリーンショットだけでは説明しきれないゲームの情報について丁寧にまとめて書くことは重要です。また、使用するゲームエンジンやツール、ミドルウェアによっては、このストアにおけるゲームの説明文の中に権利表記を求めるタイプのものもあります。

OS提供機能への対応

iOSまたはAndroidが提供する各種機能やサービスへの対応を検討しましょう。たとえば、iOSには「Game Center」、Androidには「Google Playゲームサービス」があり、ゲームの進行状況や順位を表示できたり、同じゲームを遊んでいるフレンドを見つけたりできます。

なお、それぞれのOSでセーブデータをバックアップする機能がありますが、iOSとAndroidとで独立しており、異なるOS間の移行はサポートされていません。そのため、片方のOS展開のみを行う場合を除き、第2章で紹介したBaaSを使ったセーブデータのアップロードに対応しておくとよいでしょう。

また、iOSの場合はアプリの仕様に関わる情報を「Info.plist」で、Androidの場合は「AndroidManifest.xml」で管理します。これらは、写真フォルダや位置情報など、OSが提供する機能をアプリが使用する際に記述するファイルです。ゲームエンジンはこれらのファイルを自動的に生成しますが、それだけでは情報が足りず、ストアへのアップロード時にエラーになったり、審査が通らないことがあります。それぞれ、アプリが使うOS機能について適切な記述になっているか確認しましょう。

スクリーンショットのシェア機能の実装

スマートフォンゲームのプレイヤーを増やすためには、SNSでシェアされることが非常に重要です。ゲーム自体をSNSでのシェアに対応させておくことで、シェアされる確率を上げましょう。具体的には、ゲーム中のスクリーンショットをボタンひとつでTwitterやInstagram、LINEなどのSNSに投稿できる機能を用意します。ゲームのハッシュタグを決めておき、自動でハッシュタグを含んで投稿できるようにしましょう。加えて、SNS映えする画像をプレイヤーがみずから作れる「フォトモード」のような機能を付けておくのもよいでしょう。

もっとSNSでのシェアを狙っていくなら、短い動画やGIFアニメーションを投稿できるようにすれば、タイムライン上などで目に留まりやすくなり、宣伝効果がさらに高まります。

アプリストアのフィーチャーに向けた取り組み

スマートフォンのアプリストアには、「フィーチャー」と呼ばれる機能があります。これは、クオリティの高いアプリがアプリストアの大きな広告面に一時的に掲載される機能で、お金では購入できないものです。いかにしてこの広告面に採用されるかが、アプリの宣伝において重要な戦略となっています。

フィーチャーに採用されるには、クオリティの高さはもちろんですが、アプリストアが提示するさまざまな条件を満たす必要があります。たとえばフィーチャー用のスクリーンショットやバナー画像があらかじめアップロードされていることや、アプリアイコンの推奨設定を守っているかどうか、などが挙げられます。

特定のアプリひとつが採り上げられるだけでなく、「季節」や「ジャンル」といったテーマのもとで複数のアプリが採り上げられることもあります。こうしたテーマの枠に取り上げられやすい特性があれば、フィーチャーされる可能性が高まります。たとえば、本書で対談を収録したいたのくまんぼう氏の『お水のパズル a[Q]ua ～アヒルちゃんを救え！～』は、水がテーマのフィーチャーに取り上げられました。

変化し続けるストアルールへの追従

ストアのルールは日々更新され、時には実装が大きく変わるような変更が勧告されることもあります。たとえば、iOSアプリにおいてサードパーティのログイン機能を利用している場合は、「Appleでサインイン（Sign in with Apple）」に対応していることが必須です。同じくiOSで、アプリ内の広告表示においては、端末を分析して広告を最適化する「トラッキング」の実行許可をダイアログで必ず表示する、アプリのトラッキングの透明性（App Tracking Transparency）ルールが敷かれました。

ガイドラインには遵守が「必須」のものと「推奨」にとどまるものの2種類がありますが、推奨でとどまっているルールにもなるべく従っておくべきです。先に紹介したストアでのフィーチャーに関わるからです。

こうしたルールについても紹介したいところですが、どんどん改定されていくため、書籍の販売時には情報が古くなってしまいます。先に紹介した公式のドキュメントを常に読むことが最適な戦略です。

アプリの収益化モデル

スマートフォン向けゲームにはいくつかの収益化モデルがあります。多くのインディーゲーム開発者が採用するモデルは「有償モデル」「無償・広告モデル」「無償・アプリ内課金モデル」の3つです（このほか、ゲームをグッズの一種とみなして完全無料で配信し、漫画やアニメとのメディアミックスで売り上げるやり方もありますが、インディーの規模ではないため本書では紹介しません）。

まず、「有償モデル」はプレイヤーがアプリをダウンロードする際に一定の代金を支払ってもらうモデルです。スマートフォン向けゲームで有償モデルを採用する例は少ないですが、PCや家庭用ゲーム機とのマルチプラットフォームでゲームをリリースしている場合は有償販売されることがあります。

一方「無償・広告モデル」は、アプリ自体は無償で配信し、ゲームの合間に動画広告を挿入するモデルです。プレイヤーが広告によってほかのアプリをダウンロードしたり、なんらかの購買行動があった際に収入が発生します。

最後の「無償・アプリ内課金モデル」はアプリ自体は無償で配信し、もっと遊びたい人向けに広告消去やゲーム内アイテムなどを販売するモデルです。

以降では、このうち「広告」と「アプリ内課金」について、知っておくべきことを紹介していきます。

アプリ内広告

個人や小規模チームによるスマートフォンゲームでは、広告モデルをとることが多いです。広告の種類とそのサービス事業者について紹介します。

広告の種類

一般的な広告の種類としては、大まかに「インタースティシャル広告」と「バナー広告」「リワード広告」があります。「インタースティシャル広告」は、ゲームアプリをいったん中断し、全画面に広告を表示する形式です。動画であることが多く、ほとんどのゲームアプリはこれを採用しています。ステージをクリアするごとに広告を表示したり、プレイヤーに広告を見てもらう代わりにゲーム内アイテムの付与やコンテニュー回数の増加といった見返りを設定したりして使います。「バナー広告」は、横長の広告画像をゲームの上部または下部に常に表示しておく形式です。かつてはゲームアプリにも使用されることが多かったのですが、インタースティシャル広告の浸透によりほぼ使われなくなっています。ただし、海外の回線が弱い地域ではまだまだバナー広告が主流な地域もあります。

最後の「リワード広告」は、プレイヤーが動画広告を最後まで見たときに、プレイヤーに対してゲーム内のアイテムを付与するものです。

広告は、常にその効果と収入をチェックして、広告を出す頻度やタイミングを調整し、利益を最大化していく必要があります。

広告サービスの種類

アプリに広告の表示を導入する場合は、一般に「広告SDK」と呼ばれる開発者向けのソフトウェア一式を利用します。ゲームに広告を組み込み、表示することで、開発者は広告表示サービス提供元から収益を得られるしくみです。この広告SDKを提供する会社はいくつかありますが、提供するサービスに少し違いがあります。

まず、「アドネットワーク」は、広告主から広告情報を登録してもらい、アプリなどで表示するプラットフォームです。GoogleのAdMobや、nend、アドフリ、Unity Adsなどがこれにあたります。

また、複数のアドネットワークを束ねて動的に広告表示を切り替えできる「SSP（Supply Side Platform）」という業態もあります。SSPが広告表示による報酬の一部を徴収することで、より効果的な広告を複数のアドネットワークから自動的に判定し、表示するしくみを提供します。これを広告の「メディエーション」といいます。なお、Google AdMobにも「メディエーショングループ」という機能によって、他者のアドネットワークを登録し利用できるしくみがあります。

アドネットワーク・SSPの選び方

基本的な戦略としては、海外への配信が中心となるアプリには海外の広告に強いAdMob、日本国内向けには日本人向けの広告がそろっているnendやアドフリなどのサービスを検討するとよいでしょう。また、実装の難易度と保守性も検討材料のひとつです。Unityを開発で使っているならば、標準機能であるUnity Adsの活用が最も手間が少ないといえます。

ただし、広告サービスの品質や強みは流動的です。自分の作品とゲームジャンルやプレイヤー層が似ているゲームを探し、その開発者がどのようなサービスを使っているかを参考にしながら導入を考えていきましょう。

アプリ内課金

アプリ内課金（In App Purchase）はゲームアプリの中でApp StoreやGoogle Playを介した支払いを可能にするしくみです。ゲームのアイテムやゲーム内通貨を有償で販売できます。

アプリ内課金のビジネスモデル

個人や小規模チームによるスマートフォンゲームでよくあるアプリ内課金の実装として、広告表示の解除が可能になるオプションを販売するモデルがまず挙げられます。無料で遊びたいプレイヤーには広告を見せることで収益をあげ、広告なしで遊びたいと思ったプレイヤーには課金によって広告を解除してもらうモデルです。

ほかにも、ビジュアルノベルなどの場合は「プロローグが無償で、続きを遊ぶためには追加でお金を支払う」というモデルがあります。また、ゲーム内のアイテムや時短機能などを販売したり、キャラクターの衣装やエモートを販売するなどのモデルもしばしば見られます。

アプリ内課金といえばいわゆる「ガチャ」モデルを連想する方もいるかもしれません。このビジネスモデルからは大規模なゲームをイメージしがちですが、小規模なゲームでも採用されています。

ほかにも、プレイヤーが毎月支払う月額課金モデルもあります。ゲームにおける月額課金はMMOを中心にみられたモデルでしたが、広告削除などのオプションを月額の少額払いにするケースも増えています。

アプリ内課金実装時の注意点

アプリ内課金を実装するにあたっては、いくつかの注意が必要です。ゲーム内で通貨として利用できるアイテム（通称「石」）の販売をする場合は、本章の「ゲームの販売・運営に関する法律」で紹介したように、資金決済法などが関連します。

またアイテムやゲーム内通貨をサーバーで保存する際は、実際に取引が行われているかどうかをApp StoreやGoogle Playに問い合わせて確認する「レシート検証」と呼ばれるしくみが必要となります。これを個人開発の範囲で実装するのは少し荷が重いかもしれませんが、Unityで開発しているのであれば「Unity IAP」というシステムを使って比較的手間を減らしながら実装できます。

また、端末が変更されたときに購入履歴をストアデータから復帰させる「レストア」の実装も必要です。プレイヤーがスマートフォンを乗り換えた後も、課金した機能を引き続き使えるようにしておきましょう。

Google Playストア以外のAndroidストアでの配信

Androidでは、外部のWebサイト経由でGoogle Play以外のストアをインストールできたり、機種によってはキャリア固有のストアがプリインストールされていたりします。特にAndroid OS 12以降ではこうしたサードパーティーのストアサポートが改善されると予告されています。

特に海外では、Google Playストア以外の大小さまざまなアプリストアが乱立しています。その数は数百にもおよび、これらに対応するのは大変です。Unityで開発している場合はこうした大量のAndroidにゲームをリリースするしくみとして、「Unity Distribution Portal」を利用できます。

そのほか、海外のアプリストアで展開する際にはさまざまなルールの遵守や、その地域のレーティング取得などが必要な場合があります。本格的に海外進出を狙う場合は、現地の事情に詳しいパブリッシャーと組むことをお勧めします。

PC／家庭用ゲーム機での配信

本節では、PC／家庭用ゲーム機でのリリースにおいて、開発者がパブリッシャーと契約せず直接販売する場合の概要を紹介します。

PCゲームの配信については、巨大なユーザー数を誇るプラットフォームであるSteamでの配信について解説します。また、家庭用ゲーム機での配信については、PCやスマホと異なり情報の機密性が高いため、非公開情報ではない一般論のみを紹介します。

Steamでの配信

PCゲームのダウンロード販売はSteamが一強状態であり、参入の間口も広いため、インディーとしてはリリース先の第一の選択肢となります。月間のアクティブユーザー数は1億人を超え、ゲームの評価コメントやフォーラム、フレンド登録などの盛り上がりもSteamが圧倒的に強いです。

Steamは第1章で紹介したitch.ioと異なり、販売者登録料として100ドルが必要になります（2021年8月現在）。また、税金に関する資料の提出や銀行口座の登録が求められます。

Steamを提供するValveは、こうしたSteamでの配信に関する要件をまとめた「Steamworksドキュメンテーション」の日本語化を進めています。Steamでの販売におけるリリース手順やレビューのプロセス、Steamが提供する機能やプロモーションに関わる情報、支払いに関する情報などがまとまっていますので、まずはこちらに目を通すことをお勧めします。

Steamworksドキュメンテーション
https://partner.steamgames.com/doc/home

Steamworksパートナープログラム
https://partner.steamgames.com/steamdirect?l=japanese

なお、Steamのリリース手続きは常に変更され続けており、上記のドキュメントも随時更新されているため、本書では具体的な手順は紹介しません。

以降では配信に関する現時点での注意点についてガイドします。

Steamでなんでも販売できるわけではない

かつては「Steam Greenlight」という投票制の審査システムがあり、配信のハードルが高かったSteamですが、現在は一定の費用を払うだけで販売主になることが可能です。かといってどんなゲームも販売できるわけではありません。Steamworksの「ルールとガイドライン」の項目では、どのようなゲームがSteamで公開できないのかが紹介されています。

なかでも注意したいのは倫理審査です。Steamはアメリカのサービスですので、ゲームに対する倫理審査にもアメリカの価値観が適用されるのです。ガイドラインの中では、「適切な年齢指定および制限が行われていないアダルトコンテンツ」「子供を不当に扱う一切のコンテンツ」の2項目についてのチェックが厳しく、たとえば、キャラクターの被ダメージを表現する、いわゆる「服破れ演出」において、対象が未成年と思われるシーンがあると却下される可能性があります。また、キャラクターが成年だったとしても、タイトルの審査を担当したレビュアーによっては等身や容姿を理由に却下または修正を求められるケースも考えられます。

このように、Steam配信準備を進めていたにもかかわらず、文化の違いによって思わぬところで壁ができてしまうことが考えられます。万が一、審査で配信を却下されてしまった場合は、国内のプラットフォーム（DLsite、DMM Games）などを使いましょう。Steamに限らず、Oculus Questストアなど、アメリカで運営されているストアには同様の問題が発生しえます。

Steamworksドキュメンテーション - ルールとガイドライン
https://partner.steamgames.com/doc/gettingstarted/onboarding#5

アメリカの課税免除の手続き

Steamはアメリカのサービスです。Steamからの売上はアメリカ国内の商取引という扱いになり、アメリカ政府からの30%の所得税が源泉徴収され、入金されます。この入金に対して日本でも所得税が発生するため、そのままでは二重課税となってしまいます。このような状態を回避するために、日本とアメリカは租税条約を結んでおり、アメリカ側の課税の免除が可能です。この手続きを行う書面が「W8-BEN」で、提出には米国納税者番号（TIN）が必要です。ただしSteamでは、個人用の米国納税者番号は「マイナンバー」で、法人の場合は日本の法人番号で代用できます。Steamへの販売者登録時の「税金情報の入力」というプロセスで支払いを受ける者の住所や本籍、アメリカに法人などがないかのチェックボックスを埋めていけば、W8-BENの電子申請手続きが完了します。申請から確認の完了までには2〜7日間がかかります。証明書などの追加をメールで求められる場合もありますので、メールボックスを確認しましょう。筆者の場合は法人のため、履歴事項全部証明書を提出しました。

なお、マイナンバーでの代用は、Steamが各国の納税者番号に対応しているため成立するものです。そのため、ほかの海外ゲームストアでは利用できない場合がありますので注意しましょう。米国の売上における課税については、日本貿易振興機構（JETRO）が詳細なしくみについて説明しています。

米国からロイヤルティーを受け取る場合の源泉税課税
https://www.jetro.go.jp/world/qa/04A-001117.html

ストアページの公開

Steamでは、個々のゲームの紹介・購入ページである「ストアページ」をゲームごとに作成します。一般的に、ストアページの公開は早ければ早いほど良いとされています。Steamは販売者登録を申請してからゲームが配信できるようになるまで時間がかかりますので、遅くとも配信の1ヶ月前までには登録を済ませておきましょう。プレスリリースなどでゲームのプロジェクトを発表したその日には、ストアページが存在しているとベストです。発売前のゲームのストアページは「近日登場」というステータスでストアに表示され、プレイヤーが「ウィッシュリスト」に登録できるようになります。ウィッシュリスト登録されたゲームは、発売したときにプレイヤーに通知されます。

多くのウィッシュリスト入りを果たしたゲームは、「近日登場」のリストや「ウィッシュリスト上位」のリストに表示される可能性があり、大きなマーケティング効果があります。

なお、ウィッシュリストはあくまで「欲しいかも」と思った程度のリストなので、全員が購入してくれるわけではありません。後述するセールの実施やアップデート、DLC配信などにより、購入比率を上げていく努力が必要です。

Steamworksドキュメンテーション - ウィッシュリスト
https://partner.steamgames.com/doc/marketing/wishlist

膨大なタイトルの中からゲームを見つけてもらうために

Steamには膨大な数のゲームがあるため、その中からどう目立つかを考えなくてはなりません。プレイヤーの目に映るあなたのゲームについての最初の情報は、「カプセル」と呼ばれる、小さな横長の画像と100字程度のゲーム紹介文です。ここには特にお金と時間をかけることをお勧めします。

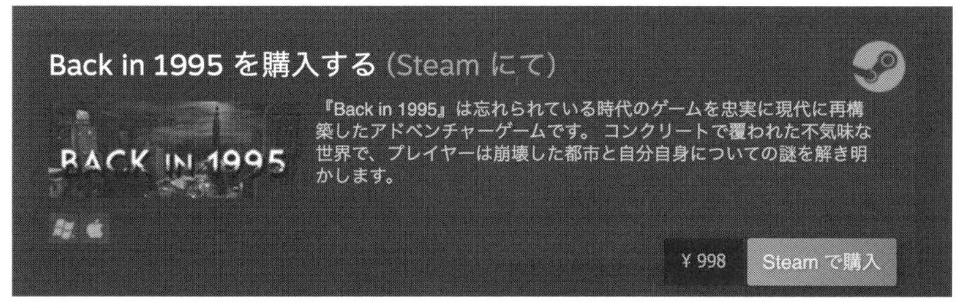

カプセルの例

なぜなら、カプセルはダウンロード販売ゲームにおける「パッケージ画像」といえるポジションであり、プレイヤーに対するファーストインプレッションになるからです「このゲームはこんな体験ができるんだ」と予想してもらえるような、世界観が伝わる画像と文書にしておくべきでしょう。筆者の『Back in 1995』はローポリゴンスタイルのゲームでしたが、カプセル画像にはキーアートを利用して世界観を表現しました。

もうひとつプレイヤーに見つけてもらう方法があります。それは、「タグ」の活用です。Steamのストアページには、ゲームのカテゴリや特徴を示したタグを設定できます。タグは、別のゲームのストアページを見ているときに

「類似ゲーム」としてオススメ欄に表示するアルゴリズムに使われるほか、プレイヤーがゲームを検索するときに利用されます。

タグのつけ方にはコツがあります。「RPG」「アクション」「インディーゲーム」などのシンプルなタグだけでは、ゲーマーの目に留まることはありません。もっと具体的に、ゲームの特徴としてプレイヤーに刺さるワードを探して適用するとよいでしょう。たとえば「クラフト系」「ダンジョン自動生成」などの粒度です。

あなたのゲームと同じジャンルのゲームや世界観が似ているゲームの人気作が使用しているタグを調査し、同じものをつけてそのファンに見つけてもらうという作戦が有効です。同ジャンルの人気作と同じタグであれば、人気作のストアページに類似ゲームとして表示される可能性があり、狙ったプレイヤー層に見てもらえる確率が上がります。

タグの設定には「Steamworksタグウィザード」という機能を用いることで、ゲームに適したタグを適用できます。

Steamworksドキュメンテーション - Steamタグ
https://partner.steamgames.com/doc/store/tags

Steam実績機能の実装

Steamはゲームの販売のほか、プレイヤーがよりゲームを楽しめるようにするための機能を開発者に提供しています。代表的なものがゲームの「実績（アチーブメント）」です。実績は、ゲームの進行度やアイテムの入手などの特定条件の達成でSteamのアカウントに対して付与されるポイントで、達成難易度が高いものほどポイントが多くなることが一般的です。実績はSteamのホーム画面からフレンドどうしで確認し合える「やり込み度表示」のためのシステムとも言え、コアゲームプレイヤーにとって実績の有無はプレイのモチベーションを上げるための重要なファクターです。Steamではこの実績機能の実装を強く推奨しており、Steamworks SDK経由で実装ができます。

Steamworksドキュメンテーション - データと実績
https://partner.steamgames.com/doc/features/achievements

Unityを使用している場合は、C#からSteamworksを利用するためのフレームワーク「Steamworks.NET」が有志により公開されています。

Steamworks.NET
https://steamworks.github.io/

実績の実装にあたっては、開発がある程度進んできた段階で実績リストを作りはじめ、ゲームのどの場面・どの要素で「実績解除」とするかを早めに考えておきましょう。どのような実績を用意するか考えるときは、自分のゲームと近いジャンルのゲームの実績リストを参考に作っていくとやりやすいです。

実績は、ゲームを好きになってくれた人に対して「ゲームをとことんやり込める」きっかけ作りとして設定することが望ましいでしょう。高難易度モードのクリア、周回プレイなどに実績を設定すると、より長く遊んでくれる可能性が高まります。ただし、あまりに難易度が高い実績は「実績コンプリート」が困難になり歓迎されません。逆に、実績があまりにも簡単に解除できすぎると興ざめしてしまいます。適度な難易度での実績設計が必要です。

Steam以外のPCゲームストア

Steam以外のPCゲームストアへのリリースも検討しましょう。第1章で紹介したitch.ioのほか、Epic Games Store、Humble StoreやGOG.com、国内ではDMM GamesやDLsiteなどがあります。

どのストアで販売するかは開発者の自由ですが、同じPCゲームといえど、ストアの違いはプラットフォームの違いと捉えることができます。たとえば、ゲームのマルチプレイにおけるマッチングやフレンド機能において、ストアが提供する機能に依存して開発していた場合は、異なるストアどうしのプレイヤーが一緒に遊ぶことができません。そのため、もしストアを超えて一緒に遊べるようにしたい場合は、ゲームシステムを修正する必要があります。

また、インディーではあまり多くない事例ですが、Steam以外のストアのみで独占販売を行う作品も増えています。独占販売の見返りに開発資金を提供するなどビジネス上の取引で行われるものですが、プレイヤーからの反発を受けることもあります。独占販売になるということは、Steamの各種機能が使えなくなることに加え、Steamでゲームを買ってライブラリに加えるという楽しさが減ってしまうからです。Steamは歴史も長くプレイヤー人口も多いため、コアなゲーマーにとってSteamのアカウントはゲーマーとしての活動履歴のようなものです。「持っているゲームのリスト」や「実績リスト」を充実させ、フォーラムを通じて交流することもゲームがもたらすファン活動のひとつです。Steam以外のストアでの独占販売をもし検討する場合は、こうした背景を十分に検討しましょう。

家庭用ゲーム機への展開

デジタル販売市場の確立により、家庭用ゲーム機向けのゲームの販売はかなりハードルが下がりました。ただしSteamやスマートフォンのアプリストアと異なり、家庭用ゲーム機の仕様や手続きは機密保持契約のもと開示され、オープンな情報ではありません。そのため本書では詳細な情報を記すことはできませんが、非公開情報に触れない範囲での一般的な内容を紹介します。あくまで一般論なので、正しい情報は各プラットフォームのマニュアルやドキュメントを確認してください。

開発ライセンスの申請

家庭用ゲーム機での開発をはじめるにあたっては、開発者登録が必要です。プラットフォームによっては、ゲームの企画書の提出を求めるものや、登記事項証明書などの法人情報が必要になります。各家庭用ゲーム機における開発者登録の申請先は以下のとおりです。

任天堂（個人事業主または法人）：Nintendo Developer Portal
https://developer.nintendo.com/register

Microsoft（個人事業主または法人）：ID@Xbox
https://www.xbox.com/ja-JP/developers/id

Sony Interactive Entertainment（法人のみ）：PlayStation Partners
https://register.playstation.net/

それぞれ注意事項をよく読んで申請するようにしましょう。繰り返しになりますが、プラットフォーマーと契約を結んで入手した情報は**機密**扱いとなります。不用意にブログやSNSなどで固有の技術情報などを漏らしてはいけません。

開発機材・ソフトウェアの管理

家庭用ゲーム機向けの開発は、スマートフォンと異なり専用の開発機材を用います。その機材の外観や仕様は機密の範疇となり、契約外の第三者に見せてはいけません。ゲームイベントや交流会などで家庭用ゲーム機の上で開発中のゲームを見かけることもありますが、それは各プラットフォームが定めるルールに従って運用されています。

これは、開発用ソフトウェアについても同様です。たとえばトレイラームービー用にゲームをキャプチャするときには、機密情報が映らないようにする必要があります。特に最近は、「作業配信」などで不特定多数の人へ開発中のゲームの画面を見せる場面があります。その際、ゲーム開発環境やデスクトップの映像に機密情報が映ってしまわないようにしましょう。また、ゲームをチームで開発している場合は、チーム全員がそのプラットフォームの開発者アカウントを取得するか、アカウントのないチームメンバーが機密情報にアクセスできないように管理しましょう。

発売予定や発売日を告知する際のルール

開発者アカウントを取得したからといって、「○○版発売！」とすぐに情報を公開できるわけではありません。情報公開のルールはプラットフォームによって異なりますので、どのタイミングで発売や発売日を告知できるのか、ドキュメントをよく確認しましょう。

プラットフォームのユーザーアカウント管理

PlayStationプラットフォームの場合はPlayStation Networkアカウント、Xboxの場合はMicrosoft アカウント、Nintendo Switchの場合はニンテンドーアカウントなど、プラットフォームにはそれぞれのユーザーアカウントがあります。プラットフォーム側が用意したしくみを使って、これらのアカウントのログインの状態管理をハンドリングしたり、他サービスのアカウントとの関連を調べておくようにしましょう。

先に述べたBaaSを使ったオンライン機能や、ネットワークマルチプレイのシステムなどを使用しているケースにおいては、これらのプラットフォームのアカウントとの関連を調べておくようにしましょう。

レーティングの取得

「レーティング」とは、ゲームをストアで配信する際、そのゲームの対象年齢やゲーム内でどのような表現が行われているのかを明示するしくみです。よくあるレーティングの要素としては、「流血表現」「飲酒・タバコ・薬物表現」「犯罪表現（人身売買・窃盗）」および未成年と思われるキャラクター描写との組み合わせです。

一部のプラットフォームでは、ゲームのダウンロード販売に限りレーティングに「IARC汎用レーティング（the International Age Rating Coalition）」というしくみを利用できるケースがあります。これは、世界各国にあるレーティングシステムが加盟する国際団体で、各国のレーティングに代替して利用できるものです。日本で言えば「CERO」、北米には「ESRB」、欧州は「PEGI」など、国や地域によってさまざまなレーティングが存在します。IARCを使うことで、各国のレーティングを個別に取得することなく、無料かつ一括で、各国の加盟ストアで利用できるレーティングを取得できます。ただし、IARCに対応していない一部のプラットフォームでの販売や、パッケージ販売を行う場合は、国ごとにレーティングを取得する必要があります。ダウンロード版にIARCのレーティングを使用していても、パッケージ販売では現地のレーティング取得が必要です。IARCは自己申告ですが、ゲームの表現にそぐわない申告だった場合、発売停止になる可能性があります。正直に申告しましょう。各国のレーティングの審査には人間のチェックが入るため、数日から数週間の審査期間が必要です。また、レーティングによってはゲームのビルドを送信したり、一定時間の動画撮影とその提出を求めるものもありますので、レーティング取得の準備には早めに取り掛かりましょう。パブリッシャーを介さない場合、一部の地域では高額なレーティング費用が必要になる場合もあるため、事前に確認しましょう。

Xboxクリエイタープログラム

これまで説明したように、通常、家庭用ゲーム機向けのリリースには専用の契約と開発機材の購入が必要ですが、例外的にもっと手軽な方法もあります。それが「Xboxクリエイタープログラム」です。これは法人・個人事業主向けのルートである「ID@Xbox」とは別に設けられたプログラムで、個人開発者による趣味でのゲーム開発や、学生のゲーム開発の最初の一歩に最適です。市販のXboxを使って自作ゲームの動作をテストでき、Webサイト上での手続きでゲームを手軽にリリースできます。ただし、ID@Xboxと比較して、一部のシステム要件や利用できるオンライン機能などには制限があります。Xbox OneやXbox Series X/Sを持っている方は、手軽に自作のゲームを家庭用機で動かせるチャンスです。ぜひチャレンジしてみましょう。

Xboxクリエイタープログラム
https://www.xbox.com/ja-JP/developers/creators-program

Epic Games Japanが推進する クリエイター支援

Unreal Engineは、高いグラフィックス処理能力とブループリントというノードベースコーディングのしくみにより、イラストレーターや3DCGデザイナーのインディーゲーム開発への進出を加速してきました。同エンジンを提供するEpic Gamesは、インディーを資金面から支える「Epic MegaGrants」も実施しています。日本支社であるエピック・ゲームズ・ジャパンの岡田氏に、日本のインディークリエイターに向けた取り組みについてヒアリングしました。

――インディーゲームに関するUnreal Engine 4の取り組みについてお聞かせください。

岡田：2015年の無償化以降、Unreal Engine 4（以降、UE4）は大規模プロジェクトだけでなく小・中規模のプロジェクトでも広く採用されています。その中にはインディーゲームも含まれていて、国内では『ジラフとアンニカ』『黄昏ニ眠ル街』などのすばらしい作品がリリース・開発されています。
そういった背景もあり、2020年5月に一般ユーザー向けライセンスのロイヤリティを「1,000,000米ドルを超えた場合にのみ、5%のロイヤリティを支払い」に緩和しました。また、公式による資料・動画・サンプルをより積極的に公開しています。マーケティングに関する情報や開発者インタビューもありますので、ぜひ公式ブログをチェックしてみてください。

インディーのためのマーケティング
https://www.unrealengine.com/ja/blog/marketing-for-indies

また、最近は「Unreal Online Learning」という無料の動画チュートリアルサイトに力を入れています。こちらも開発者のみなさんにぜひ一度見ていただきたいです。

Unreal Online Learning
https://www.unrealengine.com/ja/onlinelearning-courses

――Epic MegaGrantsについてお聞かせください。
岡田：Epic MegaGrantsは2019年から行っている1億ドル規模の資金提供プログラムで、さまざまな分野におけるプロジェクトが対象になっています。国内のゲーム分野ですと『ジラフとアンニカ』や『黄昏ニ眠ル街』などの作品が受賞されています。そのほかのプロジェクトも選考が進んでおり今後が非常に楽しみです。
このプログラムは開発者の支援を目的としているため、提供した資金の返却・返済義務はないうえに、開発者は知的財産権を保持することができます。そのため、作品の品質向上やマルチプラットフォーム対応をしたいが金銭面がネックという開発者の方はぜひ申し込んでいただければと思います。

猫でもわかるEpic MegaGrants応募への道
https://www.unrealengine.com/ja/blog/epicgamesjapan-onlinelearning-megagrants

――そのほかの施策についてはいかがでしょうか。
岡田：日本独自の取り組みとして、UE4に関する解説資料・動画を定期的に公開することで、初心者からプロの開発者まで幅広い層に有益な情報を届けています。特に初心者の方にはYouTubeにある「猫でも分かる UE4を使ったゲーム開発 超初級編」をぜひ見ていただきたいです。
また、Epic Games Japan主催の勉強会「アンリアルフェス」などを通して、ゲーム開発の最前線にいる方よりUE4を使って開発をする上での注意点、クオリティを上げる方法、パフォーマンス改善などさまざまな知見を共有していただいています。プロジェクトを製品としてリリースするうえで、各講演の内容はとても参考になるはずです。

Unreal Engine JPのYouTubeチャンネル
https://www.youtube.com/c/UnrealEngineJP/featured

――本書を読んでいる開発者へメッセージをお願いします。

岡田：ゲームエンジンにより楽になった面はありますが、それでもゲームを完成させリリースするためには数多くの苦難に立ち向かう必要があります。私自身も個人でゲーム開発をしていますが、日々頭を抱えている状況です（笑）。そんな大変な道にも関わらずゲーム開発をしながら本書を読んでいるあなたは「ゲーム開発の魅力に取り憑かれてしまった方」であり、それらを乗り越えられるほどの情熱を持っているはずです。
まだ開発途中の方、あなたのゲームの良さを一番知っているのはあなた自身です。ふと不安になることもありますが、それを信じて突き進んでいきましょう！
リリース間近の方、ここまで来たあなたは本当にすばらしいです！ 尊敬します！ これまでの頑張りを無駄にせず最大限に活かすためにも、本書にある内容を取り入れて実践しましょう！
最後に、ほかの開発者とのつながりを大事にしてください。私たちはライバルではありますが、同時に同じ苦労を知っている仲間です。より良いものを作り、より多くの人に作品を遊んでもらうために、お互いに助け合っていきましょう！
みなさんの作品を遊べる日を心より楽しみにしています！

対談

小規模チームによるゲーム開発の現場から

「グノーシア」
川勝徹
×
「ALTER EGO」
大野真樹

キャラクターが対面で進行する2Dアドベンチャーゲームのジャンルは、インディーゲームにおいて日々進化を続けています。そして、ファンはその世界観から受けたインスピレーションをさまざまなかたちで表現していきます。独特なシステムとテーマはどのように作り上げられたのか。プラットフォーム選択、チーム開発、そしてファンとの交流を軸に、ふたりの開発者にヒアリングしました。

川勝徹

独立系ゲーム開発集団プチデポット代表。企画から販売までを行うリーダーにして、別名「猛獣使い」。「遊びたいゲームを作る」ことをモットーに日々活動している。代表作に『メゾン・ド・魔王』『グノーシア』。

大野真樹

株式会社カラメルカラム代表取締役社長。ディレクター、プロデューサー、ゲームデザイナー、シナリオ。どうしようもない私が歩いてゐる。代表作に『ALTER EGO』『ムシカゴ オルタナティブマーチ』。

ゲームテーマとプラットフォーム

——おふたりの自己紹介と代表作についてお願いします。

川勝 プチデポットの川勝徹と申します。代表作は『メゾン・ド・魔王』と『グノーシア』になります。

大野 株式会社カラメルカラム代表の大野真樹と申します。カラメルカラムではプロデューサー、ディレクター、それからシナリオライターを担っています。代表作はスマートフォンアプリの『ALTER EGO』と『ムシカゴ オルタナティブマーチ』です。

——はじめにゲームのプラットフォームとテーマを決めたいきさつをお教えください。

川勝 私の場合は家庭用ゲーム機向けの有料のゲームをリリースしています。前作の『メゾン・ド・魔王』から家庭用ゲーム機でリリースし

プチデポットの代表作のひとつ『グノーシア』より

ていたので、『グノーシア』もそうしました。我々の世代だと、スマートフォンよりも家庭用ゲーム機でゲームコントローラーなどを使って遊ぶことに憧れがありまして、そこ向けにリリースしたい、と考えていました。

大野 自分も家庭用ゲーム機への憧れはあり、作りたいなと思いつつも、弊社のメンバーは自分を含めてゲーム開発初心者が中心でした。ですので、まずは手元にあるスマートフォン向けを手軽に感じ、そこからゲームを作りはじめました。この1作目は経験として「完成させて配信すること」を目標とし、『THE 残業 - 脱出ゲーム』を作りました。その後、ほかにもアナログゲームを10作品くらい作りつつ、2作目の『ALTER EGO』を作りはじめました。

実は、『ALTER EGO』は売れること度外視で作家性を出そうという目的で作っていたので、まさかここまでヒットするとは全然思っていませんでした。「自分探しタップゲーム」というジャンルの選択は、半分はマネタイズから考えています。タップゲームは動画広告などマネタイズが想像しやすかったからです。

『ALTER EGO』では、タップゲームを延々繰り返していく操作と、「私って、なに」とああだこうだ悩み続けるという哲学的なテーマは相性いいかなあ、みたいなところから着想しました。タップゲームの退屈な感じが、自分探しというテーマに合うんじゃないかと。

――川勝さんの『グノーシア』の場合は、前作『メゾン・ド・魔王』から相当ゲームのジャンルが変わっていますね。なぜこのテーマにしたのでしょうか。

カラメルカラムの代表作のひとつ『ALTER EGO』より

川勝 当時アナログゲームとして「人狼ゲーム」がわりと普及して、若い人たちにけっこうメジャーなゲームとして流行っていてたことが背景です。私は専門学校の講師の仕事もして若い学生に教えているので、聞いてみたんです。すると、人狼は特に18、19歳の7割くらいが聞いたことがあるし、知っていると。でも、人狼に興味があるけど遊べない人たちも意外に多くて。そこには対人戦が苦手とか、人が集められないだとか、さまざまな理由があったんです。うちの開発メンバーも同じ意見で、興味があるけどひとりで遊びたいというのがありました。

そうやってひとりでも人狼ゲームを遊びたいという需要があることがわかったので、作ればいいんじゃないか？ と考えたのが『グノーシア』のはじまりでした。ひとり用のデジタルゲームで人狼を調べてもあまりなさそうだったので、チャレンジしてみようと。

過去にPlayStation Vita向けのアプリストアにPlayStation Mobileというサービスがあって、登録すれば誰でもゲームのリリースができました。そのプラットフォーム向けに無料で出してもいいかな、と新作として作りはじめました。キャラクターは4、5人くらいで、人狼のコアのしくみを残して本当に簡素化して作ったのですが、リリースするタイミングでPlayStation Mobileのサービスが終了してしまったんです。

それなりに遊べましたし、ゲームの根幹部分も面白くできたので、もったいないなと。そこで製品としてお金をいただけるよう、いろんなジャンルの要素を入れながら、デジタルゲームでしか成立しない楽しさとして昇華させていったのが『グノーシア』です。

前作の『メゾン・ド・魔王』と『グノーシア』では、まったくテイストを変えています。『メゾン・ド・魔王』の続編を作ることもできましたが、あえてやらない。それをやって私たちの開発チームにその色を付けずに、いろいろなゲームを作りたかった。一度作風のイメージが定着してしまうと、この先の活動において、新しいことに挑戦しづらくなりますし。なので、『メゾン・ド・魔王』のファンだけでなく、私たちの作るものだったら買ってみたいというお客さんがいてくれたら嬉しいですね。だから『グノーシア』ではテイストもジャンルも前作とまったく違うゲームになっていますので、新たな勝負になりましたね。

本当は、「いつか誰かが1人用の人狼ゲームを作るだろう」と思っていたんです。でもまったく出ないので……。その理由を考えるに、1つ目はマーケティングしてもデータとして需要としての確証が取りづらいこと。2つ目は、ひとりで遊ぶ人狼ゲームのゲームデザイン上のノウハウがわからないことです。そんなプロジェクトに予算を計上するのは難しいだろうし、逆にそれが参入障壁になるなと。企業がやらなさそうなので失敗はあるかもしれませんが、インディーなら可能なんです。ほかの手段でもいいので生活資金を捻出できる算段と覚悟があれば。そういう意味でインディーゲームの必要性があって、ここは逆にチャレンジするほうがインディーとして安全じゃないかな、と考えました。

ただ、「1人用人狼ゲームで行こう！」と思ったとき、いろいろ肉付けを行う必要があった。そこで今回の『グノーシア』の場合、舞台を宇宙空間、クローズドサークルとして設定し、そこに一緒に人狼ゲームを楽しめる個性的なキャラクターを用意しました。

——ゲームシステムとして人狼に落とし込むというのは、非常に難しかったと思います。

川勝 人狼ゲームって、会話中心のゲームですが、基本的に「疑う」と「かばう」の2つで成立していると私は思っています。それに対して、肯定・否定するタイミングなどで、論理の問題を解くように矛盾を精査して、犯人を当てていく楽しさがあります。

無限に会話データを作ることができないため、その部分に注目して、ゲームのシステムに落とし込んでいけばいいと。つまり、情緒的な、プログラムで処理できなさそうなところを全部排除して、最終的に犯人を特定するために言葉のYESかNOかで矛盾を推理していくしくみです。ただ情緒的なところも面白さのひとつですから、キャラクターどうしで、好き嫌いの感情的なパラメータを入れて、論理だけの推理では成立しないようにもなっています。あとは何回も遊べるようにするために、ストーリーにかなり力を入れまして、プレイヤーのモチベーションが続くよう工夫しました。あくまでも人狼ゲームをひとりで遊ぶために必要な要素としてキャラクター性やストーリーをあとから入れています。コンピュータゲームに落とし込むために、完全な人狼ルールではないため、「グノーシア」は人狼的キャラクターゲームと言い換えてもよいと思います。

——大野さんはいかがですか。まずタップゲームをやりたい、と決めたあとから世界観やキャラクターを追加したかたちでしょうか。それとも、前からあった要素を融合させたかたちでしょうか。

大野 企画自体はほぼ一晩でできていました。大学のときに勉強していたフロイトの精神分析が、タップゲームで自分探しをするというテーマと相性がいいんじゃないかな、と思って構想しました。本作の特徴である「エス」というキャラクターは、ずっと温めていたキャラクターというわけではありません。プレイヤーが「エゴ」、「エス」はそのままフロイト的なエス、そのナビゲート役としての壁男は「スーパーエゴ」という三すくみのキャラクター設定は、フロイトの精神分析をベースにスッとでてきたんです。

——すごく悩んで考えた設定と言うより、降りてきた感があると。

大野 「酒飲んで、起きたらだいたい出来てた」みたいな（笑）。

川勝 すごい！ いいな～

——（一同笑）お二人の作品はかたや有償販売、かたや広告と追加課金です。『ALTER EGO』はどんな収益モデルなのでしょうか。

大野 正直言うと、『ALTER EGO』の1インストールあたりの収入はそんなに高くありません。タップゲームって、本来は収益性が高いといわれていますが、『ALTER EGO』にはエンディングがあって、2、3日でクリアできちゃうんです。

そこで追加要素では、変にストーリーを間延びさせるよりは、有料だけどシナリオを追加してあげるほうがいいんじゃないかな、と思いました。世界観を崩さずに、課金で収益性も上げられると考えて、有料シナリオを配信しました。

いまはちょうど広告と課金のハイブリッドみたいな感じでやっています。割合は広告7：課金3くらいです。いろいろ課金を増やしつつも、広告のほうが多いかな、みたいなかたちですかね。

現在はアプリのアップデートに加えて、Nintendo Switch版の準備をしています。別展開として有料のコンテンツを増やしていく方針です。

——身の回りのスマートフォンゲーム開発者さんも、広告と課金のハイブリッド課金が多いですか？

大野 多い印象ですね。2021年からiOSの広告プライバシー問題（IDFAポリシー変更）もあります。先ほど「広告7：課金3」と言いましたが、今後コンテンツを追加していき、少しずつ課金の割合を増やしていければなと考えています。

——川勝さんは専門学校の先生の仕事も並行してやっているとのことですが、そのバランスについていかがでしょうか。

川勝 『グノーシア』は開発期間が4年くらいかかったんですね。当初はもっと短いゲームだったんですが、どうしてもシナリオとかほかの部分に納得ができなかったので、1年間くらい延期しました。そうすると予算がなくなってきて、最終的には私がほかの仕事をたくさんしてお金を稼いで、スタッフと一緒に共有しながら最後まで作りました。私は講師のほか、大学で研究員もやっています。研究と教育と、クリエイティブ分野という3つをうまくやっていきたいという想いがありまして。

タイアップとグッズ制作

——大野さんの場合は企業とタイアップしたり、アップデートでい

ろいろ追加されたりしていました。そのあたりの流れというのは、『ALTER EGO』がヒットしたあとでしょうか。

大野 そうですね。『ALTER EGO』がヒットしてインストール数が伸びたあとで、企業のほうからお話が来ることが多かったです。けっこうびっくりしたのは、本屋でアルバイトしているプレイヤーから、「『ALTER EGO』コーナーを作りたい」という連絡があったことです。ほかの書店や図書館からも「『ALTER EGO』に出てきた本を特集するコーナーを作りたいんですけど、いいですか？」みたいな問い合わせがすごくたくさん来ましたので、OKをしました。

一番大きかったのは、大きめの書籍の販売会社さんから話が来て、そこから三省堂さんなどをはじめ、全国の書店さんとタイアップしましょうみたいな話があったことでした。全部、プレイヤーや企業からの問い合わせとして来たんです。

冒頭でお話しましたが、このタイトルは全然売れるつもりがなかったにもかかわらず、急に注目されだしてテンパってしまいまして。そんなこと考える余裕がないままに問い合わせがいっぱい来たんです。いま振り返ると、理想的には広報活動などに自分以外の人を立てたほうがよかったかなと思います。せめてスケジュール調整する人がひとりいてもよかったかな、というのはちょっと思いました。

——川勝さんの場合は『グノーシア』の場合、どこかとコラボレーションやタイアップは行っていましたか。

川勝 開発中は一切行っていません。できるだけ自分たちだけで完結させたかったんですよ。『メゾン・ド・魔王』のときはいろんな会社さんと組んでローカライズをたくさんしていただいて、けっこう売れたことで資金があったのと、開発期間も十分に使えたんです。昔に比べて開発、販売のしくみが増えて、私たちで完結できる幅が広がってきたので、知見や経験を積むという意味でやってみるかと。

発売前のグノーシアの紹介本（プレビュー本）をイベントで販売したり、ゲームの発売後は缶バッジも出しました。イベント販売以外では、販売会社さんに協力いただいています。Switch版『グノーシア』のパッケージ版ははじめてセルフパブリッシュをしまして、そこで初回限定のグッズを作ったりとか、流通さんと交渉したりと、いろいろと準備している最中です。

また、サウンドトラックCDを発売したときには、実はすべて私

『ALTER EGO』のグッズのひとつとして 制作されたアクリルスタンド

たちが作って、販売のところだけ別の会社さんに手伝っていただきました。サウンドトラックはファンの方々からの評判もよく、初回生産分は3日で完売しまして、再販を繰り返して、現在3回目というところです。

本作の場合、音楽が先行して進められたんですね。コンセプトアートではなく、コンセプトサウンドみたいな感じでしょうか。また、ボーカルも含めて全員メンバーで完結しています。デザイナーのことり氏が歌っていまして、曲も効果音もQ flavor氏が全部担当しています。だから世界観やサウンドで評価いただいている理由のひとつに、サウンドとビジュアル、ゲーム性などのトーン＆マナーがしっかりしていることがあると思っています。

あと、サントラはCD2枚組で効果音も入っています。最近ではSE集とかあまりないように思うんですが、私は絶対入れたかった。昔は楽曲と効果音を両方入れているサントラが多かったので、あれをやりたかったんです。SEも含めてゲーム体験の思い出だと思っているので。

あとはゲーム中に流れるボーカル曲の歌詞につて、ゲームを遊んだあとにそれを読むと思い出もひとしおかな、と思っています。きっと本作で知りたいことを、かたちとしてメッセージに残しておきたかったので。

大野　私のゲームのサントラは、配信プラットフォームでデジタル配信しています。うちはサウンドのメンバーが社内にいなかったので、外注でアーティストを探しました。AMIKOさんという方に相談して、楽曲を作ってもらいました。音楽制作を頼むのはじめてだったので、どうやって頼んだらいいのか全然わからなくて困りました。ゲーム開発もまだ序盤だったので、ゲーム画面も全然なくて……。なので「私はこういうことを考えていて、こういうゲームを作ろうと思い……」みたいなポエムと、イメージになる参考楽曲を送ったら、すごくいい曲が出来上がってきました。

——大野さんのほうは、グッズ展開のようなゲーム以外の展開はいかがでしたか。

大野　私もグッズをいっぱい作りました。うちも大体、グッズは自社で制作していて、本当に思いついたものを作るという感じでやっていたら、ラインナップがやたら多くて。アクスタ（アクリルスタンドフィギュア）であったり、タペストリーやTシャツを作ったり、カレンダーだったりとか。また、ゲームのテーマに合わせてブックカバーや木製のしおりを作りました。面白いものでは、コラボ眼鏡が発売されました。

——コラボカフェもやられてますよね。

大野　やりました。これは「コラボカフェやりたいな」と自分から考えて企画しました。自分はもともと、ゲーム会社の広報・宣伝の仕事に就いていた経験があったのですが、そのころは一回もコラボカフェをやったことがなかったので「やってやるか！」と勢いが出まして。2019年の6月に実施しました。けっこう人数を制限していたんですけど、すぐ満員になりました。ほかにも、2019年はトークイベントなどもやったり、直接ファンとお話する機会がけっこうありました。

ファン交流と展示会

——両作ともSNSでファン活動が盛り上がっている作品だと思います。ファンとどういった交流をしたかをうかがえますか。

川勝　基本的には、うちはSNSとかあまり使っていなくて、オフィシャルですとブログしかないんですよ。デザイナーのことり氏が個人でTwitterをやっているくらいで、我々自身がそんなにネットでアプローチしていません。逆に、イベントを重視していますね。BitSummit

のようなイベントに年に2回か3回は必ず行くようにしています。

毎年行くようにしていると、必ず毎年来てくださるファンの方がいるんですね。その方々と一緒に応援していただける仲間を探していくような、そんな活動がいいなと思っていました。あとは開発中のゲームに対する感想ノートをブースに置きっぱなしにして、遊んでくれた人の感想を書いてもらっています。

感想には褒める言葉はいらなくて、悪口をいっぱい書いてもらおうと思って設置しました。私たちでは気づかないポイントがあるはずなので。「ここが面白くない」「ここがダメだ」みたいな。そこでお客さんが書きやすいように、あえて「ここが面白くない」ということを自分で書いておくんです（笑）。

――逆サクラじゃないですか（笑）。

川勝 そう、逆サクラをして（笑）、いろいろ書いてもらう状況を作ったり、できるだけ自分は展示ブースに行かないようにして、なるべく感想を書いてもらおうと。あとで集計してから開発メンバーにフィードバックして、精査し、修正していきました。あと、メディアさんにもたくさん来てくださったので、そこでも多くの感想をいただいて開発チームへフィードバックしています。そうすると、ファンの人たちもメディアの人たちも一緒のゲーム開発に巻き込んで、どんどん面白くしていこうと。それはもう仲間ですよ。

ほかの開発メンバーもゲーム作りに対してとてもこだわりがあるので、最終的に要望や意見を取り入れるかどうかのジャッジを私がしっかりすることがあります。感想ノートを参照して、「これだけ書かいてもらったよ」とメンバーに見せながら、話し合いをして、お互い納得すれば進みます。現場でお客さんをいちばんよく見ているのは私なので、そこはある程度話して、メンバーを説得するだけの材料を用意して、ブラッシュアップしていきました。ですので、ゲームイベントは、ただのお披露目でなくて、ゲームの品質に関わるとても大事な場所なのです。

――『ALTER EGO』の場合はTwitterのハッシュタグに「#EGOART」というのがあります。

大野 「#EGOART」は自分が作りました。私はTwitterのヘビーユーザーだったので、Twitterでひたすらツイートする、ひたすらエゴサしてひたすら「いいね！」しまくるなどをやっていました。特に『ALTER EGO』が話題になったタイミングでは、毎日すごくリプライや質問が来たことがありました。なので「わかった！ 全部答えよう！」みたいな感じで、一日中、20件くらい質問に答え続ける、ということもやっていました。

——そこでファンと積極的に交流していたと。大野さんの場合は、ハッシュタグをつくって、ばりばり「いいね！」して、みたいなかたちですね。

大野 二次創作のファンイラストがけっこう増えたのが意外でした。このゲームには主にエスというキャラクターしかいないし、そんなに描くものもないだろうと思っていたんですけども、凄く増えた。キャラクターがいっぱいいたら、掛け合いとかすごくあるんですけど、このゲームはプレイヤーとエスのふたりだけのゲームだったので、本当に意外でしたね。

——『グノーシア』の場合はキャラクターが12人いるから、特に人気のキャラクターどうしの掛け合いがあるし二次創作の盛り上がっています。川勝さんはどう考えていますか。

川勝 二次創作については今後どうなるかわかりませんが、いまのところ作品の価値をおとしめるようことがなければ全然OKとしています。ゲームの世界観や設定上、無限に世界があるので、プレイヤーの方々がゲームキャラクターの掛け合いを想像しやすいし、それはその人たちの『グノーシア』の世界線、並行世界です。だからどんなふうに妄想してくれても許される世界です。できるだけ全肯定したいですし。ファンの方々と共にキャラクターを育てられたらと思っています。

SNSに関しては、できるだけこちらから働きかけることはなく、自然に生まれるのを観ていたいし、可能ならば同じように参加したいなという気持ちです。

開発チームの組織運営

——大野さんも川勝さんもプロデューサー兼ディレクターということ

で共通しています。開発チームの組織運営について教えてください。

川勝　私たちの場合でいえば、インディーゲームの組織運営ですごく大事な話として「グループ内での意思決定においては、実際に手を動かしている人が偉い」というのがあります。かたちにする人たちですから。実際にプログラムを組まないとできないですし。しかしそれがすべてではありません。木を見て、森を見ずではいけない。インディーゲームにおいてディレクターやプロデューサーというのは、どうしても開発から「手を動かしてねぇじゃねえか」と思われがちなんじゃないかな。「そもそも必要なの？」と。ですから開発メンバーにいろんなかたちで見せつけないと、説得力も信頼関係も築けません。

　これが凄く大事で（苦笑）。ゲームの品質や完成、プロモーション、発売まで、自分自身がしっかりやっていることをメンバーに行動で見せることでしか証明できませんから。完成して終わりではなく、収益までしっかり見届ける。

大野　うちの場合は自分とエンジニアとデザイナーの3名がコアメンバーです。『ALTER EGO』に関しては、キャラデザインと音楽は外注です。自分には鼓舞するという発想が難しくて、あまり無いかもしれません。ただ自分は作業的には多く担当していて、意志決定というのはもちろんそうですし、必死に自分でシナリオを書いているのもあります。各パートから上がってきたキャラデザインだったりUIだったりを採用するか保留するかの判断ももちろんします。このあたりの判断がしっかりできるのは「担当が明確だから上がってきたものの仕上がりがよくなる」というプラスの側面が大きいかなと思います。

――開発メンバーと作りたいゲームのビジョンはどのように共有していますか。

川勝　ビジョンについては、私ひとりでは決めておらず、基本的に4人で決めます。『グノーシア』でいうと、世界観を作ったのはまずサウンドです。ゲームができる前、ビジュアルができる前に音だけ先行して作っていまして、それを聴きながら、シナリオもその音に合うように、エンディングの曲に合うためにはどうしたらいいのかと話し合って決めました。

キャラクターも、まずはゲームを成立させるために14人作りましたが、ストーリーなどは全部後付けです。みんなでリレーションして、キャッチボールしながら作っています。

大野 私の場合は真逆で、私がすべて決めています。ゲームの内容について最初から言語化できている場所もあれば、できていない場所もあるので、「こういうのが欲しいな」「もうちょっとこっちかな」と、自分がディレクションしながら作るのが基本スタンスです。

たとえばデザインが上がってきて、「あっ、デザインがこう来たからこっちに合わせようかな」というとき、インタラクティブな部分はあるんですけど、そこでチーム全員の意見を出し合って決めるというより、自分が「これはこのゲームで重要だぞ」というところで決めてしまいます。

川勝 私のプロデュース的な立場だと、メンバーの絶対的な安心感と環境作り、この2つさえあればOKなんですよ。

絶対的な安心感というのは、いわばメンバーの生活に対する安心感ですね。「あと何ヶ月は生きのびられるか」とか、「そこを越えたときに川勝はなんとかしてくれる、あいつにまかせておけばなんとかしてくれる」という安心感は超大事ですね。

いまのインディーゲームの難しいところは、セルフプロデュースをいかに行うか。作ることはできても、そこからが難しいといいますか。そこをプチデポット的なやり方で、作家性の強い独特の存在感を出すようにしています。

――本書でも、まさに「作ること」以外のことについて重要視して紹介しています。

川勝 収益を考えるなら、とても大事な要素ですね。環境作りというのは、私たちがの意思決定し、進めることが可能ということです。メンバーの「川勝さん、こういうことをしたいんですよね」とか、「この会社とタイアップできます」とか、「川勝がやりたいので、みんなこの制作に付き合って」みたいなことについて、契約や交渉など、全部私がやります。

もともと私がゲーム会社で10年間働いていたいたとき、プランナーもディレクタープロデューサーも部長もすべてやってきたので、開発メンバーの気持ちはわかるんですよ。

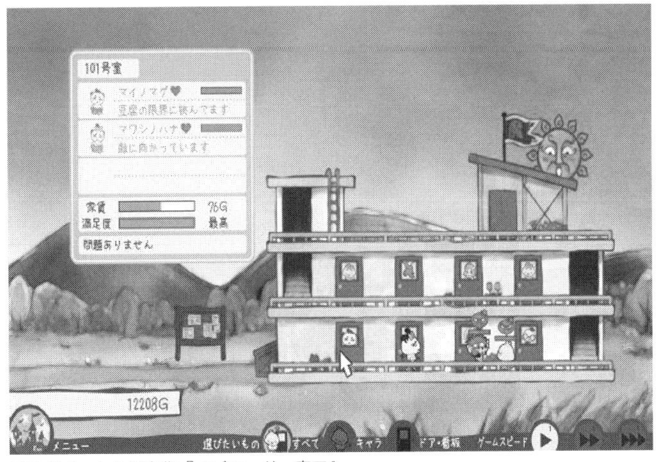

プチデポットの過去作『メゾン・ド・魔王』

「自分がなんのためにゲームを作るのか」「心地よい人間関係とは」「アウトプットの方法」など、みんなで話しながら理想的な環境を目指してきました。組織によって求めるものが違いますからね。それが非常識でもいいんです。会社を辞めてまで、インディーでリスクを取ってゲームを作っているのに、フラストレーションのたまる環境にしたら意味がないので。だから絶対やるべきなのは、フラストレーションを全部引き受ける役を設けて解消することだったんです。

たとえば、「チームで副業の仕事をして、売り上げが入ったぶんは山分け」みたいなかたちにしているので、単純に給料を払って作業指示をするというやり方は一切通用しません。リスクは平等にメンバーと共有しているので。誰が偉いというものはありません。ですので、やはりメンバーと親密度、信頼関係をしっかり作らないといけない。お互いに「この人がいないチームが成立しない」と思ってもらえないと難しいので。そういう意味では、属人性が強い組織で、弱点でもあります。代わりがいないので。

特に0から1を作るときは、本当に密接な人間関係がないと作れない。ある程度流れができてしまえば、1から100にするためのリソース制作部隊で分業はできるんですよ。でもプロジェクトの一番コアの部分というのは、ものすごくしっかり信頼関係を作らないと成り立たない。そこで絶対的安心感と、環境作りが大事なんです。

——一緒にやっているというのが大事ですね。ゲーム会社に勤務して

いた時代に一通りの職種を経験しているというので納得しました。

川勝　たとえば『メゾン・ド・魔王』ができたあと、プラットフォーム展開とか海外展開とかいろいろやりましたけど、その間、私ひとりで協力会社さんとの交渉など全部担当していました。

　手が空いているほかの3人のメンバーには、次回作を作るための技術的な取り組みや設定資料などの制作に時間を当てています。3年から4年間、彼らがまったく副業をせずとも生活できるようにしつつ、仲間共に新作の構想を練るようにするのが、いま私がやるべき仕事です。お互い向き不向きがありますからね。嫌なことはできる人がやればいいと。

――ディレクションというより、ファミリーですね。大野さんはトップダウン式で、自分のビジョンに合わせてビジュアルやサウンドを外注していくかたちですよね。

大野　そうですね。いろいろとお話をうかがっていると、違いがわかりました。うちは会社で、自分が社長としてメンバーへ給料を払っているという違いがあります。かつ、環境作りに関しては別の角度で意識していることがあります。うちは週休3日で、出勤時間は自由なんですよ。基本的には働きやすい環境を用意しようと思って、月火・木金が出社、水曜日が休みです。働く時間もいまはリモートで、裁量労働制でさらに自由にしています。

　川勝さんと目的が似ているところがあると思うんですけど、アプローチとしては、うちは会社体というかたちで、つまり、給料も発生するよ、頑張って売れたらボーナスもでるよって会社の作りでやっています。そこがけっこう違うのかなと。

　カラメルカラムは5名の会社ですが、先ほど川勝さんがおっしゃったように、「メンバーの手が空く問題」というのはたしかにあって、どうしても作業が前後しちゃうとか、エンジニアが忙しいとき、デザイナーは手が空いちゃうよねとか、会社でやっていても、この人数でも発生するんですね。

　たしかにそこを解消するために、プロジェクトをつけてフリーランスにアサインしていくというのがやり方のひとつではあると思うんです。

　だけど自分はやっぱり固定のメンバーでやっていくノウハウを積み重ねていって、うちの規模の会社で作りたいなって思いがあります。もちろん、よく頼むフリーランスの方がいらっしゃるというやり方もひとつの手かな、とは思うんですけど、働く側としても、安定して仕事があるというのは、やっぱり安定につながると思います。逆に手が空いたりとか、忙しくなかったりするタイミングでもお金を稼ごうというのは、モチベーションとしてはけっこうあります。

海外展開

——作品の海外展開について教えて下さい。

大野 最近のダウンロードはほぼ海外です。国は本当にまばらで、いろんな国からダウンロードされていますが、ヨーロッパ圏含めて北米が一番多いです。

川勝 海外版は現在準備中というところです。（筆者注：2021年3月に海外版が発売され、メタスコア82点の高評価を獲得しました）。グノーシアの翻訳の場合、プログラムの組み込みとデザイナー、そして翻訳の人たちが、密な連携をとれないと大変になります。とりあえずかたちだけ翻訳したみたいな、ゲームをちゃんと見ていないものになりがちです。だから今回は、プログラマーやデザイナーと近いところで翻訳できるような体制で進めるようにしています。

——他言語に翻訳されたのを見て、質がいいのか悪いのかなんてわからないですからね。

川勝 そうなんです。困るケースが、英語に翻訳したあと、それをベースにフランス語に翻訳するなどの2段階の翻訳ですね。内容を吟味してもらって、翻訳いただけそうな方に出会えれば、それはありえますけれど。

大野 私の場合は既存のアプリに英語版の翻訳を追加しただけでした。海外でダウンロードが伸びたのは特にプロモーションもしていないですし。原因もよくわかっていません。「どこかに取り上げられたのかな？」といろいろ調べたんですけど、日本のADV（アドベンチャーゲーム）って海外で独自の人気があるみたいで、そこと関係しているのかなと感じています。

あとで別の方と話したときに「なるほどな」と思ったのが、海外のADV好きってメタっぽいのが好きらしいんですね。『ALTER EGO』は対プレイヤーのメタっぽい要素が主軸にあるので、そこに日本風のADVスタイルかつ、題材にしたフロイト自体が海外の大学生含めた一般教養レベルではあるので、そのあたりが海外でスムーズに受け入れられた背景なのかな、という気がします。

——今回おふたりの対談にしたのは、いずれの作品もメタ的な部分に触れている観点もあります。メタ要素の入れ方についてはどうでしょうか。

川勝 開発のわりと最初のほうから、「どれくらいの距離感でメタを使うか？」ってすごく議論していて、それはすごく考えました。とにかく説教臭くしないようにしようというか（笑）。神様にしちゃうとなんでもありということになるので、この距離感のバ ランスはすごく気を使ったし、けっこうメタ要素は減らした状態でゲームを作っていました。メタ要素は私は好きなんですが、どうしても合わないんですよねえ。やりすぎると、破綻するので。

——メタをやりすぎて説教臭くなってしまう失敗は私もしたことがあります。実際チャレンジングなものだったのではと思いますね。

大野 私の場合は作品のテーマとしても、売れる売れないに関わらず好きだから入れました。ただ自分も気を付けたところがあって、精神分析がテーマで悩みを吐き出すシーンが多いゲームなので、精神が不安定な人が遊ぶことを想定していました。そこで、メタ要素はありつつも、プレイヤーに「君はこうだ！」ってあまり言いつけないように気を付けました。

「いや、そんなことないです」って反発が想像以上にくるだろうなと思って、「それを決めるのは君自身である」というところになるべく落ち着けよう、ということは、わりと強く意識していました。プレイヤーに「君はこうだ」と断言しないように気を付けなきゃなと。

読者へのメッセージ

——最後に、本書を読む開発者に対してのメッセージをお願いできますか。

川勝 いまの時代、自分でゲームをリリースできるというのはとてもすばらしいことです。そこで必要となるのは、セルフプロデュース力です。「作って、出す」ということはできても、そのあとが必ず壁になっていきます。

それを乗り越えるために、まず自分で一回やってみる、アウトプットで動いてみることをどんどんやってほしい。気づくと自分が強くなり、世界と接点が持てるようになりますので。必ず自分の身を助ける一生ものの力であると、私は思っています。

大野 自分も同じく、はじめてゲームを作ってようやく見えてくることも多いので、最初はなるべく簡単なもので、完成の経験を積むのがいいんじゃないかなと思います。実際にアプリをリリースするときに、App Storeの手続きに関するハードルもありますし。1回、なにかしらリリースするというのが必要ですね。

あとは、日本のインディーゲームって個人開発の方が多い傾向があると思うのですが。「複数人で開発するのも楽しいよ」というのは言っておきたい思いがあります。あとは結局、ゲームって実際にリリースしてみないと売れるか売れないか誰もわからないんです。だったら好きなものを作ればいいかなと思っています。

——ありがとうございました。

第5章

ゲーム開発を「継続する」ために必要なこと

ゲームイベントへの出展・展示

インディーゲーム開発者としての活動を維持するためには、各種ゲームイベントへの出展は欠かせません。新しいゲームのアピールやアワードの獲得のみならず、パブリッシャーやほかの開発者など同じ産業内の人脈を広げたり、そのつながりを保ったりする機会となります。

イベント出展はなぜ重要なのか？

展示イベントへの出展にはさまざまな目的があります。大きく分ければ「ゲームファンへのアピール」「アワードの獲得」「メディアへの掲載」「パブリッシャーなどビジネス面での出会い」「開発者仲間との出会い」「締め切りの創出」になるでしょう。

ゲームファンへのアピール

みずからゲームイベントに参加するような、積極的で新しいゲームに飢えているゲームファンに、自分の作品を存分にアピールしましょう。ゲームファン向けアピールのポイントは、ゲームを知ってもらった瞬間にウィッシュリストに入れてもらうか、その場でゲームを買ってもらうことです。そうでなければ、いくらゲームが面白くても忘れられてしまいます！ ですので、ゲームファンをメインターゲットとするならばゲームの配信後であることが望ましく、可能であれば割引クーポンやその場で買えるゲームのダウンロードコードなども用意するとよいでしょう。

アワードの獲得

海外のイベントに出展する大きなモチベーションのひとつにアワードの獲得があります。アワードとは、応募ゲームの中から「最優秀賞」や「ゲームデザイン賞」といったジャンルごとに贈られる評価のことです。受賞アワードの数は、パブリッシャーなどビジネスパートナーの獲得に大きく影響します。イベントに参加したら、積極的に作品をエントリーしましょう。躊躇してもいいことはありません！

アワードへの作品提出は、申請書類などに手間がかかって作業コストが大きいと感じるかもしれません。しかし、アワードを受賞できれば、まずはメディアが取り上げてくれる確率が格段に上がります。ゲームイベントの特集記事でも「○○賞を獲得した作品」として注目されます。主催側が受賞作品を公式サイトに取り上げたり、SNSで取り上げたりといった宣伝効果も期待できます。たとえアワードに獲得できなかったとしても、「ノミネート」されるだけでメディアの注目を引くことになり、十分なアピールポイントになります。

さらに、もしアワードが獲得できた場合、「アワード受賞作である」ということをゲームの公式サイトやチラシ、ストアの説明文、トレイラームービーに掲載することでゲームのクオリティのアピールに大いに活用できます。アワードによっては、Steamやゲームストアで掲示するためのバナー画像を提供してくれるものもありますので、積極的に活用しましょう。

メディアへの掲載

ゲームイベントの開催期間中、大手のゲームメディアはイベントの特集記事を組みます。その中でインディーゲームが取り上げられる機会もあります。誌面を獲得するためにも、ブースにカメラを持った記者が訪れたら、なるべくゲームの紹介を行いましょう。また、取材を受けたときに記者と個人的につながることができれば、今後は記者に対してプレスリリースを送ることができますので、メディアに掲載される可能性が高まります。

メディア関係者の注意を引くためにも、各メディアには出展する旨をプレスリリースのかたちで事前に告知しておくとよいでしょう。メディアがイベントに合わせた独自のアワードを設けていることもありますので、その獲得を狙っていくのも作戦のひとつです。

パブリッシャーや開発者仲間との出会い

ゲームイベントには、ゲームビジネスに関係する企業、たとえばパブリッシャーや投資会社、ローカライズやマーケティングを行う企業などが多数来場します。そうした企業と話し合い、自分のゲームとシナジーの高い企業が見つかったら、あなたのゲームを拡大するパートナーになれるかもしれません。特にインディーゲーム開発者にとって重要なのはパブリッシャーとの出会いです。第4章の「パブリッシャーへのプレゼンテーション」で説明したように、「ピッチ」を準備しましょう。

ビジネス面だけではなく、同じ志をもつ開発者の仲間も見つけるようにしましょう。インディーゲーム開発者は個人または少人数でゲームを作り続ける生活を送るため、基本的に孤独です。同じジャンルで頑張っている開発者どうしでオンライン上の集まりを作ることで、技術的な交流や、お互いのゲームをレビューしたり、ゲームのリリースに関する情報交換ができます。

締め切りの創出

インディーゲームの開発は誰かから依頼された仕事ではないので、無限に作り込みができてしまいます。しかし、いつまで経っても完成しないままではゲームファンに届けることができません。

イベントへの出展を申し込めば、それが展示用デモの締切になります。第2章で紹介しているような「面倒だけど、実装しなくてはならないこと」をイベントに合わせて実装するモチベーションにもなるでしょう。少なくとも初見のプレイヤーが難なく試遊できるまでにゲームのブラッシュアップを行う必要があるのです。

ただし、なにもできていないのに無謀な申し込みをして、作品が間に合わずに当日出展できないということは起こさないようにしましょう。イベント主催者の迷惑となりますし、次回以降の申し込みができないなどのペナルティが発生する場合もあります。最低限動くものができてから申し込みましょう。

イベントの種類と選び方

世の中にはさまざまなゲームイベントがあります。一般のゲームファンに対して展示を行うもの、技術的なカンファレンス、インディーのためのビジネス向けイベントなど、さまざまな特徴があります。

イベントの種類と構造

現代のゲームに関するイベントはほぼすべて、なにかしらインディーと関係があります。

ゲームの展示が中心的なイベントの日程は、一般的に「ビジネスデイ（B2B）」と「一般デイ（B2C）」の2つに分かれています。

ビジネスデイはゲーム開発の業界関係者のみに許されている日程です。インディーゲーム開発者としては、交渉相手となるパブリッシャーやメディアとのつながりを作ることが主な目的となります。他方、一般デイは誰でも入場チケットを購入できる日程で、主にゲームファン向けのアピールが目的となります。

自分のゲームの段階が開発中ならばビジネスデイが重要ですし、すでに発売済みなら一般デイでの活動が大切になります。

また、技術カンファレンスの場合は来場者がすべて業界関係者となります。開発に有用な技術情報を得たり、ビジネス関係者へ自身のプロジェクトを見てもらうことが主な目的です。テストプレイのようなフィードバックは期待できませんが、今後の活動に有用な情報や人とのつながりを得られる可能性が高いでしょう。

オンラインイベントへの移行

2020年以降は、新型コロナウィルス感染症の影響により、多くのイベントがオンラインでの実施を余儀なくされました。Web上のバーチャルブースや動画番組、体験版の配信などで構成されたオンラインイベントは、人どうしの交流が生まれにくく、オフラインイベントと比較してなかなかビジネスのチャンスも作りにくいのが実情です。

オンラインイベント出展の心得は、メディアがバーチャルブースを見に来たときに、開発者への連絡先が目に入るようにしておくことです。自分のアカウントのプロフィール欄などに「メディアを探しています」というメッセージをつけるだけでも違います。ゲームファンに対しては、自分のゲームに興味を持ってくれた人がすぐに体験版やSteamなどのストアにたどり着けるように、リンクを張ったり、ゲームのWebサイトに誘導したりといった導線を考えておくとよいでしょう。

出展するイベントの選び方

ゲームイベントにまったく参加したことがない場合は、まずは開催日程の近いゲームイベントに一般来場者として参加してみましょう。展示のゲームを楽しむこともちろんですが、出展者がどんなブースを作っているか、チラシにはどんなことが書いてあるのか、ゲームが見つけやすくなる工夫はなんなのかを観察します（無論、展示のじゃまにならないように！）。

そのあとで、自分のゲームをどんなイベントに出展すべきかを考えはじめましょう。あなたがゲームを作りはじめたばかりの段階なら、まずは間口の広いコミックマーケットやデジゲー博に出展し、展示の経験を積むとよいでしょう。ゲームの完成度が上がってきたら、BitSummitや東京ゲームショウなど、海外も含めたメディアが多く参加するイベントでの展示に踏み切ります。さらに投資やパブリッシャーなどゲームに関するビジネスチャンスを掴みたいと考えるなら、海外のゲームイベントの出展に踏み切る、といったかたちです。

なお、第1章で紹介した「コミュニティ参加における注意点」と同様、人材派遣業者によるリクルートや出会い行為などの動きがみられる不審なイベントも残念ながら存在します。イベント出展を検討する際は、過去にそのイベントや主催団体においてトラブルがなかったかも含めて調べ、検討するようにしましょう。

海外のゲーム展示会については、現地での機材レンタルや渡航費、通訳者の雇用などさまざまなハードルがあります。したがって、自分ひとりで出展するのではなく、パブリッシャーとの契約後に、そのパブリッシャーが持つブースに出展する形式が一番堅実といえます。しかし、新型コロナウイルスの影響下において、ほとんどのイベントはオンラインで開催されるようになり、こうしたコストを度外視して参加できるようになりましたので、海外イベントへの個人での出展も現実的といえる状況にあります。

主要なゲーム展示イベント

以降では、インディーゲームを取り扱う主要なゲーム展示イベントを紹介していきます。このうちどれに出展すべきかは、自身の出展経験と開発中のゲームの段階に応じて検討しましょう。なお、2021年現在は新型コロナウィルスの影響により、一部のイベントは延期したり、オンラインに移行している場合があります。

デジゲー博

デジゲー博は、毎年11月ごろに開催される同人・インディーゲームの即売会です。国内のインディーゲーム関連イベントの中で最大の出展者数を誇り、日本のカルチャーの中心地である秋葉原で開催されています。多くの国内インディーゲーム開発者が集まり、デモの展示や販売を行います。

デジゲー博の特徴は、出展の可否を審査ではなく抽選で決めているという点です。これにより、ゲームの完成度にかかわらず誰もがブースを持つチャンスがあります（ただし、成年向けゲームは出展できません）。はじめての作品であったり、まだプロトタイプであっても展示が可能です。また、出展のための最小費用が電源込みで6,600円（2021年現在は感染症予防の空間確保のため11,000円）と安価なこと、学生や若い方の参加が多いこと、開催時間が11時から16時までとほかのイベントと比較して短いことが特徴です。したがって、はじめてのゲーム展示には最適のイベントだと筆者は考えています。

また、秋葉原という土地柄、ゲームに親しんだ方の来場数が多く、ゲーム開発者が見に来ることも多いです。

デメリットとしては、とにかく出展者数が多いため、来場者やメディアがすべての作品を見られないことが挙げられます。このため自分の作品に注目してもらえるブース作りが重要となります。

コミックマーケット

世界的に有名で国内最大のオタクの祭典コミックマーケット（以下、コミケ）では、古くから「同人ソフト」というジャンル（分類）の一部で自主制作ゲームが集い、展示・頒布を行っています。ゲームに興味のある層だけでなく、国内外から集まる幅広い参加者に見てもらえることがコミケの最大の利点です。少し前まではCD-ROMやCD-Rによる同人ソフト頒布が多くを占めていましたが、近年ではWebからゲームの実行ファイルをダウンロードできるカードの頒布が主流になりつつあります。

コミケには、「ゲームがあまりできていなくても、とりあえず動く体験版を100円で頒布する」という独特の風習があります。100円の体験版はさまざまな人が手にとってくれます。幅広いゲーム好きに自分のゲームを試してもらいたいときは、参加を検討するとよいでしょう。

BitSummit

BitSummitは、毎年夏ごろに京都で開催されるインディーゲームのイベントです。国際色豊かであることが特徴で、展示されるゲームの半数は海外のインディーゲームです。また、任天堂、Sony Interactive Entertainment（SIE）、Microsoftなどプラットフォーマーによる大型のブースもあり、そこでは海外のインディーゲームが数多く展示されます。総じて、関西のゲームファンにとって最新ゲームに触れられる貴重な場となっているといえるでしょう。

BitSummitには学生からファミリーまで多彩な年齢層のゲームファンが訪れますので、幅広い層にゲームを知ってもらえることに出展の意義があります。

出展できるタイトルは運営委員会の審査によって選出されます。出展の申込みには2,750円の審査料（2021年現在）が必要で、支払った審査料は返却されません。このため、申し込みの前に自分のゲームが選ばれそうかどうか、過去の出展者リストを見ながら検討するとよいでしょう。また、審査に通過した場合、出展費用としてさらに33,000円（2021年現在）が必要です。

ほかのイベントと比べて照明が暗く、音量の大きいステージイベントが行われているため、独自の照明器具を設置したり、ヘッドフォンを用意するなどの対策が必要です。また、海外からの来場者も比較的多いため、英語版のチラシを用意しておくとよいでしょう。

東京ゲームショウのインディーゲームコーナー

日本最大のゲームイベント、東京ゲームショウ（TGS）において2014年からスタートしたインディーゲーム開発者向けのコーナーです。TGSには、とにかく諸外国から多くの取材陣が訪れます。このため、インディーゲームを海外向けにアピールしたいのであればTGSへの出展が登竜門となります。

ただし出展費用は高くなり、最小ブースでも20万円程度かかります。また出展期間は4日間で、ほとんどの場合4日間ずっと出展する必要があります。4日間を1人で運営するのは大変なので、ブースのアテンド要員を雇うなどして、必ず2人以上で出展するようにしましょう。

かつては審査に通れば無償でインディーゲームコーナーに出展できるしくみもありましたが、2021年からはこの無償枠がTGSのイベント「センス・オブ・ワンダーナイト」のノミネートタイトル専用となりました。センス・オブ・ワンダーナイトは「これまで見たことのないような新しいゲーム体験」を対象とするなど独自のレギュレーションがあるため、これに当てはまらないゲームは無償枠の対象外となります。ただし、次年度以降はこうしたレギュレーションが変更になる可能性もあるため、実施要項をチェックするようにしましょう。

INDIE Live Expo

INDIE Live Expoは、インディーゲームを紹介する生放送番組です。多言語で4時間にわたってインディーゲームを紹介します。スポンサー企業による国内・海外のゲーム紹介があるほか、一般応募としてゲームのアピール動画を提出できます。2021年6月に実施された「INDIE Live Expo 2021」では、公募に採択されたタイトルは15秒間のCM動画を無償で流すことができました。

動画番組ですのでゲームの試遊などはありませんが、紹介されるゲームの数が多く、採択される確率が高いイベントです。

INDIE Live Expo
https://indie.live-expo.games/

TaipeiGameShow

Taipei Game Showは台北で開催されているゲーム展示イベントです。大小さまざまなゲームの展示が行われるイベントですが、インディーゲームコーナーがビジネスエリアの中央に大きく配置され、日本を含む海外からの出展の誘致を行っていることが特徴です。

筆者がTaipei Game Show 2018に出展したときのB2Bブース

筆者がTaipei Game Show 2018に出展したときのB2Cブース

台北の地元IT商工会が誘致の予算を出しており、選考に通過すれば日本からでも無償で出展が可能です。宿泊場所も用意してくれるため、数万円の出展保証金（開会後に返却されます）と航空券代、食事代があれば参加できてしまいます。日本からの距離も近く治安も比較的良いので、はじめて海外での展示会にチャレンジする場としては最適と筆者は考えています。

Busan Indie Connect

Busan Indie Connectは、『Thumper』を開発したMarc Flury氏が発起人となり、韓国のインディーシーンを作るべく立ち上がったイベントです。韓国では政府が映画・音楽をはじめとしたコンテンツ産業に補助金などのサポートを行っており、特に国際的に売り出す際の助成が大きいと言われています。その流れがインディーゲームにも流れ込んで、開発者が世界に向けてゲームをアピールする場ができています。

Busan Indie Connect
https://bicfest.org/

PAX

PAX（Penny Arcade Expo）は、ゲームのファン向けに特化した、アメリカとオーストラリアで開催されているイベントです。デジタルゲームに限らずボードゲームやコミックなども扱います。Pax East（ボストン）、Pax West（シアトル）、PAX Australia（メルボルン）など、さまざまな地域で実施されています。開発者どうしやファンとの交流が盛んで自由な雰囲気があるため、インディーゲーム開発者からも人気の高いイベントです。

PAX
https://www.paxsite.com/

Independent Games Festival

IGFは正確にはイベントではなく、アワードの名称です。サンフランシスコで開催される開発者向けカンファレンスGDC（Game Developer Conference）のいちトラックである「Independent Games Summit」内のイベントとして位置づけられており、その年にヒットしたインディーゲームに与えられる最高のアワードです。当然ながら、非常に狭き門です。

Independent Games Festival
https://igf.com/

E3のインディーゲーム関連エリア

E3（Electronic Entertainment Expo）はロサンゼルスで開催される世界最大のゲームイベントです。大型のゲームが注目されがちなイベントではありますが、インディーゲームの展示も多数行われています。MicrosoftやSIEなのどプラットフォーマーによるインディーゲームの展示のほか、インディーゲーム支援団体「IndieCade」のセレクションコーナーが配置されています。会場近くに同時開催されるイベントとしては開発者どうしのコミュニティやメディアとのつながりを作るための「Media Indie Exchange」や、ビジネスミーティングを中心とした「Game Connection」も併催されています。

E3
https://e3expo.com/

IndieCade
https://www.indiecade.com/

Media Indie Exchange
https://www.mediaindieexchange.com/

Game Connection
https://www.game-connection.com/

gamescom

ドイツの都市ケルンで開催される、ヨーロッパ圏最大のゲームイベントです。大型ゲームの展示も多数ありますが、インディーゲームの展示も数多くあり、周辺国のパビリオンブースに加えて、「Indie Arena Booth」というインディーゲーム展示エリアがあります。

gamescom
https://www.gamescom.global/

Google Indie Games Festival

Googleが開催するインディーゲームのコンテストで、日本でも開催されています。同社のAndroid向けストアであるGoogle Playストアにリリース予定のゲームが対象です。

トップ20タイトルにノミネートされたゲームはイベントで展示されるほか、そこから上位入賞者が投票で選ばれます。

Googleによるマーケティングサポートなどが提供されるほか、さまざまなスポンサーによる副賞も魅力です。

スマートフォンゲームを開発している場合は、ぜひ提出を検討しましょう。

Google Indie Games Festival
https://events.withgoogle.com/indie-games-festival-2021-japan/

そのほかのイベント

このほかにも、クロアチアで開催されている開発者向けイベント「REBOOT Develop」や、ビジネスの出会いを目的とした「Indie Game Business」など、数多くのイベントがあります。さらなる情報を求めるなら、海外イベントが大量に紹介されている「Game Conference Guide」を見れば、世界中のイベントが網羅されています。

Game Conference Guide
https://www.gameconfguide.com/

イベントへの準備

イベント出展にはさまざまな準備が必要です。当日なにを見せるのか、誰になにを伝えたいのかを踏まえた計画を立てましょう。

出展の申し込み

出展や応募をするイベントが決まったら、真っ先にやるべきことがあります。それは、「申し込み要項を全部読む」ことです。もう一度言いますが、必ず「申し込み要項を全部読む」ようにしてください。毎年出展しているイベントであっても、その年によってルールが更新されていることはよくあります。いつもどおりだろうとたかをくくっていると、実は自分の作品が出展要項を満たしていなかったり、出展に必要なデータの提出や費用の振り込みなどを見落としてしまうかもしれません。一度印刷して、マーカーをつけながら読むのがお勧めです。内容に疑問がある場合は、公式サイト経由で問い合わせるとよいでしょう。

申し込みのフォームには作品紹介や仕様など多くの記入事項がありますが、慌てて直接入力してしまうとWebページのリロードなどで消えてしまうこともあります。メモ帳や文書作成ツールなどに下書きを作ってから記入、提出すると手戻りを防げます。

当たり前のことですが、申し込みの際は締め切りの日時に間に合うように準備しましょう。海外イベントの場合は、「日本時間の何時になるのか」「サマータイムの影響はないか」に十分注意しましょう。「開催地でサマータイムが適用されており、想定していた1時間前に締め切られてしまった」といった悲劇もありえます。また、申し込みとは別に、出展料の振り込みやゲームのビルドアップロード、画像や動画の提出などにも締め切りが設けられていることがあります。繰り返します。要項をしっかり読みましょう。

展示スタッフの雇用

「デジゲー博」のように開催時間が短めなイベントならば、ひとりで展示ブースを運営することはさほど難しくありません。しかし、東京ゲームショウのように何日も連続して開催されるようなイベントでは、ブース運営のすべてをひとりでこなすのは大変です。また、ひとりでの運用だとすべての時間を自分のブースで過ごすことになり、ブースでのゲーム紹介以外の活動ができません。

そこで、開発チームか知人に頼むなどしてブーススタッフを確保し、複数人で参加することをお勧めします。スタッフがいることで、あなたはメディアのインタビュー対応やほかのブースへの挨拶、パブリッシャーなど重要な相手とのミーティングなど、ブース外での活動が可能になります。

展示機材の購入と作成

出展にはゲームを目立たせるための各種機材が必要です。イベント主催側が用意するのは「空間」のみ、あってもテーブルとイスだけであることがほとんどですので、そのブースを綺麗に見せるための飾りつけは自分で準備する必要があります。最低限、テーブルを覆うためのクロス（布）と、展示用のモニターが必要です。加えてポスターを立てる器具や、ゲームを説明するパネルなどを制作しましょう。

参考までに、筆者が展示会に出展する際の機材リストを載せておきます。

- モニター／モニターを乗せる台
- HDMIケーブル
- 電源タップ
- 展示用PCまたはスマートフォン
- ムービー再生用のPCまたはタブレット
- スピーカー（音出しが許可されている場合のみ）
- デバッグ・打ち合わせ用PC
- コントローラー
- 名刺
- チラシ
- テーブルクロス／固定用の安全ピンやテープ
- 粘着カーペットクリーナー
- ガムテープ
- 両面テープ
- ビニールテープ（黒、モニターの製品ロゴなどを隠すため）
- 工具一式（はさみ、カッター、ドライバー）
- LEDクリップライト
- ポスタースタンド
- チラシスタンド
- 名刺スタンド
- ゴミ袋
- ウェットティッシュ

+ ヘッドフォン
+ ホワイトボードまたは大きめのノート(書き置きに使用)
+ 操作説明を印刷した紙

電源周りは、イベントによりますが基本的に1〜2口しか使えません。電源タップは必ず持っていきましょう。電源からの距離もわかりませんので、長さにも余裕が欲しいです。最近ではUSB給電付きの電源タップもありますので、準備しておくとスマートフォンや周辺機器の充電もできて便利です。

なお、展示会によってはモニターなどの大型機材のレンタルサービスを紹介してくれたり、レンタル機材会社による機材の搬入に対応してくれるものがあります。機材レンタルの会社に依頼する場合は、まず会場側がそうした搬入を受け入れてくれるかどうかも確認しましょう。

長テーブルが提供されるイベントなど、ポスターを貼る壁がないブースの場合は、ポスターを帆のように立てておける機材があると、人混みの中からも自分のゲームを見つけてもらいやすくなります。また、ゲームの試遊のためのモニターを来場者の目線に合わせるため、台や箱を使用してモニターを設置するのがお勧めです。大型の機材を使用する場合は、左右の出展者に迷惑にならないか注意しましょう。

展示会によっては周囲の音が大きく、スピーカーを設置してもゲームの音が聞こえないことがありますので、ヘッドフォンの利用をお勧めします。

筆者の場合は、ガーデニング用の植木鉢台を転用して、試遊機を置く台に利用しています。専用の機材だけではなく、100円ショップで手に入るものでまかなえるものも多くありますので、予算が限られる場合は工夫してみましょう。

ブースレイアウトの設計

イベント出展をすることは、商店街でお店を開いて物を売ることに似ているかもしれません。なるべく目立って、少しでも多くの人にゲームについて知ってもらい、ゲームのデモに触れてもらうことを目指しましょう。

ブースの広さはイベントによってさまざまですが、大抵は1〜2mの横長スペースです。限られた空間の中で、どうすれば魅力的かつ効率的にゲームやグッズをアピールできるかが重要になってきます。「まぁなんとかなるさ」と当日なんとなく考えるのではなく、事前にある程度のレイアウトを考えて、家で一度シミュレーションしておくとよいでしょう。

ブースレイアウトの設計に関連する要素は次のとおりです。

- **ゲームのデモ版をどう配置するか**
- **コントローラーの有無**
- **モニターの有無**
- **会場の明るさ、照明の有無**
- **テーブルのままでなく布を敷く必要性**
- **大きなチラシは必要か、それを飾る方法**
- **グッズは直に置くべきか、コルクボードで吊るすべきか**
- **値段の表示方法**
- **支払いとお金の管理方法**

ぱっと思いつくだけでも多くの課題があります。これを当日いきなりなんとかするというのは厳しいですよね。

ブース内の機材配置においては、まずはイベントの設営ルールを確認しましょう。隣のスペースにはみ出してしまわないようにするのは当たり前で、イベントによって前後方向のはみ出しにも制限が明確に設けられています。出展者マニュアルを確認して、レギュレーションに反していないかを事前に確認しましょう。

そして、会場内における自分のブース位置から、人の流れがどのようになるかを考えます。どの方向にポスターやモニターを向けていれば目に入りやすいのかを検討しながら設計を考えましょう。

昨今においては新型コロナウィルスの影響もあり、ウエットティッシュに加えてアルコール除菌や飛沫防止のアクリル板などの設置も考えておくべきでしょう。

名刺の制作

イベントでは多くのゲーム開発者が自分のゲームを展示します。その中で埋もれずに自分のゲームを少しでもたくさんの人に覚えてもらうために、必ずゲーム開発者名義の名刺を用意しましょう。名刺といっても堅苦しく考える必要はありません。特定の人に手渡しするだけであれば名前（ハンドルネームでもOK）、連絡用メールアドレス（可能であればプライベートのものでなく専用のものを）、Webサイトの URL、SNSの IDなどがあれば十分です。名刺の印刷は、通常の用紙で200枚であれば2,000円以下で発注できます。もしチラシを印刷する場合は、それらを発注する流れで一緒に名刺も発注すると忘れずにすみます。一般のゲームファンに渡しても、あとで見返してもらえることはほとんどないかもしれませんが、たったひとりでも自分のゲームを思い出して興味をもってくれれば、最初はそれで成功です。

もちろん、名刺はビジネス面での連絡先交換としても機能します。たとえばパブリッシャーやグッズ制作会社、メディアや翻訳家、ゲーム向けの素材や楽曲の制作者などがブースに来たときに名刺交換ができるようになります。特にメディアに対しては、あとからメールで必要事項を送ったりなどのために連絡先を押さえておくことが重要です。学生やフリーランスなど、法人格がなくても名刺を作っておくことで交換のチャンスを作れます。「この人はキーマンだな」と思ったら、みずから名刺交換を持ち掛けましょう。名刺交換のマナーについては一般的なビジネスマナーを調べて覚えておくだけで問題ありません。

ただし、むやみに配布すると名刺に載っているメールアドレスがスパムメールの温床になるため、身元がわかる方だけと交換するようにしましょう。

チラシの制作

展示会に出展するならば、チラシを作っておきましょう。ブースに訪れてくれた人にチラシを渡すことで、ゲームの魅力や発売日などの情報をゲームファンやメディアの手元に残るかたちでアピールできます。

筆者が知るかぎりでは、ゲームイベントでのチラシはほとんどがB5で作られています。少数であればコンビニ印刷などでもかまいませんが、大型のイベントに出展するならば、チラシ印刷専門のサービスを使って用意しましょう。

チラシは、第3章で紹介した公式サイトやプレスキットの内容をベースに、次の要素で構成します。

- ゲームタイトル
- キャッチコピー
- キービジュアル
- ゲームスクリーンショット（数点）
- ゲームの特徴（数行）
- 発売予定時期
- 予定価格
- プラットフォーム
- プレイ人数
- 公式サイトやSNSのURL・QRコード
- ゲーム販売ストアのURL・QRコード
- 自分のゲームやプラットフォームの権利表記

チラシの構成はあなたがゲームにおいてなにを見せたいかでまったく異なります。見せたいものがキャラクタービジュアルなのかゲームのプレイ画面なのかで変わってきますし、全体のトーンもコメディなのかミステリーなのかといった作風によって異なります。ゲームの展示イベントや映画館で配布されている作品のチラシを収集して分析しながら、自分のゲームの魅力がしっかり伝わるレイアウトを考えましょう。

「ゲームの特徴」などの文章はたくさん書きたくなるかもしれませんが、チラシに載せる文字数は抑えめにしましょう。たくさん文章が書いてあっても読んでくれないことが多いからです。チラシを受け取った人が、会場でなにかに並んでいて手持ち無沙汰なときに見たり、家に帰ってカバンから出てきたときに思い出したりといったシチュエーションを考えながら、必要最小限の文書構成にするとよいでしょう。メッセージは短く、ビジュアルを多くとり、「ゲームのトレイラー動画を見てみたい」「ストアページでさらに詳細を知りたい」と思わせることを目指しましょう。

また、新型コロナウイルスの影響により国内のゲームイベントに参加する海外からの来場者は少なくなりましたが、本来イベントには世界各国からゲームファンやメディアが訪れます。そのため、チラシは英語・日本語両方のバージョンを用意しておくべきです。筆者の場合は、表面を日本語・裏面を英語にすることで、渡す人を選ばず配布できるようにしました。

さて、チラシは何枚印刷刷ればよいでしょうか？ それはイベントの日数・開催時間と、チラシを配布するスタイルによって異なります。TGSなどのファミリーも来るイベントで幅広いゲームファンに訴求したい場合は、ブースの前を通った人にどんどん配るスタイルになります。逆に開発者が中心のイベントならば、興味を持った人だけに渡す運用になります。どのような使い方がよいかは、自分がチラシを渡されたときの気持ちを思い出しながら決めていきましょう。

チラシの印刷にかかる費用は、サイズや用紙、制作日数にもよりますが、300枚であれば3,000円程度で印刷会社に発注できます。なお、チラシに「2021年リリース！」などの時期に関係する情報を載せてしまうと、その時期が変更になったときにチラシが使えなくなってしまいます。複数のイベントに参加するからといって、大量に印刷するのは避けたほうがよいでしょう。

ポスターの制作

遠くからも自分のブースが目立つようにポスターを用意しましょう。ゲームファンやメディアが遠くからブースを見たとき、ゲームの雰囲気や方向性が分かるポスターがベストです。チラシの内容をベースに、ゲームの魅力が一番伝わるスクリーンショットやキャッチコピーを目立つところに配置しましょう。

ポスターの印刷は、印刷会社の「大判インクジェット印刷」などのサービスを利用すれば1枚だけを数千円で発注できます。家庭用プリンターで出力したA4用紙を張り合わせて作る方もいますが、見た目があまりよくありません。事前にブースのサイズを調べて、適切なサイズで印刷会社に依頼しましょう。

ブースにパネルや壁があればそこにポスターを貼ることができます。人で隠れてしまわないよう、高めの位置に貼りましょう。テーブルタイプのブースの場合は、ポスターを吊るす機材が必要です。安全性や周囲のスペースに注意しながらセッティングしましょう。

また、ポスターとともに公式WebサイトやSteamストアページ、公式Discordサーバーなどに誘導するQRコードをブースに掲示しておくと、あとでプレイヤーやメディアにゲームのことを思い出してもらうためのフックになります。

グッズ販売と搬入

イベントによっては、有償での物品販売が許可されている場合があります。ゲームのグッズを制作しているのであれば、販売を検討しましょう（グッズの制作については、このあとの「ファン活動の推進」で解説します）。ただし、食品の販売が不可であるなど、販売できる物品が制限されていることもあります。出展者マニュアルを確認し、明記されていない場合は主催者に連絡しましょう。

販売が可能であることを確認したら、次に販売物品をどのように持ち込むかを考えます。小さいものであれば自分の手で持ち運ぶこともできますが、それなりに重量がある場合は配送業者の手配と、会場の搬入ルールの確認が必要です。基本的にはイベント運営が搬入ルールを決めていますので、勝手にイベント会場に送ったりするのは迷惑となるのでやめましょう。グッズ制作業者によっては製造したグッズを直接会場に送ってくれるプランもありますので、発注の際に調べてみましょう。

イベント来場者に向けたグッズ販売の告知も欠かせません。まずは事前に画像の「お品書き」を作り、SNSなどで公開するのが定番です。グッズが欲しい人はそれを見て手持ちのお金を用意します。

こうしたイベントでのグッズ販売は現金での取引が多いですが、その場合は事前にお釣りを用意する必要があるので注意しましょう。キャッシュレス決済はSquareなどのサービスを利用すれば専用端末で支払いができ、お釣りもいらないためお勧めです。また、グッズの売上情報は確定申告などの手続きに必要です。在庫管理アプリなどをスマートフォンに入れて記録しましょう。

イベント当日の動き

イベント当日にもやることはたくさんあります。より多くのゲームファンに作品を触れてもらえるように試遊の回転率を調整し、メディアやパブリッシャーとのミーティングをこなし、さらにはグッズ販売を安全に行わなくてはなりません。

試遊回転率の調整

来場者にゲームのデモを遊んでもらえると嬉しいものです。しかし、そんな中でたったひとりが長時間プレイを続けてしまう状況が起きることもあります。後ろに並んでいる人がいた場合、最悪途中で離脱してしまうかもしれません。そんな状況を回避するため、リトライ回数の制限や、プレイ時間に「10分まで」などの制限をかけるべきでしょう。開発に余裕があれば、展示用デモに試遊時間の制限をつけておくことで、次の人へスムーズに交代できるようになります。

また、もしかしたら来場者の中にとてつもなく熱狂的なファンがいて、開発者に会えたことに興奮し、ついつい長居してしまうかもしれません。当然、悪気があって長居しているわけではありませんが、イベントという限られた時間を有効に利用するために、頃合いを見計らって「今日はありがとうございました、またリリースされたらぜひ遊んでください！」や「貴重なお話をありがとうございます、今日もこれからたくさんの方々に知ってもらえるように頑張ります！」という優しい言葉でうまく切り上げましょう（決して怒ってはいけません、大切なファンのひとりなのですから）。

ゲームファンのみなさまにおかれましては、開発者に対して「もしかしたらイベント出展時は忙しくて大変かも」と気遣いをいただけるとたいへん嬉しいです……！

メディアや企業来場者への対応

イベントに出展する目的の中でも特に重要なのが、ゲームメディアからの取材や、パブリッシャーなどの企業との出会いです。ブースにそれらの人物が来た場合は、できるかぎり優先してゲームの紹介をしましょう。

メディアの記者は肩に「PRESS」や「取材」と書かれた腕章をつけています。また、会場が用意したパスなどに「メディア」や「パブリッシャー」「ビジネス関係者」などと書かれている場合もあります。普段から腕章やパスをよく見るようにしておき、そのような人物が来たらなるべく声をかけて作品をアピールしましょう。

また、話をしたあとは、忘れずに名刺交換をしておきましょう。スタッフを雇って複数人でブースを運営している場合は、一般来場者の対応をスタッフに任せましょう。イベントでは一般来場者に遊んでもらうことも大切ですが、メディア掲載や、パブリッシャーとのつながりもまた大切です。一般来場者が気を悪くしてしまわない範囲で優先して対応しましょう。

取材やミーティングのアポイントメント

イベントは情報と機会の宝庫です。ブースでたくさんの人にゲームを触ってもらうのと同時に、どれだけのキーマンと出会って話ができるかが成功の鍵といえます。キーマンとは、メディアの編集者やパブリッシャーの担当者など、あなたのゲームの発展にかかわる人物です。イベントによっては、ビジネスデイに取材やミーティングのアポイントメントをとるシステムが提供されています。第4章で紹介した「ピッチ」は、このイベント内でのミーティングでも機会を作れます。

さて、めでたくアポイントメントがとれてミーティングに入ったとします。そんなとき、「自分は口下手だから」などと尻込みする必要はありません。メディアやパブリッシャーはあなたの作品を知りたくてアポイントメントを受け付けていますから、しっかり資料を作っていけば大丈夫です。社会人経験が少ない方は、念のためビジネスマナーの本などを読んで、失礼がないように心がけましょう。

イベント出展中は、なるべく多くの人と話すために、食事に出かけている時間を少なくしましょう。大型のイベントにはフードコーナーがありますが、たいてい混雑します。10分で昼食が終えられるように、パンやおにぎりをあらかじめ買っておきましょう。ただし、その場で知り合ったメディアの記者や、開発者仲間と一緒に食事をとるならば別です。情報を仕入れながら胃を満たすことができますので、即席ランチミーティングはお勧めの手法です。（とはいえ、新型コロナウィルスの影響下では孤食が推奨されますので、その状況が良くなってからの話です）

感染症予防対策

基本的にイベント会場には不特定多数の人が出入りします。新型コロナウィルスの影響下において、各出展者はブースで可能なかぎり感染症対策を講じる必要があります。ゲームの体験版を展示する場合、ゲームのコントローラーやスマートフォンの画面はクリーナーを使って清潔に保ち、来場者の方が使える消毒液を設置しましょう。また、マスクの着用はもちろんのこと、アクリルパネルで飛沫防止策をとることも有効です。イベント運営のガイドに従って、しっかり感染症対策を行いましょう。

金銭の管理

グッズの販売を行うということは、そこで金銭のやり取りが発生します。来場者が会場に入ってきてグッズを購入しようとして「すみません、1万円でお願いします」などと突然言われたときに、お釣りの用意がなかったら大変です。事前にお札や小銭の準備を必ず用意しておきましょう。売るものによっても変わりますが、グッズが売れてきたイベント中盤〜終盤になればお釣りに困ることはなくなるので、あくまで前半戦で使いそうな分だけ準備しておきましょう。小銭は結構な重量があり持ち運びが大変です。先述したお品書きに「可能であればお釣りがでないようにお願いします」など書いておくとより良いかもしれません。

そしてもちろんのこと、金銭の管理をしっかりしなければ盗難につながる可能性があります。不特定多数の人が出入りする以上は、しっかりと対策をとりましょう。まずは雑に小銭を袋に投げ入れて管理するのはやめ、コインケースなどの利用をお勧めします。100円ショップなどでも金額別に入れられるコインケースが売られています。小型の金庫を使うのであれば、鍵をしっかり閉めてワイヤーで縛っておくぐらいがいいかもしれません。しかし、イベント会場には固定できる場所が少ないので、とにかく目を離さない場所に置くべきでしょう。ちょっとした休憩やお手洗いに行くときについ目を離してしまっては危険ですので、休憩は雇用したスタッフと交代制でもいいかもしれません。ひとりだけでブースを運営する場合や、どうしても席を外さなければならない場合は、お金をブースに置きっぱなしにせず、持ち運ぶようにしましょう。

SNSの活用

みなさんが普段使用しているSNSでは、日々ゲームの情報が流れてきているはずです。SNSを通じて新しいゲームの情報を得る人はとても多いです。SNSを宣伝やファンとの交流に活用しましょう。

SNSアカウントの運営

ゲームを販売するにあたって、SNSの活用は必要不可欠です。インディーゲーム開発者がSNSを使ったマーケティング活動を行う中で気を付けなければならない点をいくつか紹介します。

どんなSNSを使うべきか

代表的なSNSとしてTwitterとFacebook、チャットツールとしてSlackやDiscord、広義のSNSとしてInstagram、Tumblr、YouTubeなど、さまざまなサービスがあります。日本においてはTwitterが最も重要なSNSです。単に発売を告知するだけではなく、ゲームについての細かな情報提供や、開発の進捗報告、展示会への出展やアップデートの予告、不具合の報告やパッチのお知らせなど、プレイヤーにいち早く知ってほしい情報を配信します。

ただし、SNSを使うからといってむやみにフォロワー数を増やそうとする必要はありません。フォロワー数だけならギフト券を配るキャンペーンを打てばお金で簡単に増やせてしまいます。無意味に数を増やしても、その人たちはゲームを買いません。あなたのゲームに対して熱心なフォロワーを大切にすることが重要です。フォロワーを即席で増やせるような魔法のキーワードはありませんので、ゲームについての情報を継続的に発信し続けることが大切です。

開発の進捗報告の場としての活用

SNSは、ゲームのファンとの接点になります。ゲーム開発の進捗を画像つきで紹介しましょう。具体的には、ゲームのエディタ画面や開発中のバージョンから撮影した画像や動画をアップロードしていきます。スクリーンショットよりGIFアニメーションや動画のほうが目につきやすいでしょう。

なお、SNSではYouTubeの動画埋め込みはなるべくやめ、短い動画を直接投稿しましょう。外部動画サイトへの埋め込み動画はインプレッションが下げられているほか、再生までのワンタップがプレイヤーに動画を見てもらえる機会を逃してしまうためです。

SNSで開発の進捗を見せる手法は手軽にできますし、Twitterであればゲームのハッシュタグとともに公開していくことで、ファンの方々が過去ログを追いやすくなりますし、自分自身でも見返しやすくなります。ただし、開発の裏側を見せすぎるとゲームの神秘性を損なったり、クオリティ調整前の映像を載せたときに、品質の低いゲームだと思われてしまう危険性もあります。加えて、ビジュアルやシステムが特徴的なゲームの場合、悪意のあるクリエイターや会社に盗用される可能性もあります。なんでもかんでも見せるのではなく、ゲームのテーマや特徴に合わせて公開するものを選びましょう。

ゲームの知名度がまだまだ低い場合は、リリース当日にいきなり「新作をリリースしました」と叫んでもなかなかリツイートが伸びづらいかもしれません。そのため、Twitterで地道に開発進捗をアップしていくことで、リリースを待ってくれるファンや開発者の知り合いを徐々に増やしていくフェーズが大切です。

アップデートやバグ情報、バグ修正状況報告の場としての活用

SNSはフォロワーに対して素早く情報を送ることができます。ゲームのアップデートやバグの発生状況、その修正についての見通しなどを発信しましょう。バグとその対応状況のアナウンスを素早く行うことは重要です。ゲームには必ずバグが出ますし、プレイヤーはバグに不満を持ちます。しかし、プレイヤーはバグそのものに対してよりも、バグが開発者に把握されているのか、バグ修正がどのような進捗になっているかわからないことに対して不信感を持つものです。バグについてはなるべく早く状況を伝えるとよいでしょう。

ハッシュタグの活用

Twitterには、インディーゲーム開発者が自作の進捗を公開・共有するためのハッシュタグ「#screenshotsaturday」や「#gamedev」があります。開発中のゲームが発表済みであれば、このハッシュタグを使うことでゲーム開発者やゲームファンに自分の作品を知ってもらえるかもしれません。日進月歩の開発中スクリーンショットを共有することでゲームに対しての興味を持続させたり、リツイートされることで新しいファンとなりうる人の目に留まる可能性を上げられるのです。

ただし、ツイートの中にやたらとハッシュタグやURLをベタベタと貼り付けることは避けるべきです。ハッシュタグをつけすぎてしまうと安っぽさが出てしまうからです。多くとも4つ程度がよいでしょう。

ファンとのコミュニケーション

まじめな開発進捗だけではなく、ときには楽しいコンテンツを届けることも大切です。「MMOで最初に選ぶ職種は？」という投票や、「横スクロールゲームで最も辛かった瞬間をリプライで教えてください！」など、開発しているゲームのテーマに絡んだ話題でコミュニケーションをとってみるとよいでしょう。開発中のゲームがバグったときに面白い映像になったら動画にして投稿する、といった手法もあります。ただし、世界観を壊してしまう映像や、プレイヤーが困るようなバグの動画はネタにしないようにしましょう。

ほかにも、ネットの流行ネタ（インターネット・ミーム）に**安全**に乗っかるというやり方もあります。安全というのは、「実在の人物を中傷したり著作権侵害にならない範囲でやりましょう」という意味です。フォロワーに笑いを届けて、身近に感じてもらいましょう。

「シェア希望」は積極的に！

イベントの出展情報や、発売日告知など、大きめな新情報を出したときは、すかさず「シェア希望」「RT希望」などのコメントを添えて、ファンに対して協力を求めましょう。少しでも多くの人の目に触れてもらいたいのであれば、恥ずかしがっている場合ではありません。ただし、普段からそういったツイートばかりを連投していると飽きられフォローを外されてしまいます。

ここぞのタイミングでファンへ拡散の協力を呼びかけましょう。

また、より積極的にシェアしてもらうために、リツイートなどに対してちょっとしたインセンティブを提供する手もあります。たとえば、リツイートしてくれた人へ無料のスマートフォン・PC用の壁紙画像を提供したり、抽選で開発版へのアクセス権限を与えるキャンペーンの実施などが挙げられます。

そのほかに発信できること

ゲームの開発進捗以外にも、発信できる内容はまだまだあります。たとえば、本章でも解説しているイベント出展の告知や、グッズの販売情報なども発信できるでしょう。また、メディアがゲームについての記事を書いてくれたときにその記事のURLを共有したり、ファンアートやゲームの情報に関する感想をリツイートするなども積極的に行いましょう。マメな運用が大切です。

SNSにおけるファンとの適切な距離感

インディーゲーム開発者は個人と作品の結びつきが非常に強く、したがってファンとの距離も必然的に近くなります。ゲームはプレイしてもらってはじめて作品として成立するものです。ファンを大切にしながら、みずからのゲーム開発がより快適に進むことを第一にSNSを活用しましょう。

個人アカウントとブランドアカウントを分けるべきか

個人アカウントでの発信内容がゲームとかけ離れていることが多い場合は、ブランディングとしてゲーム情報発信専用のアカウントと分けたほうがよいでしょう。ただし、アカウントを分けると、フォロワーが分散してしまい影響力が下がるというデメリットもあります。

また、ブランドアカウントを作った場合はそれを「運営」する必要性が出てきます。ゲームファンにとって、SNSを通じてスクリーンショットやPVを見たり公式アカウントと交流したりすることは、ゲームによってもたらされる体験の一部です。分けるならば専任の担当をつけるなどして、「更新のないアカウント」となることを避けなくてはなりません。

ファンとの交流における距離感を誤ると、ゲーム開発に支障をきたしてしまうなど、逆にファンをがっかりさせてしまう結果にもなりかねません。しかし、作品と開発者は切っても切り離せないものです。Twitterなどで「創作者は日常を見せず作品だけ見せていたほうがいいか？」という質問を投げ掛ける人を時折ときおりみかけますが、その反応を見るかぎりそこまで気にしなくても大丈夫なのではないかと考えています。単純にあなたが分けたほうがよいと思うか思わないかで決めてしまってかまいません。

以下ではSNS活用におけるファンとの交流のしかたを3つのパターンに分類してみました。あなたのスタイルに合ったパターンを適用してもらえればと思います。

「とにかくプライベートは一切明かさない」パターン

ゲーム作品の紹介に注力しプライベートは見せたくないのであれば、個人アカウントで作品に関する発信はせず、ゲーム公式アカウントや開発チームとしてのアカウントを別に作るのが適切でしょう。ゲームの活動に関係がない写真などのデータも極力アップロードすべきではありません。また、このパターンでは基本的に、サポートに関するもの以外、返信などもしないほうがよいでしょう。あくまでしっかりとした企業アカウントのように、感情を表に出さず淡々と、業務として運営していきます。冷たい印象になるかもしれませんが、堅実にトラブル少なく運営していけるパターンです。

「ほどほどな距離感を保つ」パターン

ハンドルネームやチーム名などの匿名で、あなたの個人情報がわからない程度にSNSでファンと交流するパターンです。人と話すのが苦ではないのであれば、ファンからのリプライに対しても気楽に返事をし、ゲームと直接関係のないツイートや画像を投稿したり、自分の作品以外のゲームの情報をシェアしたりもして、フォローすると楽しい情報が得られるアカウントとして運営しましょう。ファンとの距離が近くなるのでときには様子のおかしな人に絡まれれることもあるかもしれませんが、そういった人には基本的には返事せず、そっとミュートするのが一番です（ブロックをしてしまうと相手にわかるため、刺激してしまうことになります）。ゲームに対する要望のリプライもたくさん来ます。お金を払ってゲームを買ってもらっていますので、無茶な要望もついつい聞こうとしてしまいがちですが、「できることはできる、できないことはできない」という意思をしっかり示しながら交流していきましょう。

「ファンとがっつり交流して仲間のように」パターン

非常に難しい運用方針ですが、積極的にファンと交流して、ゲームプロジェクトの仲間としてどんどん引き入れるパターンです。ファンと友人のようにリプライを送り合い、ゲーム内容にもどんどん関わってもらうのです。実際にこうした方針でSNSとゲームプロジェクトを運用している開発者もおり、開発者や作品の特性によってはこのスタイルが適していることもあるでしょう。

ただし立場はあくまで「開発者」と「ファン」です。それ以上の深い関係を望もうとすることはトラブルのもとですので、こうした方針を採用する場合でも、距離感については意識しましょう。

Discordの活用

Discordは、ボイスチャットツールを軸とした半クローズドなSNS兼コミュニケーションツールです。コミュニティごとに「サーバー」を作り、その中の部屋にあたる「チャンネル」でテキストや音声による交流を行うことができます。参加者のアカウントごとにアクセス権限を細かく管理できることも本ツールの特徴です。

Discord
https://discord.com

インディーゲームにおけるDiscordコミュニティ

英語圏のインディーゲーム開発者のあいだでは、Discordの活用がファンコミュニティを醸成するための定石になっています。開発チームやゲーム公式のDiscordサーバーを作り、ベータテストの実施とそのフィードバックや、プレイヤーからのバグ報告と修正対応の状況報告、ゲームバランス調整やアップデートの告知など、ゲームのファンとのコミュニケーションを行います。

当たり前ですが、ただ単にサーバーを立てただけでは忘れられてしまって終わりです。可能であれば開発チームで「コミュニティマネージャー」となる人物を決めて、サーバー内で話題が枯渇しないように維持していくことが重要です。

Discordにはボイスチャット機能もありますから、対戦ゲームの場合は対戦の待ち合わせと対戦中のボイスチャット部屋として活用できます。また、動画配信もできますので、開発者がゲームの開発進捗を見せるしくみとしても利用できます。

Discordサーバーの運用方針はゲームジャンルによって千差万別なので、成功しているインディーゲームの先行事例を見て参考にするとよいでしょう。

コミュニティサーバー機能

Discordには「Community Server」と呼ばれる機能があります。この機能をオンにすると、全体アナウンス用の機能を使えたり、サーバー加入時にウェルカムページを表示したり、ルールやガイドラインを表示するための専用チャンネルなどが使えるようになったりします。Community Serverについては、Discord公式のサポートページを参考にしてください。

Enabling Your Community Server
https://support.discord.com/hc/ja/articles/360047132851-Enabling-Your-Community-Server

チャンネル構成

Discordサーバー内にはいくつもチャンネルを作成できます。たとえば、新たにサーバーに参加したファンへルールの説明を行うチャンネル、公式アナウンスチャンネル、よくある質問をまとめたチャンネル、バグレポートのためのチャンネルなどを作るとよいでしょう。また、プレイヤーが自分のプレイの様子をアップロードできるチャンネルなど、交流を促進するチャンネルを複数用意するのもいい考えです。

このほか、ゲームテーマに沿った周辺文化の話をするチャンネルなどもあるとよいでしょう。たとえば、ロボットゲームならほかのロボットゲームやアニメの話ができるチャンネルを作ったり、ゲームと関係なく「今日の飯テロ」のチャンネルを作ったりといったことです。

以上を踏まえると、たとえば次のような構成が考えられます。

+ **#announcements**：参加者全員へのアナウンス
+ **#faq**：よくある質問
+ **#helloまたは#newcomers**：新規加入者のあいさつ場所
+ **#randomまたは#offtopic**：雑談
+ **#spoiler**：ゲームのネタバレを含む会話
+ **#screenshots**：ゲームのスクリーンショットのアップロード
+ **#fanart**：ゲームのファンアート紹介・投稿
+ **#bugsまたは#bugreport**：バグレポートやその対応状況の公開
+ **#feedbackまたはdiscuss**：機能要望
+ **#dev-updates**：開発アップデート、更新報告
+ **#matchまたは#lobby**：対戦・協力ゲームにおける待ち合わせ場所

最初からあまりにも細かくチャンネルを分けると話題が分散してしまいますし、逆にチャンネルが少なすぎると異なる話題がひとつのチャンネルで同時進行して見づらくなってしまいます。最初はチャンネル数を絞って、人が増えてきたら徐々に分割するとよいでしょう。

Discordサーバーを用意するタイミング

サーバーの用意は、ゲームのベータ版を限定的に配布できる状態になったときに行うとよいでしょう。まずはベータ版を配布したプレイヤーたちを招待し、バグ報告や機能要望などに使ってもらいます。その後、アーリーアクセスの開始時や製品版のリリース時にオープンにし、ゲームのファンが参加できるようにします。

ゲームに触れるようになる前の段階、たとえばトレイラームービー公開などのタイミングでサーバーをオープンにしてもかまいませんが、参加者はやることがありません。文字ベースの謎解きイベントを実施したり、ゲームの世界観に関連する投票や話題提供を行ったりなど、なんらかのアクティビティを常に設定し、コミュニティが枯れないように維持する計画を立てましょう。提供する情報や体験については、次の「ファン活動の促進」で紹介します。

ファン活動の促進

筆者は「ゲームはプレイヤーがプレイして、はじめて完成するもの」と考えています。開発したゲームが誰かに遊ばれるということは、ゲーム開発者とプレイヤー間で一種のコミュニケーションが生まれるということです。ゲームは販売して終わりではなく、ゲームを知って楽しんでくれたプレイヤーを「ファン」に変えていく活動も含めてゲーム開発なのです。そして、そのファンがゲームにもっと関わりたいと思ってくれたときのためにファン活動の下地を作っておくことで、よりゲームのことを好きになってもらい、ゲームについて情報を広げてくれる「サポーター」に変えていきます。

たとえば本書の執筆に協力いただいているyuta氏が開発した『Strange Telephone』というタイトルでは、リリース以降、多くのプレイヤーがSNSにファンアートをアップロードし、一時的にTwitterのトレンドに入る、というちょっとしたムーブメントが起こりました。SNSでのトレンド入りは運の要素も大きく、『Strange Telephone』の場合は偶発的に起こったものだったそうですが、あらかじめファン交流の接点を複数用意しておくことで、その確率を上げられます。

また、本書の対談にも掲載している『くまのレストラン』開発のDaigo氏（Odencat）は、複数のゲーム作品にわたり独自の作風で統一し、作家そのものへのファンを作る活動をしています。

インディーゲーム開発者はそれぞれの方法でファン活動を促進しています。以降ではそのベーシックな手法として「ファン活動への材料作り」「ファン活動のガイドライン作り」「グッズの制作と販売」の3つを紹介します。

ファン活動への材料作り

ゲームの持つ世界観を広げたり、ファンが「自分はこのゲームが好きである」とアピールしたいときの材料を色々と用意しておきましょう。ゲームに関する情報の発信、グッズ、ほかのインディーゲーム開発者とのコラボなどで、ゲームを買ってくれたあとも引き続きゲームに興味を持ち続けてもらいます。

Web上のインバウンドマーケティング

ゲームのファンに対する活動は、専門用語でいうところの「インバウンドマーケティング」にあたると筆者は考えています。ゲームに関心を持ってくれたプレイヤーは、ゲームに関する情報を求めてゲームの公式WebサイトやDiscordサーバーにやってきます。そんなプレイヤーに対して多くの情報や体験を提供して、興味を持ち続けてもらえるようにします。ゲームに興味を持ってくれた人をファンに育て、さらにはゲームについて積極的に広めてくれるサポーターになってもらうことを目指しましょう。

具体的には、以下のような活動ができます。

- ゲームに関する新しい情報をTwitterやDiscordなどで常に更新する
- ファン向けのメールマガジンを発行する
- 開発の様子を動画配信する
- オープンチャットなどで、開発者とファンが直接交流できる機会を設ける
- アクティビティを実施する。たとえば「ゲームのスクリーンショットを使ったフォトコンテスト」「キャッチフレーズの公募」「ゲームのコンセプトに近い風景や場所、写真などのコンテスト」など

重要なことは、こうした活動を通じてファンとの信頼を築いていくことです。開発者や作品の思い入れを高めてもらい、ファンが自発的にゲームについて話題にしてくれるよううながし、作品の知名度向上につなげていきます。

ほかのインディーゲーム開発者とのコラボレーション

インディーゲーム開発者どうしが、お互いのファンにそれぞれのゲームに興味を持ってもらうため、キャラクターやアイテムなどでコラボレーションを行う手法があります。「ゲストキャラクターとして別のインディーゲームのキャラが出てきたりする」、などです。コラボレーションはゲームの世界観を守るという観点から難しい部分もありますが、ファン層がある程度重なっているゲームどうしであれば、ファン側も嬉しいサプライズになります。効果的に使っていきましょう。

ファン活動のガイドライン作り

ファンの手による二次創作は、創作者にとって嬉しいものです。「この作品が好きだ」という衝動で絵を書いたり作曲をしたりといった二次創作を見ると、作品への愛を感じますし、やる気にもつながります。また、最近はゲームの動画による実況配信も盛んで、ゲームのことを知ってもらうきっかけになります。これらは第三者による活動ですが、ゲームを販売するということはそのゲームに関して責任が生じるということですので、あなたのゲームにまつわるトラブルを未然に防ぐ手立てを用意しておくと安心です。事前にガイドラインとルールを整備しておきましょう。

ファンアート文化への向き合い方

二次創作の代表的な活動として、ファンアート（FA、Fanart）という文化があります。あなたが開発したゲームのキャラクターや世界観を気に入ってくれたファンの方々がイラストを描いて公開する活動です。

誰かが自分自身が好きなゲームのファンアートを描きたいと思ったときに「勝手に描いていいのだろうか？」「開発者が嫌がってしまうかもしれない」といった不安を感じてしまうことがあるかもしれません。ファン活動の文化はコミュニティによっては想像以上にセンシティブだったりします。もし開発者がファンの方々にそう思われてしまっては双方にとってマイナスで、大きな機会損失へとつながります。

そういった要因を排除し、「ファンアートを描いてもいいんだ」と認知してもらう第一歩は、「ファンアートを描いてもらえると嬉しい」ということを公に発言することです。

そんなに直球でいいのかと思うかもしれませんが、現代のSNSの流れを見るかぎり、悪意のない直接的な表現は受け入れてもらえるというのが筆者の印象です。次の手として、ファンアートを含む二次創作の取り扱いに関するガイドラインを設けることを検討しましょう。ガイドラインの内容は、創作者であるあなたが自由に決めてかまいません。すべての二次創作を禁止してもいいですし、「なにをしてもOK」としてもかまいません。

二次創作に関するガイドライン

特にキャラクタービジュアルに強みがあるゲームでは、知名度が上がってきたタイミングで二次創作が盛んになってきます。そうなってくると、あなたが意図しない表現をされたり、自分が販売しているグッズと同じようなグッズが二次創作として販売されるなどのトラブルが起きる可能性があります。事前にファン活動に関するルールを制定し、公式サイトに掲示することで、トラブルを低減できます。

たとえば、「イラストや同人誌の制作は可能だが、二次創作グッズの制作をは禁じる」というもの、「二次創作を行う条件として「『ゲームをクリアしていること」』を条件として課すもの、同人イベントのみでの頒布を許可するものなどです。また、二次創作の内容に制限をかけることもあります。成人向け描写、性格や外観の改変、別作品のキャラクターとの組み合わせなどの許容・不許可といったガイドラインです。最近では動画実況者をゲームの世界に組み込んだファンイラストなども盛んですが、それらを許可・不許可にするかも考えておきましょう。あなたが作品を作ったのですから、そのキャラクターをどう扱いたいか、どんなゲームファンに届けたいかで決めていきましょう。

有名なインディーゲームでは『Ib』『Undertale』などがわかりやすい二次創作ガイドラインを定めています。こうしたガイドラインがあることで、ファンが安心して活動できます。

フリーゲーム「Ib」のガイドライン
https://kouri.kuchinawa.com/rule.html

UNDERTALE同人活動ガイドライン（オリジナル版）
https://undertale.tumblr.com/post/139726155020/changing-policy-on-fan-merch

UNDERTALE同人活動ガイドライン（有志による日本語翻訳版）
http://hatoking.com/journal/1961.html

ガイドラインの詳しい内容に関してはゲームごとに異なるため、大まかな記載項目を紹介します。

+ 簡単な挨拶（作者からの直接のお願いで信憑性が増す）

- 免責事項(作者と関係のないところで責任を負えないという旨)
- 素材の利用について
- 二次創作グッズの販売方法について
- 二次創作ゲームの制作・販売方法について
- 原作(自分が開発したゲーム)との関係性
- 成人向けコンテンツ(R18、18禁)の承諾・拒否
- ガイドラインの適用範囲(ゲームごとに分けたいのであれば、その旨を記載)

「素材の利用について」、という項目は、たとえば動画配信をしたい、ブログ記事を書きたい、動画のサムネなどの素材として使いたいといった場合にスクリーンショットを切り取ったり加工したりしていいかどうかなどを定めることです。公式Webサイト上の画像に関する取り扱いも一緒に記載するとよいでしょう。

動画配信に関するガイドライン

昨今ではゲームプレイヤーや実況者がゲームのプレイ画面をYouTubeやTwitchなどで配信する楽しみ方が一般的となっています。

実は、これらの動画配信は基本的に著作権侵害にあたります。よく「ゲーム動画配信がそのゲームの宣伝になっている！」といわれることもありますが、その理論は逆もしかりです。そもそもそのゲームが存在してはじめて、そのゲーム動画が存在するのです。ゲーム開発者側としてもファンやプレイヤーの方々に楽しんでもらいたい、宣伝になるのであればぜひ動画配信を楽しんでいただきたいと思っているわけです。

最近では大手ゲーム開発会社も動画配信に関するガイドラインを独自に定め、一定のルールのもとであれば著作権を行使しないこととしています。例として、ゲーム会社の動画配信などに関するガイドラインを紹介します。

ネットワークサービスにおける任天堂の著作物の利用に関するガイドライン
https://www.nintendo.co.jp/networkservice_guideline/ja/

『あつまれ どうぶつの森』を利用される企業・団体の関係者のみなさまへのお願いとお知らせ
https://www.nintendo.co.jp/animalcrossing_announcement/ja/

カプコン動画ガイドライン(個人向け)
https://www.capcom.co.jp/site/privacy_06.html

インディーゲームについても、動画配信に関するガイドラインを開発者が事前に準備しておくとトラブルを防止できます。ファンが安心して動画配信できるとともに、ゲームの売上向上につながる可能性が高まります。

そこで、ゲームの公式サイトやゲーム内に「動画配信に関するガイドライン」のページを作成し、ファンに対して、このゲームが動画配信を許可しているか、許可する場合はどんなルールがあるのかを伝えましょう。ゲームがどこまで動画配信可能なのか、また動画配信を許可するにあたって、作品のイメージを著しく毀損するような内容を防止しておく必要があります。

たとえば、動画配信を許可する場合に想定できる注意内容は以下のとおりです。

> 本作はチャプター○○までが配信可能です。ただし、キャラクターの差し替えなどのゲームを改造した上でのプレイは禁止します。また、視聴者や第三者に対する暴言、誹謗中傷等を含む動画の公開は禁止です。また、動画の配信Webサイト上の概要欄に、以下のようにゲームタイトルとゲームの販売ページURLを記載してください。
>
> 「ゲームタイトル」
> http://<ゲームの公式Webサイト>.com
> http://<ゲームの販売Webサイト>.com
>
> 以上を守っていただく場合は、動画収益化が可能です。

動画の概要欄にゲームのURLを載せる義務を課す場合は、このように具体的な記載例を書いておくとわかりやすいです。逆に、動画配信を許可しない場合は以下のように表記しておくとよいでしょう。

本作はシナリオを中心としたゲームです。ゲーム実況動画、ならびに解説動画などへのゲームのキャプチャは一切禁止します。これに違反している場合、法的措置をとることがあります。

ゲームの実況動画は、視聴者に対して「自分自身で遊ぶことでわかる楽しさ」まで伝われば開発者としては一番嬉しいので、うまく共存していければよいなと願っています。

誹謗中傷を受けたら

SNSアカウントの運営やファンとの交流においては、ファンとの交流の中で暴言を受けたりなど、理不尽な思いをすることがあるかもしれません。そういった際、たとえばTwitterであれば被害にあった場合の最善手は「ミュート」です。ブロックしてしまうと相手からブロック状態が見えてしまい、逆上した相手がさらなる嫌がらせをする可能性があるためです。

誹謗中傷が長期にわたる場合は、警察・弁護士に相談するべきです。自分が小さな開発者だから、と考えず早めに自分の身を守りましょう。そうした行動にはほかの開発者の被害を全体で遠ざける効果もあります。また、イベント出展時に長時間の居座りや作品への罵倒などの迷惑行為があった場合は、すぐにスタッフに相談しましょう。

グッズの制作と販売

ゲームそのものだけではなく、ゲームが作る世界観を「グッズ」で表現し、ファンに向けて販売する考え方があります。イベント会場やオンラインで販売することで、ファンの満足度を上げたり、影響は小さくともゲームプロジェクト全体の収益を底上げしたりできます。

グッズを作るモチベーション

自分のゲームのオリジナルグッズを作ると、自分自身も嬉しいですし、ファンにも喜んでもらえます。好きなゲームのグッズは「物」として持っておきたいと思うものです。ゲームならではの世界観を表現できるグッズなら一番ですし、たとえば設定資料集を作るなら、紙の種類ひとつとっても「ほかとは違うここでしか買えないモノ」と感じられるこだわりのオリジナルなものを制作できれば、ファンやプレイヤーとの距離もより一層近づくでしょう。

インディーゲームの開発は2〜3年かかるのが当たり前で、ゲームが発売されて売上が入ってくるまでの資金確保が厳しいことがあります。ゲームに関連したグッズを作ってファンへ販売することで、活動資金を少しでも厚くしましょう。ただし、「大きな収入源として……」とは考えないほうがよいかもしれません。グッズ販売はあくまでファンサービスに近いもので、「これをきっかけに開発者に対するファンが増えて、今後新規で開発しリリースするゲーム本編が売れるようになればいい」もしくは「ゲームにもっと興味をもってくれればいい」と考えましょう。

どんなグッズを作るのか

では、どんなグッズの制作が可能なのでしょうか。手軽で在庫を置く場所に悩まないグッズとしては、ステッカー（シール）や缶バッジが定番です。制作費用がそれほどかからず、ファンの方にも気軽に手にとってもらえます。うまくいけば、貼ったステッカーを見た人に「これってなんのキャラクター？」と興味をもってもらえる可能性もあります。安価なので、イベントなどで無償配布グッズとして活用する方法もあります。

もしキャラクターを主軸においたゲームであれば、少しコストは上がりますが、ラバーストラップやアクリルキーホルダーなどもお勧めです。最近はアクリル板の簡易フィギュアの制作コストが下がり、インディーゲームのグッズとして人気があります。

とはいえ、安易にゲームのアートをいろいろなグッズに印刷して販売する方法は、正直ブランディングという面では好ましくありません。むしろグッズの種類は少数に絞って、新規のイラストを使うなどしてクオリティを上げたほうが購入者の満足度が高まります。

キャラクターが存在しないゲームであれば、ファンブック（攻略チャート、開発の裏話）や小説版を作って販売したり、ゲームに登場するアイテムをグッズ化してもよいかもしれません。

ゲームのサウンドトラックCDや、設定資料集の冊子など、ゲーム開発の過程でできた素材の活用もよいでしょう。楽曲については、デジタルデータの販売や音楽配信サービスを使った配信も盛んですし、カセットやレコードなどを作っているインディーゲーム開発者もいます。制作の難易度が高いものもありますが、いろいろと調べてゲームの世界観に合ったグッズを作っていきましょう。

データ入稿時の注意点

オリジナルグッズといっても、基本的には自作ではなく、業者に制作を発注することがほとんどです。その際に最も気を付けなければならないのが、入稿用データを作成するソフトウェアです。ほとんどの業者はPhotoshopかIllustratorで作成したファイルを入稿するよう指定しています。これらは有償のソフトウェアですので、発注をする前にまずは入稿可能なデータ形式を確認するようにしましょう。なお、最近では業者のWebサイトに、グッズに合わせたテンプレートファイルを用意してくれている場合もあります。また、画像データをWebサイトにアップロードし、専用ソフトウェアで位置やサイズを調整して入稿できる業者もときおり存在します。

もうひとつ気を付けなければいけないのが、データを入稿してからグッズが完成して届くまでの日数です。

グッズを販売するとなると、イベントに合わせたり、オンライン販売ならSNSで告知したりすることになるかと思いますが、ほとんどの場合「今日入稿して明日届く」というわけではありません。十分な余裕をもって依頼、入稿できるようにスケジュールを設定しましょう。ギリギリの日程を組んでしまうと、データ不備があった場合などに対応できません。業者によっては特急で制作してくれるサービスを設けているところもありますが、たいていは制作費用が上乗せされます。「イベントの前日にようやくグッズが届き、徹夜で梱包作業をして次の日のイベントに参加する」という状況になるととても辛いので、余裕をもってスケジュールを立てましょう。

また、ゲーム用の素材を活用してグッズを作る場合は、素材の制作者にグッズ化してもよいかを確認する必要があります。第2章の「アーティストへの素材制作依頼」でも述べましたが、グッズに使う計画があるなら、契約内容などであらかじめその旨を指定しておくとよいでしょう。

また、素材を活用するにしても追加の作業が必要です。サウンドトラックCDであればCD用に音圧や音質を調整するマスタリング作業が必要ですし、設定資料集であれば冊子の構成を考えたり、DTP作業、文書を制作する過程もあります。

発注量の決め方

どのくらいの量のグッズを生産するかは人によりますが、インディーゲームの規模であれば基本的に「小ロット」に該当するはずです。たいていの場合、発注数は100以下になるなのではないでしょうか。ちなみに、基本的には発注数が多ければ多いほど制作単価が安くなります。

もちろん、ひとつのイベントだけですべてをさばく必要はありません。さまざまなイベントやネットで販売することを見越した発注数としてもよいでしょう。ただし、借金をして「このグッズを売れば返済できる……」と考えるのは危険ですので、お勧めしません。予算には余裕をもって行動しましょう。

ステッカーのように場所をとらないものであれば数百枚あってもよいかもしれません。制作コストも低く軽量なため、万が一売れなかった場合でもノベルティというかたちで無料配布しやすいです。

アクリルキーホルダーやフィギュアについては、最大で100個くらいにしておいたほうが無難でしょう。あまり多く発注すると保管のための置き場所に困ってしまうかもしれません。けっこうな重量があり、イベントに持っていくときにも苦労します。

発注料がわからないという問題への解決策として「受注生産」というしくみもとれます。ゲームの公式Webサイト、もしくはイベント会場で注文だけ受け付け、ある程度注文がまとまった段階でまとめて業者に発注するという形式です。

また、SUZURIやpixivFACTORYというサービスでは、データを登録しておくだけで注文があったときに印刷して発送までしてくれます。在庫リスク、返品対応などのトラブルを回避できる一方、開発者に支払われる金額は一気に少なくなります。お金、場所、スタッフに余裕があればイベント会場で直接販売したいですが、大きな予算がない場合は、無理せず受注制作というしくみを使うのも手です。

衣類グッズは魅力的だが……

Tシャツやパーカーといった衣類グッズの制作はとても魅力的です。ファンが普段使いしてくれたり、イベントで自作のゲームのシャツを着てきてくれたら嬉しいものです。しかしいざ作ってみようとすると、個人ではとてつもなくコストがかかることに気が付きます。

まず、衣類にはサイズというものがあります。1色1種類のデザインでもS、M、L、LL～とさまざまなサイズを用意する必要があります。しかも、どのサイズが売れるかは正直わかりません（筆者の経験では男女問わず大きめのサイズが売れるようです）。

さらにそれをイベント会場に持っていくとなると大変です。ゲームの展示機材を電車やバスで運ぶだけでも一苦労なのに、それに加えて衣類の入った重く大きなダンボールを担ぐのは難しいです。機材やグッズを会場に直接郵送できるイベントならば、そうしたしくみを利用しましょう。

第三者に勝手にグッズを販売されたら

ゲームがある程度有名になると、悪質な業者やルールを守らないファンが、スクリーンショットなどから勝手にグッズを制作販売することがあります。

このような無許可のグッズが制作・販売されているのを見つけたら、Yahoo!オークションやメルカリなどのオークションサイトであれば「商品の通報」ボタンから、BOOTHやAmazonなどのECサイトであれば問い合わせフォームから、無許可の製品であることを連絡して止めさせましょう。もしこうしたフォームからの連絡でも進展がないならば、弁護士に相談して対策しましょう。

Amazon - 知的財産権の侵害を申告
https://www.amazon.co.jp/report/infringement

ゲームのアップデートとエンドコンテンツの用意

ゲームは発売したら終わりではありません。その後もアップデートやDLCの配信などで遊びの幅を広げたり、セールで新しいプレイヤーを呼び込んだりして売上を伸ばしていくことができます。また、ゲームをより長く遊んでもらえるよう、「運営」的な要素を取り入れたり、エンドコンテンツを用意したりといったことも考えてみましょう。

修正パッチの開発

ゲームの発売後にまず待っているのは、修正パッチの開発です。発売前にしっかりとデバッグをし、QAを通過したタイトルであっても、いざ配信されて多くのプレイヤーに遊んでもらうと、思いもよらない不具合が見つかるものです。また、発売手続きの完了後に発見された不具合を修正するために、ゲームの発売日に同時配信される「Day 0 パッチ」の設定が可能なプラットフォームもあります。

修正パッチ開発で気を付けなければならないのは、セーブデータの互換性を保つことです。「バグは修正されましたが、過去のバージョンとはセーブデータの互換性がありません」では、プレイヤーは納得しません（残念ながら筆者はメジャーアップデート時に一度やってしまっています……）。第2章でも説明したように、セーブデータは可能なかぎり未来方向の不具合に対応できるよう柔軟な設計にしておくか、難しい場合はゲーム内に旧セーブデータからのコンバートができるしくみを作っておきましょう。特に育成要素のあるゲームなどでは、セーブデータは大切なプレイヤーの資産です。

また、オンライン対戦の要素があるゲームの場合は、バージョンの異なるゲームどうしで対戦しようとするとゲームがおかしくなる可能性があります。そのゲームがサーバーに接続した際、最新のバージョンであるかを確認し、そうでない場合はアップデートをうながすしくみを作る必要があります。

タイトルアップデートとDLC

ゲームを継続的に遊んでもらい、話題性を継続させる定番の方法はタイトルアップデートとDLC（ダウンロードコンテンツ）です。

タイトルアップデートは、ゲーム本体の不具合修正に加えて、ゲームに新たなステージやキャラクターを無償で追加することです。追加要素によって、一度ゲームから離れたプレイヤーを呼び戻したり、SNS上でのゲームについての話題を活性化することで、新たなプレイヤーにゲームのことを知ってもらう機会を増やします。

有料のDLCを販売することももちろん有効です。DLCはゲームの発売後に追加のゲーム要素を販売することによってプレイ体験を拡張させるものです。プレイアブルキャラクターの追加、ステージの追加、衣装やアイテムの追加など、ゲームによってDLCとして販売されるデータはさまざまです。追加の収入にもなりますし、Steamではタイトルアップデートや DLCの発売に際して告知機能を（回数に限りはありますが）使えるため、それにともなってストアでの表示優先順位の上昇とゲーム本体の売り上げ増を見込めます。

DLCを販売する際に無料のタイトルアップデートと合わせ技にするのもよいでしょう。「新システムやステージ、武器などを無料で追加して、ゲーム内性能とは関係ないスキンやエモートなどを有償で販売する」という手法がよく見られます。

デイリープレイ報酬

スマートフォンのゲームにはしばしば「デイリーボーナス」と呼ばれるしくみがあります。ゲームを起動したとき、それがその日はじめての起動だった場合にゲーム内アイテムなどを付与するものです。ゲームによっては、連続したデイリーボーナスでさらなるボーナスが得られたり、連続しない起動であっても起動日数の積み上げで特典を与えるというパターンもあります。

ただし、スマートフォンやPCのゲームでこのような機能を実装した場合、ハードウェアの時刻を設定で変えられてしまうなど不正な行為を行われる可能性があります。ボーナス付与時には必ずサーバーを介した時刻確認を行いましょう。こうした機能は、第2章で紹介したBaaSを活用することで比較的容易に実装できます。

ギルドと対戦、LiveOps

実装の難度は高いですが、フレンド機能を作ってほかのプレイヤーと共闘したり、チームを組んでバトルを行うゲームシステムを導入することで、ゲームそのものの盛り上がりを大きくできます。ただし、PvP（プレイヤー・バーサス・プレイヤー）のしくみなどソーシャルの側面を大きくすると、それだけコミュニティマネジメントの負荷が上がることに注意しましょう。

対戦型ゲームの場合は、プレイヤー自身が大会を企画してトーナメントを主催できるようなしくみをゲーム側が提供するかたちもあります。また、近年の対戦型ゲームの中には、「シーズン制」を導入しているものがあります。これは、数ヶ月に一回新しい武器やステージ、ストーリーの新展開などの要素の追加を継続的に行うもので、Live Opsとも呼ばれます。

こうした継続的なゲームシステムを展開しているのはまだ大手のゲームがほとんどですが、開発者向けのツールやサーバーサービス、ノウハウが充実することで、インディーゲームの規模でも導入できるようになってくると考えています。

UGC（ユーザージェネレイテッドコンテンツ）

長く遊んでもらえるゲームのしくみとして、プレイヤーにキャラクターやステージを作って投稿してもらい、それをほかのプレイヤーが遊べるようにする方法があります。これをUGCと呼びます。例としては『BQMブロッククエスト・メーカー』がその形式のゲームです。

UGCもまた実装の難易度が高いですが、プレイヤーが遊びの幅を広げてくれるため、ゲームをより長く遊んでもらえるようになります。ただし、プレイヤーが任意の形状や画像などを作れるような実装をしている場合は注意が必要です。地形を自由に作れるのであれば、わいせつな表現など不適切な形状で投稿されていないか人力のチェックが必要ですし、ゲームをクラッシュさせてしまうようなステージ構成になってしまっても問題です。文字を自由に入力できたり、絵や写真を投稿できるようなシステムの場合は、公序良俗に反する内容になっていないか、政治活動など開発者の意図しない使われ方をされていないかなどのチェックもまた、人力で行わなくてはなりません。最悪、犯罪の連絡手段にされる可能性すらあります。

利用規約であらかじめ明示的に禁止しておいたうえで、投稿されたデータを定期的にチェックする体制を作りましょう。

継続的なセールの実施

買い切り有償タイプのゲームにおいて、最も売上が伸びるのは最初の1週間だと言われています。そこから先は売上が急降下し、ほとんど数字が動かないといった様相になります。

Steamが登場し、デジタルでのゲーム販売が普通になってから、発売からある程度時間の経過したゲームが大幅に値引きされる「セール」が当たり前になりました。いまでは、発売から半年ほどでいきなり半額になることも珍しくなく、「ゲームを定価で購入するのは、そのゲームのファンであるから……」という消費者心理が一般的になったのかもしれません。「セール価格になったゲームを買うこと」を楽しんでいる消費者もいますし、ゲームに使える予算が少ないプレイヤーはセール前提で購入の機会をうかがっていたりします。

「気になるゲームがあったが、セールになったら購入するかもと、ウィッシュリストに登録だけしている」といったことに身に覚えのある方もいるでしょう。つまり、あなたのゲームがプレイヤーの心にばっちり刺さらなかったとしても、ウィッシュリストに登録されているのです。

セールというのはゲームに興味を持ってもらったり、購入のきっかけにしてもらったりするための重要な施策です。現代におけるゲーム販売は、セールも前提とした販売計画を立てるのが常であるともいえるでしょう。

あなたが丹精を込めて作ったゲームを値引きするのは気が滅入るかもしれませんが、実はインディーゲームの販売サイクルの場合、総売り上げの半分程度をセール時の売り上げが占めることが多いそうです。つまり、セールをするのとしないのでは売り上げが倍違います。

また、Steamや家庭用ゲーム機においては、ウィッシュリストにゲームを登録していたプレイヤーに「ウィッシュリスト内のゲームがセールです！」というメールを送ってくれることがあります。そのリマインド力を活かして、最初に買ってくれなかったプレイヤーをもう一度振り向かせることができるのです。

セールの基本的な戦略

セールの割引率は、発売日から日数が経つにつれて徐々に大きくしていくことが一般的です。たくさんの人が買ってくれるからといって、いきなり半額にすることはお勧めできません。それはゲームの価値を急激に失わせることになります。定価で購入してくれた人ががっかりしますし、もう少し軽めの割引で買ってくれたかもしれない人から得られたであろう利益を逃すことになります。近年は大型のタイトルでも発売後数週間で割引をはじめるケースを多く見ますが、焦りをこらえて段階的に進めていきましょう。

たとえば、「発売日には10%引きのプレセールを行い、その後4～5ヶ月以上は定価販売を続けたのち、はじめてセールを実施し20%引き、9ヶ月を超えてきたあたりで33～40%引きに推移し、発売後1年以上経ってから50%引きに踏み切る」といったように徐々に値引き幅を大きくしていきます。3年やそれ以上経過したタイトルであれば、需要を掘り起こすために75%引きなども視野に入るでしょう。

なお、完成版より安い価格でアーリーアクセスを実施していた場合、完成版に移行する段階で値上げしつつも、「発売セール」と称してアーリーアクセスのときと同じ価格で販売するようなセールは推奨されません。価格が変わらないのにセールをしているように見せかけてしまう行為だからです。

セールを実施するタイミング

一言にセールといっても、なんの脈絡もなく値引きするだけでは消費につながりません。セールを行うべきタイミングはいくつかあります。どの時期にどんなセールを実施するかはパブリッシャーがよく知っていますが、自分で販売している場合は、まずはSteamなどの販売サイトが実施する季節セールに参加するところからはじめてみましょう。

季節セール

春夏秋冬やハロウィン、サイバーマンデー、ブラックフライデーなどのタイミングでプラットフォームが実施するセールです。多くのタイトルが一斉に値引き価格になります。

Steamをはじめとしたプラットフォームは、ゲームの販売者に対して季節のセールについて事前に連絡します。セールへの参加可否を提出することで、そのタイトルが期間中値引き価格になります。プラットフォーム全体のセールであるため、ゲームを買う人の財布の紐が緩みやすくなることがメリットですが、大量のゲームがセールとなるため、埋もれやすくなるデメリットもあります。

イベント出展記念セール

前述したTGSなど大きめのイベントに開発者やパブリッシャーが出展した際に行われるセールです。イベント会場内でセールのチラシを配って購入機会を増やし、タイトルの知名度を上げつつ、売上を伸ばします。

周年セール

配信○周年セールや、パブリッシャーの設立○年セールなど、なんらかの周年イベントに合わせたセールです。前述した2つのセールと時期が被りにくく、またお祭り感も出るためしばしば行われます。

なお、この周年セールのように販売者側がタイミングを操作できる場合は、月末よりも月初からセールをスタートしたほうが購入率が上がります。月末、つまり給料日前のタイミングはゲームに使えるお金が少なくなっている可能性があるからです。

タイトルアップデートセール

「タイトルアップデートとDLC」でも紹介しましたが、Steamなどでは大型アップデートの際にウィッシュリストのプレイヤーに更新のお知らせメールを送ることができます（「アップデート露出ラウンド」と呼ばれています）。この際、ストア上での表示順位も上がります。そのタイミングでゲーム本編のセールを行うことで、購入を促進できます。

発売から時間が経過したタイトルのパック販売(バンドル)

第4章で紹介したPCゲームのプラットフォームHumble Storeには、複数のゲームをセット販売するHumble Bundleというしくみがあります。5ドルなどの安い価格からセットを購入でき、チャリティーのためにゲームプレイヤーは支払い料金を上乗せできます。すでにバンドルを購入した人の平均価格や、設定された価格以上のお金を払うことで、さらに多くのゲームが手に入ります。これは、発売から時間が経ったゲームから売り上げを得る有効な手段です。Humble Bundleのほかにもゲームのバンドル販売やSteamやほかのサイトでも行われています。それらもかなり大幅な値引きをされるケースが多く、10～20本のゲームを15ドルでまとめ売りするなど、思い切ったかたちになっています。

デイリーディール

Steamがシステムとして提供している、48時間限定のセールです。Steamのトップページへの露出が24時間だけ行われます。ストアの担当者からの提案によって設定されることが多く、なかなか容易に取れるものではありませんが非常に効果は高いです。

プレセール

SteamやSwitchのダウンロードストアで最近見られる手法です。発売前から10%程度の値引きを行い、「早期購入キャンペーン」とすることでストアページの中でタイトルを目立たせる手法です。発売前に予約購入することで若干お得にゲームを購入でき、新作ゲームを買おうか迷っている人の背中を押せます。

一方、最初からそのゲームを買おうと思っている人であれば価格に関係なく買ってくれるので、その分の売り上げを逃してしまうリスクもあります。

次回作の発売タイミング

次の作品を発売したタイミングで、「前作は半額！」などのセールを行う方式です。新作発売時には同じ開発チームの旧作にも自然と注目が集まりますし、続編であったり、作風に共通点があるゲームの場合は特に有効です。

ゲームの売上以外で活動資金を得る

ゲームを販売した売上や、パブリッシャーからもらった資金で生活ができればベストですが、それだけでは収入が安定しないこともあります。グッズの販売利益を資金の足しにしたり、助成金を得たり、副業などでお金を得られるようにしておくべきでしょう。

助成金とインキュベーションプログラム

海外においては、インディーゲームはIT輸出産業のひとつとして捉えられており、国や自治体、産業団体などからの助成制度が整備されています。残念ながら日本ではそうした補助制度があまりありませんが、以下で紹介するように団体や企業による助成金やコンテストがいくつかあります。応募条件に当てはまる人は、なるべく申し込むとよいでしょう。

Epic MegaGrants

MegaGrantsは、Epic Gamesが提供するゲーム開発者向け資金支援コースです。1億ドルの原資から、世界中のインディーゲーム開発者や、ゲーム開発に役立つツールを開発している開発者に支援金を拠出しています。1件当たり5,000ドルから50万ドルの資金が提供されます。ゲームプロジェクトについては、Epic Gamesの提供するUnreal Engineを利用している必要があります。

Epic MegaGrants
https://www.unrealengine.com/ja/megagrants

申請にはプロジェクトについての詳細な紹介や、現在のビルドの動画、資金の使い道の説明などが求められますが、その後どのようにお金を使ったかについては用途を問われません。開発者自身の生活費として使うことも可能です。

また、資金以外にも開発PCを供給してもらえる「ハードウェアリクエスト」のコースもあります。現在使っているPCのスペックが厳しい場合は、この制度を利用して機材を入手する方法があります。

各種財団による資金提供

ゲームに関連する活動に対して資金を提供する財団も少しずつ増えてきました。財団による支援事業の代表的な例として、日本ゲーム文化振興財団による「ゲームクリエイター助成制度」が挙げられます。この制度は、名前のとおり若手のゲームクリエイターの創作活動を助成することが目的です。

日本ゲーム文化振興財団
https://japangame.org/

Epic MegaGrantsの場合と異なり生活費に利用することはできず、ゲーム開発に必要な経費に限定されています。また、応募資格として、応募する年度の4月1日までに35歳以下でなければならないという制限があります。

また、対象者は「国内における活動をし、活動内容を報告できるクリエイター」されています。これまでの助成実績として、本書でも登場する『カニノケンカ -Fight Crab-』のぬっそ氏の採択が挙げられます。

毎年秋ごろに募集がはじまり、年末に締め切られます。年度ごとに2〜4タイトルしか選ばれない狭き門ですが、チャレンジする価値は高いです。

ほかにも財団による制度はいくつかありますが、ゲーム専門ではないため採択率は高くないと予想されます。

上月財団「クリエイター育成事業」(年額60万円)
http://www.kozuki-foundation.or.jp/jigyou/cartoonist

クマ財団「クリエイター奨学金」年額120万円
https://kuma-foundation.org/

いずれも年齢制限や学生限定などの条件があり、募集時期も限られていますので、助成金を検討する場合は早めに確認しましょう。

iGi indie Game incubator

iGi indie Game incubatorは無償のインディーゲーム開発者向けインキュ

ベーションプログラムです。開発資金を直接提供するのではなく、開発者がパブリッシャーや投資家からの資金を得られるようにサポートすることが目的です。具体的には、先行するインディーゲーム開発者やゲーム産業のスペシャリストによるメンタリングを受け、ゲームをブラッシュアップし、パブリッシャーや投資家へのプレゼンテーションについて学べる、6ヶ月のプログラムです。筆者もいちインディーゲーム開発者として、運営のアドバイザーとして関わっています。

2021年にはじまったばかりのプログラムですが、スペインで6年間運営されている「GameBCN」というプロジェクトがベースとなっており、その教材が日本語に訳されて提供されるため、確立された育成プログラムのもと運営されています。GameBCNは『Aragami』など50万本クラスのヒットタイトルを輩出しています。

年度ごとに5チームを採択するシーズン制となっており、海外に向けての発信に強いことが特徴です。プログラムにはローカライズや海外配信に関するメンターが在籍するほか、海外との同種プログラムや展示会との連携が掲げられています。

iGiはマーベラスが主催していますが、同社とのパブリッシング契約が必須ではないのもポイントです。iGiを通じて成長したチームが別のパブリッシャーと組んだり、自分たちで配信することについて制限がありません。

iGi indie Game incubator
https://igi.dev/

そのほかの民間のプログラム

このほかにも、民間企業による資金の提供が含まれるインディーゲーム開発者向けプログラムが増えてきています。ただし、それらはスポンサーが持つIPを使用することが条件になっていたり、レベニューシェアによる利益分配を条件としたパブリッシング契約を要求されることも多いです。申し込む前に条件をよく吟味しましょう。条件が明示されていない場合は問い合わせを行って確認し、あなたのゲームプロジェクトに沿ったものかどうかを確かめてから申し込むとよいでしょう。契約条件の確認には、第4章で紹介したパブリッシャーとの契約に関するポイントが応用できます。

パトロンサービス

パトロンサービスとは、ファンがクリエイターへ月額でお金を支払って活動を支えるしくみです。作品ではなく、クリエイターに対して金銭的な支援を行えます。世界的にはPatreonが最も有名ですが、日本国内向けのサービスとしてFantiaやpixivFANBOXなどもあります。

インディーゲーム開発者であれば、「パトロン」となってくれたファンに対し、開発途中のビルドを限定公開したり、新しいスクリーンショットやイラストなどの素材に早期にアクセスできる権利を提供したりといった運用ができます。とはいえ、そうした開発についての情報配信は、ビルドデータなどの用意そのものに手間がかかってしまうことにも注意しましょう。

Patreon
https://www.patreon.com/

Fantia
https://fantia.jp/

pixivFANBOX
https://www.fanbox.cc/

クラウドファンディング

クラウドファンディングとは、あるプロジェクトが成功した際の見返りを条件に、不特定多数から資金提供を募るしくみ、およびそのためのプラットフォームです。人ではなく、プロジェクトに対して金銭的な支援を行います。資金を提供した人物を「バッカー」、その見返り品を「リワード」と言います。プラットフォームとしてはKickstarterやIndiegogoなどが有名です。

ゲームにおけるクラウドファンディングにおけるリワードとして、ダウンロードコードや限定グッズ、スタッフクレジットに名前が掲載される権利などが一般的です。

クラウドファンディングは、一時期はインディーゲームの資金獲得方法として脚光を浴びていました。しかし、資金を集めてもゲームが完成せずにプロジェクトがうやむやになったり、完成できず返金になったり、完成したとしてもゲームが期待どおりにならなかったケースがあり、純粋に資金を得る方法としては機能しにくくなっています。やみくもにクラウドファンディングサイトのページを作っても、誰も興味を持ってくれません。いきなり注目をあつめるのは、有名クリエイターのクラウドファンディングだけです。

現在では「マーケティングの一環として」クラウドファンディングを行うケースがほとんどです。ゲーム自体はデモが完成している状態で、今後の発売に向けてさらなるゲーム内容の拡充やフルボイス化などの品質向上、家庭用ゲーム機展開などのキャンペーンとしてクラウドファンディングは活用されます。

まだ代表作がない開発者は、クラウドファンディングを盛り上げてくれるコミュニティ構築をなによりも先に行わなくてはなりません。遅くともクラウドファンディング実施の1年前から、ベータ版の公開などでDiscordコミュニティを構築すべきでしょう。ファンベースの盛り上がりがあってはじめて、クラウドファンディングは有効に働きます。

なによりも大きなコストとして、実施期間中はずっとゲームファンの興味を絶やさないように常にイベントを仕掛けていかなくてはならないことが挙げられます。メディアとのコンタクトやニュースレターの配信、ストレッチゴール（段階的な達成目標）の更新などやることは大量にあります。

そして、クラウドファンディングは資金が集まって以降も大変です。支援してくれた人には、毎月開発進捗を報告するニュースレターを送ったり、投じてくれたお金に対するさまざまなリワードの準備をしなくてはならないことが挙げられます。たとえば、返礼品がゲームのダウンロードコードだった場合、大勢のバッカーへコードを送る手立てを用意しなくてはなりません。また、グッズなどの物品を用意する場合は住所情報が必要ですから、個人情報の管理に関する法的な準備もしなくてはならないでしょう。

これらはもはや専門職であり、ゲーム開発の片手間にできるものではありません。クラウドファンディングを成功させるには、運営担当の人をチームに雇うか、パブリッシャーと一丸となって取り組むべきでしょう。

副業

インディーゲーム開発には2年から3年、長いと5年以上かかります。発売して収入が得られるまで無収入では生きていけません。パブリッシャーが開発資金を提供したり、投資家がついたりすれば生活は維持できます。しかし資金調達の達成は非常に難しく、基本的に海外のパートナーを見つけなくてはならないため、かなり狭き門であるといえます。

本書の最初に「無計画に仕事をやめてはならない」と述べましたが、開発中のゲームが完成する目処が立って独立したあとであっても、なんからの副業を並行して行うことが最善の道になる場合もあります。

開発で培ったスキルの活用

インディーゲーム開発者の中には、副業として3DCGデータの制作をしながら日々の生活費を稼ぎ、ゲーム制作を行っている方がいます。企業からの受託案件と自作のオリジナルゲーム開発を交互に行っている方もいます。また、知り合いのゲームの開発を手伝う仕事でお金を稼いでいる方もいます。本書に対談を収録している『アンリアルライフ』の開発者であるhako生活氏は、別のインディーゲーム開発者の技術的な補佐をしています。このように、インディーゲーム開発で培ったスキルを副業に活かす道があるのです。ゲーム制作の技術も上がっていきますから、インディーには適したやり方といえるでしょう。特に、家庭用ゲーム機への移植をサポートするなど、特定の手順が必要なものをリリースした経験があるだけで強い武器になります。

他社IPとのコラボレーションゲームの開発

ヒットしたゲームアプリの中には、その後有名IPとのコラボレーション版を派生商品としてリリースするものがあります。お金を得る方法として、そうしたIPホルダーとの提携を経て、IPを入れたバージョンの開発費や、発売後の売上レベニューシェアなどを得る道が考えられます。このやり方は機動力の高いスマートフォンアプリに特に適したビジネスといえるでしょう。

他社からの開発受託

企業から特定の企画やIPに関するスマホゲーム開発や、VR作品開発などの仕事を受けるのも、お金を手に入れるためのひとつの手です。本書に対談を収録している『ALTER EGO』を開発したカラメルカラムは、企業案件として『ムシカゴオルタナティブマーチ』も開発しています。『ムシカゴオルタナティブマーチ』は同社の作風を色濃く継いでおり、同社オリジナル作品のファンを巻き込んだ展開となっています。ほかにも、普段はオリジナル作品を作りながら、そこで培ったさまざまなノウハウをベースに受託のゲーム開発をする開発者もいます。

ただし、企業からの受託案件はあくまで「受託」です。誰かからお金をもらって作るゲームはあなたの作品ではありませんから、なんのためにインディーゲーム開発者の道を進みはじめたのかは、見失わないようにしましょう。

ゲームの新しいマネタイズ

ゲーム産業においては日々新たなビジネスモデルやマネタイズの手法が生まれています。その中にはインディー開発者が参入できるものもあります。それは、ゲームのサブスクリプションサービスと動画配信のマネタイズです。

ゲームのサブスクリプションサービス

プレイヤーが月額固定費用を支払い、リストの中からゲームを自由に遊べる「月額遊び放題」のビジネスが広がりつつあります。たとえば家庭用ゲーム機の分野では、近年Xbox Game Passがインディーにとって大きなチャンスになっているようです。スマートフォンにはApple ArcadeやGoogle Play Passがあります。

こうした月額ストアは、プレイヤーから徴収した月額費用を一定の割合で開発者に還元します。ゲームの起動回数であったり、プレイ時間などを係数として、支払い額が決まるようです（ストアによっては、一括で許諾料を支払うものもあるようです）。

現在、音楽市場では同様の「月額聴き放題」のプラットフォームが支配的になりつつあります。その結果どうなったかというと、「何度も聞かれるように曲は短く」「曲から離れないようにサビを先頭に持ってくる」といった楽曲の形態自体が変容しました。ゲームのサブスクリプションサービスが定着した場合、こうした影響が出るものと考えています。振り返ってみれば、スマートフォンの登場はゲームのビジネスモデルやそれに伴うゲームシステムに大きく影響を与えました。プラットフォームによるゲーム内容の変容は常に起こっているのです。

動画実況を前提としたゲーム

ゲームの実況配信については本章でも触れましたが、ゲーム実況の文化には「そこで生まれた収益がゲーム開発者に還元されない」という問題があります。動画実況者のプロモーション活用はよくある事例ですが、宣伝費用が限られているインディーゲームの場合は、残念ながら売上につなげることが難しい状況です。そこで、動画実況を前提としたゲームシステムを用意することで、動画の視聴者から収入を得るビジネスモデルが構築されつつあります。

その一例として、「インタラクティブ・ストリーミング」と呼ばれる、ライブ動画の上から視聴者専用のUIを合成し、インタラクションを可能にできる技術があります。たとえば、アクションゲームにおいて次に進むゲームを視聴者の投票によって決定したり、対戦ゲームの大会でチームメンバーの戦績を閲覧できるようにしたりと、動画にインタラクティブ性を加えることができ、この機能の利用料を支払ってもらうことで動画視聴者からのマネタイズが可能になります。

ただし、通常の実況配信と同じように、実況されることが不向きなゲームジャンルもありますから、すべてのゲームに適用できるものではありません。

インタラクティブ・ストリーミングは大手の開発会社が自社でシステムを構築している事例もありますが、インディーでも実装できるサードパーティーSDKとして「Genvid」があります。筆者が開発中（2021年現在）のゲーム『デモリッション ロボッツK.K.』では、このGenvidを採用し、新しいチャレンジとして動画視聴者からのマネタイズを目指しています。

Genvid
https://www.genvidtech.com/ja/

デモリッション ロボッツ K.K.
http://throwthewarpedcodeout.com/DRKK/

ゲーム作りの継続

本書で紹介したさまざまなノウハウを活用して無事ゲーム開発が完了し、リリースもでき、収入があったとします。さて、10年後20年後、あなたはどのような姿になっているでしょうか？ ひとつの作品を作り上げるだけではなく、ゲーム作家として活動の継続をしていきたいと思いませんか？

自分のゲームに最適な戦略を考え続ける

これまで数多くのノウハウを紹介してきましたが、本書の冒頭でも述べたように、すべての手順を順番にやればよいというものではありません。ゲームの特性やあなた自身の向き不向き、技能によっては、単なる時間の無駄となってゲーム開発そのものの時間を圧迫しただけ、という悲しい結果になりかねません。また、第3章で紹介した「インフルエンサーへインディーゲーム開発者がアクセスできるサービス」が現れたように、ゲーム産業全体でも取るべき戦略は変わっていきます。

「これは自分のゲームプロジェクトに本当に必要な活動なのか？」を常に考え、取捨選択をしていきましょう。一番参考になるのは、自分のゲームに似たタイトルの分析です。Steamのタグに張り付いて、参考になる情報はどんどん取り入れていきましょう。

次回作を考える

おそらくあなたはゲームを作っている最中も、次はどんなゲームを作ろうかな？と考えて気が散っていたかもしれません。ゲームをリリースしきったら、次のプロジェクトを考えはじめましょう。ひとつ前のゲームで失敗したことを振り返りながら、また開発の苦しい日々に戻っていくのです。
隠しメッセージ：もしあなたが、誰かから「この本を読んでおけ」と強制されているとしましょう。そのプロジェクトは楽しいですか？楽しくないならば、すぐに止めて自分のゲーム作りにチャレンジしましょう。そうそう、この段落の存在は秘密ですよ。

情報を収集し続ける

本書で紹介した内容のうち、プラットフォームのルールに関わる部分をはじめ、ゲーム開発に関わる情報や状況は日々変化し続けています。最後まで読んでいただいた読者のみなさんには申し訳ないのですが、あなたがこの文章を読んでいる時点で情報が古くなっている可能性も十分にあります。ゲーム開発技術は日々進歩していますし、新たなイベントやコンテストが設立されることもあるでしょう。開発を進めながら、同時に情報収集を続けていくことが重要です。

そこで最後に、インディーゲーム開発者であるあなたにお勧めの情報源を紹介しておきます。 英語に抵抗がない場合は、ゲーム開発情報の総合サイト「Gamasutra」や、ビジネス目的の情報を集約した「Indie Game Business」のメールマガジン、インディーゲームのマーケティングを専門に行う会社「Game DiscoverCo」のニュースレターなどから、新しい情報やノウハウを学べます。

Gamasutra
https://www.gamasutra.com/

Indie Game Business
https://www.powellgroupconsulting.com/indiegamebusiness/

Game DiscoverCo
https://gamediscover.co/

そして、毎年開催されている世界最大のゲーム開発者向けカンファレンス「Game Developers Conference（GDC）」は、講演資料や動画を無料で視聴できるWebサイト「GDC Vault」を公開しています。インディー開発にまつわるビジネス、マーケティング、技術ノウハウが大量に公開されていますので、こうした講演資料から常に情報をアップデートしていくことが重要です。

GDC Vault
https://www.gdcvault.com/

最後に手前味噌ではありますが、筆者の運営するインディーゲーム開発者向けニュースサイト「IndieGamesJp.dev」では、インディーゲーム開発者向けの情報を日本語で日々発信しています。本書の執筆の基礎となっている活動です。ぜひご覧いただければと思います。

IndieGamesJp.dev
https://indiegamesjp.dev/

対談

日本のインディーが海外へつながる「場」をつくる

「asobu」

チャオ・ゼン

&

アン・フェレロ

2019年、日本のインディーゲーム開発者向けコミュニティスペースasobuがスタートしました。渋谷にあるコワーキングスペースを活動拠点として、海外の開発者やさまざまなステークホルダーへのつながりの機会を提供することを目指しています。しかし、コロナ禍によってオンラインでの活動へのシフトを余儀なくされ、方針は大きく変化。Discordサーバーでのコミュニティ活動や動画番組などの取り組みについて、運営のおふたりにヒアリングしました。

チャオ・ゼン

東京・渋谷にクリエイターコミュニティ「asobu」を設立。創造性と革新への強い思いから、日本をはじめ、世界中の独立系ゲームスタジオやエンタメ関連企業への支援、投資にも取り組む。

アン・フェレロ

長年、フランスと日本で日本のクリエイター（ゲーム、漫画、音楽、アートなど）に注目した映像コンテンツやドキュメンタリーを制作。2019年秋からasobuのコミュニティやイベントなどを担当。

asobu発足とコンセプト

——自己紹介をお願いします。

チャオ 「asobu」というインディーゲーム開発者をサポートするコミュニティの運営を行っています、チャオ・ゼンと申します。ゲームや配信など、インタラクティブエンターテイメントの分野への投資が本業です。技術とエンタメが結びついている事業分野に対して投資しています。

アン アン・フェレロと申します。asobuでは2019年9月から、コミュニティマネージャーとしてコミュニティに毎日いる人です（笑）。

私は海外に住んでいたころ、オタク文化やゲームを中心としたテレビ向けの仕事をやっていまして、ジャーナリストやディレクター、編集などをやっていました。

日本に移住してからは映像制作の仕事をしています。2016年には『Branching Paths』という日本のインディーゲームシーンを紹介するドキュメンタリー映画を配信しました。

——asobuの活動について教えてください。

チャオ asobuのコンセプトは、インディーゲーム開発者が集まって情報交換をしたり、イベントができるようなコミュニティスペースを提供することです。そのために、各種イベントを主催してインディーゲーム開発者の活動を活性化したり、サポートしたりします。サポートといっても開発者からお金を取るようなビジネスではありません。インディーをサポートしたいという複数の企業からのスポンサーシップによって運営が成り立っています。

asobuは渋谷にある開発者用のコワーキングスペースが拠点となっています。当初は開発者たちにここをどんどん使ってもらう計画でしたが、新型コロナウイルスの状況下となってしまったため、現在はDiscordによるオンラインコミュニティ活動を中心としています。

——asobuがはじまった経緯について教えてください。

アン 2019年11月くらいにパイロット期間としてasobuをオープンし、その後2020年3月に公式発表を予定していました。しかし新型コロナウィルスの影響が大きく、企画がいろいろ変わり、2020年9月から正式スタートとなりました。

チャオ asobu設立の経緯はいくつかあります。まず、私はいまの投資の仕事をする前もさまざまなエンタメ系の企業に10年ほど関わってきました。以前は大企業と関わることが多かったのですが、そのうち世界中でゲームスタジオが伸びてきたんです。それらは大企業ではなく、いわゆる独立系でした。つまり、十数人のチームがゲームを開発し、それを自分たちでリリースしていくいわゆる「インディー」や、それよりもう少し大きく、50人程度の「AA」クラスの領域の中で成功を収めている会社です。

海外ではそうした動きが活発でしたが、一方日本ではインディーとして独立・事業化したかたちでゲームを世の中に出すスタジオが少ないと感じていました。いまでこそ状況は変わりましたが、2017年ごろの話ですね。日本には優秀なゲーム開発者が大勢いるなか、たとえばロサンゼルスやモントリオールなど、ゲーム産業が活発な地域と比べると少ないなと。「それってどうしてなんだろうか？」とずっと考えていたのですが、おそらく日本にはゲーム開発に関わる大きな会社が良くも悪くもたくさんあって、ゲームを作る人の受け

Tokyo Indiesの公式Webサイト
https://www.tokyoindies.com/

皿がほかの場所よりも多いからかなと考えていました。

　そこで、どうしたらもっとインディーを活性化できるのかなと考え、まずはたくさんのゲーム産業に関わる人たちと話しました。その中でしばしば出てきた意見として「海外の主要都市にはインディーたちが集まるコミュニティスペースが存在する」というものがありました。情報交換やネットワーク作りなど、どういうふうにゲームを作っていくかといった話し合いが頻繁に行われており、それがバックアップになって、大きなゲーム会社から独立して自分たちのゲームを作っていく活動が活発になっています。

　もちろん2017年当時でも、日本には定期的なコミュニティイベントとして「Tokyo Indies」や、定期的な即売会、展示会をベースとした横のつながりがたくさんありました。しかしながら、安全・安心に情報を共有できるような、継続して存在する場がないことがわかってきたんです。そこからスタートしたのが「asobu」のコンセプトになります。

——恒常的な場所を作る、というのがasobuのベースでしょうか。

チャオ　我々としては、最初からいきなり開発者がみずから組織を形成して、場所を運営していくというのはすごく難しいと思っていました。そこで最初に「asobu」という場所を作ってから、コミュニティのための環境を整えていきました。イベントを設定したりとか、デスクやPCなどの設備を入れました。そして、関わり方が軽い方から深い方まで、いろんなインディーの方々が中心となるコミュニティを作って、そこからほかのインディーに対して、みんなで一緒にサポートできるかたちになればと思っています。

asobuでは、開発者どうしがフラットなかたちで、ビジネス相手ではなく仲間と呼び合える関係を作りたいと思っています。たとえば、開発中のゲームのビルドを共有してテストプレイし、お互いにフィードバックをしあったりとか、ネットワークを共有しあえるような関係が作れたらなと思っています。

オンラインに拠点を移したasobuの活動

——asobuが主催している「インディーコレクションJAPAN（以下、「インコレJAPAN」)」について詳しくお教えください。

アン 「インコレJAPAN」は、毎月Twitchで配信している、インディーゲームをプレゼンできる動画配信番組です。コロナ禍になる前の「Tokyo Indies」で行っていたプレゼンタイムがもとになっています。毎回5人から7人のインディーゲーム開発者が10分か15分くらい、作っているゲームを紹介しています。日本だけではなく、海外からも参加する方もいますね。

コロナ禍でTokyo Indiesを今後どうするかメンバーと話していたとき、インディーが交流できる場所がなくなったら非常にもったいないと考えて、プレゼンの部分をオンラインで開催することを考えたんです。そのときにasobuの活動ともあわせて、「インコレJAPAN」が生まれました。

Tokyo Indiesのときは渋谷に来られる開発者しか参加できませんでしたが、いまはオンラインなので、どこでも見られますし、誰でも参加できます。

——インコレJAPANは、開発者が自分の作品を紹介したいと思ったら、誰でも申し込めるのでしょうか。

アン はい、そうです。Tokyo Indiesの公式Webサイトから応募できます。Tokyo Indiesの運営チームが今回の配信にフィットするかをどうかを判断して、OKであれば連絡します。もちろん、Twitchのルールも守る必要がありますね。

ゲームそのものだけでなく、インディーゲームに関するイベントやコンテストの告知でもよいです。以前、家庭用ゲーム機やモバイルのプラットフォーマーが来てくれてプレゼンしてくれたこともありました。

このようにインディー向けのさまざまな情報を紹介しているのが「インコレJAPAN」です。

また、世界中にあるインディーコミュニティやインディーのためのコワーキングスペースなどに声をかけて、「インコレJAPAN」にプレゼンしに来てもらったりしています。

――asobuのDiscordサーバーでは、気軽に参加者が会話できる「ハッピーアワー」というイベントを行っていますよね。

アン はい、これは2020年の夏からはじまりまして、不定期というかたちなんですけど（笑）。おおむね木曜日の21時から、asobuのDiscordチャンネルに人が自由に集まってボイスチャットでいろんなおしゃべりしています。

話題はだいたいインディーゲームのことです。たとえば「次のイベントはどうしますか？」とか、開発に関するニュースとかを話題にしています。週によっては学生も来るし、ベテランも来るし、いろんなバックグラウンドの人が参加しています。

――ほかにも、オンラインセミナーやポッドキャスト番組などを行われていますね。

アン はい、いろいろとオンラインのイベントを行っています。

たとえば「asobu Talks」はセミナータイプの配信番組で、インディーゲーム開発者が興味ありそうなトピックを紹介しています。こちらはYouTubeでライブ配信をしていまして、視聴者はリアルタイムでコメントができたり、セミナーが終わったら登壇者に質問できたります。以前ゲームローカリゼーションについてのトークを配信しまして、今後はできれば毎月やりたいと思っています。また、日本と海外両方の登壇者を呼びたいとも考えています。

もうひとつ行っているのがポッドキャスト番組「Indie Brains」で、asobuのコアメンバーであるインディーゲーム開発者の生高橋さんがホストとなり、毎回異なるほかの開発者をゲストにして、1時間半くらいゲーム開発などについて喋る番組です。

音声が中心のラジオ形式ですが、いまはYouTubeで配信しています。トークしているゲームの内容も見せたいので、ちょっと編集して映像を入れています。これから各種ポッドキャストのプラットフ

asobu Eventsの公式サイト
https://asobu-events.dev/

ォームでも配信できるように準備しています。

さらに、「asobu INDIE SHOWCASE」という動画番組を毎年TwitchとYouTubeで配信しています。日本のインディーが開発しているゲームに加えて、asobuの協力団体やスポンサーから発売されるゲームなどを日本語と英語の両方で紹介する番組です。

「インコレJAPAN」も含めて、asobuで開催しているこうしたイベントの情報は、専用のWebサイトで発信しています。

海外のインディーコミュニティとの連携を目指して

——海外のインディーコミュニティとのコラボレーションなどは考えていますか。

アン もともとasobuがスタートしたときから、そういったコラボレーションのコンセプトがありました。たとえば、東京を旅行中の海外のインディーゲーム開発者がいた場合、asobuのスペースに呼んだり、お酒を飲みながらみんなでワイワイしたりという計画があったんです。いまは新型コロナウイルスの状況下になりましたので、ちょっと難しいんですけど……。もともとは海外の開発者が東京に来る際にいろいろな企画をしていました。

チャオ 海外と日本のインディーゲーム開発者をつなげるというのは、asobuのメインミッションのひとつなんです。最初に申し上げたように、海外にはインディーのためのコミュニティやスペースがけっこうあって、そこでいろんな活動が醸成されていました。

asobuからは、ゲーム開発の情報だけではなく「海外だったらこういったコミュニティが活動している」といった様子も広めていきたいと思っています。海外のやり方が常に日本にとってベストとは思いませんが、外からの影響を日本のコミュニティに与えられたらいいなと思っています。

たとえば、投資の仕事で海外に行っていろんなコミュニティの人たちと話すなかで、新型コロナウイルス状況下の世の中でなければ、たとえば交換留学的なプログラムとかができればとも思っていました。展示イベント中は忙しくてなかなか親交も深められないので、asobuのスペースでゆっくり交流ができればと。海外のコミュニティへ日本滞在プログラムを提案しようと考え、渋谷に住める場所を手配していたりしたんですけど……。そういうことが難しい世の中になってしまいました。新型コロナが流行る前の2019年には、海外のインディーふたりが1ヶ月ほど日本に滞在していたこともあります。

そういう意味でも、Discordのオンラインコミュニティには、できるだけ海外の開発者に参加いただいています。基本英語になりますが、コミュニケーションされている方もいっぱいいるので、そこはオンラインによってできるようになった側面ですね。海外のネットワークや知見を日本の開発者にも広げたいと思っています。

また、「インコレJAPAN」でも、できるだけ毎回海外からのインディーゲーム開発者が参加できるようにしています。コロナ禍の中だからこそ、オンラインイベントの参加に抵抗がなくなりましたから、参加のハードルが下がったように思います。オンラインにコミュニティ活動を移行していくことが、開発者どうしの再交流につながるのかもしれないな、と思っています。

インディーの進出を助けたい

アン asobuでやっていきたいことのひとつとして、日本のインディーの海外展開を助けることがあります。ゲームを販売するにあたって、日本のマーケットだけだとどうしても売上が厳しくなってしまいます。もちろん、開発者がやりたいことによりますが、できれば日本のインディーゲームが海外展開をみんながしやすいステージにしていきたい。そのためにも、「asobu INDIE SHOWCASE」でこれからも日本のインディーゲームをたくさん紹介していきたいと考えています。

国内向けの販売であれば手軽に使えるダウンロード販売サイトがありますが、そこからさらにSteamやitch.ioを使ってみるとか、翻訳するなどの活動がもっと増えたらと思います。

――そのあたりの海外展開のサポートを、いろいろなイベントを通じてやっていければということろですね。

アン そして、インディーゲームはプレイヤーに存在を知ってもらうことが大切です。コミュニティがあれば、開発者どうしの助け合いをある程度期待できるので、ゲームをリリースし、宣伝するときの知見を共有しやすくなります。

少し前に「ゲームをSteamに出してみたが、全然売れなかった」という記事がバズったことがありますが、おそらくは効果的なPRのやり方を知る機会が少なかったのだと思います。コミュニティがあったら相談できたりとか、ほかの人の事例を見て自分がどうするかを知ることができます。

――asobuができたことによって、それがすごく活発になったと思っています。

チャオ ゲームを作ったあとにどのように発表していくかという部分ですね。また、ゲーム開発者の思いですとか、インディーゲームはどういう人が作っていて、どんな思いが込められているのかといったいったところを発信していきたいです。そうすればもっとゲーム開発をがんばってみようという人が増えるのかなと思います。

ゲーム開発者として活動をはじめている人たちに対してサポートするコミュニティはありますが、もっと入口のところ、インディーゲーム開発者が輝いている姿や、その活動がどれくらいすばらしいかを広められたらいいなと思っているんです。

今後のasobuのいろいろなイベントの中で、いまゲームプロジェクトがある開発者だけではなく、ゲーム作りに興味を持つ人たちが自分で挑戦してみたいと思えるような情報であったり学ぶ機会であったりを提供したいです。新しい人たちの呼び込みも、できればもっとやっていきたいなと思っています。

――ゲームを作っている人のモデルケースということで、どうキャリアを積んでいくかということでしょうか。

チャオ 開発したゲームを販売して生活することはもちろん簡単なことではないですが、パブリッシングなどは思っている以上にひとりでできることが増えていると思います。やり方が具体的にわかっちゃえばできるようになる。ただ、そういった情報にアクセスできる機会が少ないからから、手を出しにくい。そういう部分をうまく発信したいですね。

あとは「海外怖いな、英語怖いな」という気持ちも払拭できればと考えています。インディーゲームは広がっているとはいえ、日本国内だけでは市場規模が小さい。海外にはインディーファンがいっぱいいらっしゃいます。

ですが、海外のイベントに行くとか、自分のゲームを出すとか、たとえば海外のプラットフォームにリリースすることに不安感を持っている方もまだ多い。そういうところのうまいサポートもどんどんやっていきたいなと思いますね。

asobuの今後の発展

――asobuで今後やっていきたい展開についてうかがえますか。

アン まずはゲームジャムの開催です。「Global Game Jam」の会場提供や、asobuのオリジナルのゲームジャムを開催を計画しています。asobuのメンバーもオンラインでのイベント参加に慣れてきましたので、昔より開催しやすくなっていると思います。

チャオ asobuはもともとインディーゲーム開発者のコミュニティとして発足しましたが、これからはゲーム開発者だけではなく、イラストレーターやコンポーザーの方がゲームプロジェクトに携われるきっかけになる場所にしていきたいと思っています。

Discordサーバーのような流動的なものですと、その場で話が盛り上がってもなかなか次につながらない。そこでプレゼンイベントやゲームジャムなどを行って、ゲーム開発者が「こういうヘルプを求めています」とか、「こういうプロジェクトをやってます」みたいな、そういった情報をasobuがうまくファシリテートできればいいかなと思っています。

試行錯誤ですが、できるだけインディーが必要とすることをなんでもやっていくような考え方です。

――インディーゲーム開発の仲間は展示イベントで出会うことが多いと思いますが、最近は難しい情勢です。

アン 展示されているゲームやイラストをみていて気になっていても、あとでネットで連絡したりするかたちになりますよね。コロナの影響でオフラインのイベントは開催しにくいし、そもそもイベントに来れる人が限られています。もともと、地方に住んでいる方がBitSummitや東京ゲームショウにそもそも参加しにくかったという背景もあります。オンラインになったことで、そうした方もより参加しやすくなっていくと思います。

また、もうひとつ目指していることがあります。現在インディーゲーム開発者の多くは、自分のゲームについて話すことや、ほかの人に自分のゲームを見せることに対して怖さを感じているように思います。ですので、asobuに参加する開発者みんなで同じイベントに参加したり、コロナが終息したら東京ゲームショウなどのイベントへ一緒に出展するなどもやっていきたいですね。

読者へのメッセージ

――これからゲームをリリースしようとするインディーゲーム開発者に向けてアドバイスをお願いします。

チャオ やっぱりインディーとしてやっているなかで、開発者が孤独を感じることも多いと思います。そういう意味でコミュニティを盛り上げていって、ひとりで何年もかかるようなことを継続してやっていくことに対する孤独感をなくしたいです。ひとりでやっていると、立ち止まってしまうこともあると思うんですよね。発表の場やイベントを通じて横のつながりを増やしていくことで、孤独や不安をなくしていきたいです。

asobuには、先ほど説明した「開発者にとって安全・安心なコミュニティを作る」という目的があります。ゲームを開発している人には、できるだけasobuのようなコミュニティがあることを知ってもらって、気軽に困ったことを相談するなどして、不安をなくしていってほしいと思います。

アン ひとりや少人数でゲームを作っている人の中には、ほかの人に質問したりするのが怖い人もいると思います。最近ではゲームのマーケティングに関することなどについて、英語の情報はまとまってきたものの、日本語の情報がまだまだ足りていませんね。だからほかの人に質問するのが難しいときは、Discordに来てもらえればと思います。

コミュニティに参加したり質問したりすることのハードルが高いなと感じたら、「インコレJAPAN」を見てもらえればと思います。参加しなくても、聞くだけでも「ほかの開発者も同じなんだ」って、ちょっとホッとすると思います。

――ありがとうございました。

おわりに

本書を執筆した経緯

さかのぼること2016年、私はUnity Technologies Japanのイベント「Unite 2016 Tokyo」にて、日本におけるインディーゲーム開発について講演しました。当時は日本で独立したゲーム開発者として活動している人は比較的少なく、Steamデビュー前であった私は「もっと仲間が増えてほしい」という一心で大舞台に挑戦しました。

それから5年。日本のインディーゲーム開発者をとりまく環境は、大きく変化しました。インディーゲームのパブリッシャーは急増し、ゲームエンジンや開発環境はさらに充実しました。それにともない、開発者を支えるプログラムも多数出現しています。ゲーム作りをはじめた人が実力をつけていくことができれば、こうした機会に乗ってさらなるチャンスを掴んでいくことができるでしょう。しかし、こうしたプログラムはどうしても「ある程度成功した人」に目を向けがちです。

私は、「ゲーム作りをはじめたばかりの人」が「最初の作品をSteamである程度販売した人」へステップアップするための情報こそが不足していると考えています。このギャップを埋めることが、まさに本書のテーマです。

正直なところ、本書で紹介したノウハウの半分は、パブリッシャーと契約して業務を任せれば解消できることです。しかし、すべてのゲーム開発者がパブリッシャーと契約できるわけではありませんから、異様に集中力が高い人か運が良い人を除いて、最初は「自力」でやらなくてはならないのです。

というわけで本書では、「個人や小規模チームが、ゲームの面白さ以外にやらなくてはならないことを」私の知るかぎりまとめました。ですが、これらは明らかに「多すぎ」です。本書で述べたノウハウを、みずからの力でたくさん積み上げなければ目立てない……という現在の構造は、どこかおかしいようにも思えます。もっと外部からのサポートが必要です。

日本のゲーム産業のこれから

日本発のゲームは「家庭用ゲーム機」という文化の発展に大きく寄与し、1980～90年代はまさに日本がゲームビジネスの天下をとっていたといっても差し支えなかったでしょう。しかし、2000年代の後半から、技術面でも売り上げ面でも海外に差をつけられる状況となりました。そして現在、スマートフォンゲームもまた超大規模化しつつあるなかで、企業から独立して小規模なチームでのゲーム開発に移行したり、学生のうちからゲームを販売してそのまま職業としてゲーム作家になる開発者が現れてきています。

大規模化したゲーム産業へのカウンターカルチャーとしての側面もあるインディーゲームは、本来であれば、日本の得意な「小規模かつ職人的な開発スタイル」に非常にマッチするはずです。しかし、インディーゲーム開発者をサポートし、育てる土壌がまだまだ限定的であるため、できる人が才能を発揮しにくい状況だと考えています。

最近になって徐々に環境が良くなってきたとはいえ、インディーに興味がある国内投資家はいまだごく少数であり、旧来のゲーム産業との距離感もあります。本来であれば、業界団体によるインディーゲーム開発者の制作活動を維持する基金などがあってしかるべきとは考えます。

そしてまた、日本のインディーゲームの周辺では悪いことも起きています。盛り上がっているところには当事者以外の輩も群がってくるものです。実績を横取りしようとしたり、下請け業務をやらせようとしたり、不要な中間業態やピンハネの構造を作ろうとしたりと、怪しい動きはたくさんあります。私は本書の執筆活動も含め「ゲーム開発者自身が知見の筋肉でムキムキになる」ということで、これに対抗していければと考えています。ゲーム開発者が必要としない中間部分を跳ねのける力をみなさんにつけてもらうことで、悪意ある人々を遠ざけられればと思っています。

私は日本のゲーム文化の発信力をさらに高めるために、大小さまざまなゲーム開発会社、パブリッシャー、インキュベーションプログラム、投資家、教育機関と省庁など、産官学のステークホルダーが一丸となって、インディーゲーム開発者をゲーム産業全体で支えるべきだと考えていますし、私自身もそのための活動を積み上げているところです。本書を執筆したモチベーションは、この重要性を説くことにもあります。

本書で書かなかったこと

本書の構想段階でリストアップされながらも、意図的にオミットしたテーマもあります。たとえば、投資家を対象としたピッチトレーニングや、その活動に必要な英語コミュニケーション、ファンコミュニティを作るための具体的なスケジュール、チームマネジメントなどです。これらの情報を入れなかったのは、私自身の経験がまだ浅いことと、日本国内ではそうした活動がまだ十分に活かせる状況になっていないことが理由です。日本ににインディーゲームのためのファンドや投資機会がそろってきたら、その情報もなにかの機会にまとめていきたいと考えています。

また、「マーケティング活動」についても、そのなかのいち要素でしかない「宣伝」要素に絞りました。マーケティングと宣伝はイコールではありません。マーケティングには、ゲームを作りはじめる前の競合調査や市場分析を通して、どんな市場を狙うのか戦略を立て、開発者が作りたいものとのすり合わせをして洗練させていくプロセスが含まれます。そして、チームのブランディングもマーケティングの一部です。しかし本書では、すでに開発がはじまっているゲームプロジェクトを良くすることにフォーカスするため、「宣伝」に絞りました。

現代においては、ゲームファンにゲームについて知ってもらった瞬間にゲームの体験ははじまっており、あなたはファンに価値を提供し続けなくてはなりません。その流れは、SNSでスクリーンショットがシェアされる前提での画面やシナリオの設計を考慮しよう、というところまで来ています。

同じように、ビジネスデベロップメントも入れなかったテーマです。どのような規模の投資を受け、会社自体をどう継続していくか、どのようなイグジットプランかという設計については、国内ではまだ事例が少なく、私自身も複数人のスタジオ運営のノウハウを持っていません。これは今後数年をかけて日本でさらに切り開かれていくだろう、と期待しています。

インディーゲーム開発者のあなたへ

最後まで読んでいただきありがとうございました。いろいろと言いましたが、最終的に私がこの本を通じて伝えたかったことは、とにかく「ゲームをリリースし続けてほしい」ということです。あなたの作りかけのアイディアを、とにかくリリースしてほしいのです。あなたの作品を遊びたいと思っているファンへ届けてほしいのです。そしてその活動を繰り返していってほしいのです。

私は、ゲームにおけるポリゴン表現黎明期の手触りを再現したアドベンチャーゲームである『Back in 1995』を作ったとき、「これだけニッチなテーマのゲームでも、好んで買ってくれる人が世界に1万人くらいはいるだろう」と予想して開発に踏み切りました。結果、2.3万本という（まあまあな）売上となりました。このプロジェクトは、たくさんの人に「狂気だ」と称え（？）られました。こうした経験もあり、私個人の好みとしては、荒削りだけど誰も見たことがない、ニッチだけど支持層が熱狂してくれるゲームこそがインディーゲームだと考えています。世界であなたしか持っていない狂気をゲームという媒体で表現できるならば、ぜひ挑戦し続けてほしいですし、本書がそうした作品の魅力を世界のゲームファンに届ける手助けになれば幸いです。

謝辞

本書は、私が5年ほどかけて実践したノウハウと、たくさんの開発者から学んだことを反映しています。日本のインディーゲームに関わるみなさまに多大なご協力をいただいております。私の経験が浅い箇所をカバーしていただいたHZ3 Softwareのyuta氏と一筆社の秦亮彦氏、開発者インタビュー全般のライティングを担当いただいたライターの葛西祝氏、そして全体を監修し素敵なコピーを作っていただいたPLAYISMの水谷俊次氏に心より感謝申し上げます。

また、開発者として査読にご協力いただいたilluCalab.のEIKI`氏、個人開発者のAchamoth氏、トライコアの由比建氏、税法についてのチェックをお願いしたSwitch税理士法人の鈴木雄平氏、ローカライズについて知見を共有してくださった矢澤竜太氏、作曲依頼について補足してくださった神山大輝氏、イラスト発注のアドバイスをくださったさかいあい氏、そして、快くインタビューの依頼を受けてくださったhako生活氏、おづみかん氏、斉藤敦士氏、ぬっそ氏、いたのくまんぼう氏、Daigo氏、川勝徹氏、大野真樹氏、asobuのチャオ・ゼン氏とアン・フェレロ氏、Unity Technologies Japan大前広樹氏、Epic Games Japan岡田和也氏に感謝いたします。素敵かつ真に迫るカバーイラストを描いていただいたイノウエ氏にご依頼できたことは本当に嬉しく思っています。また、本書への掲載を快諾いただいたサービス、ツールの提供会社さまにも感謝いたします。日本で前例のない書籍をと主張する私を支えていただいた技術評論社の村下昇平氏に大きなサポートをいただきました。ありがとうございます。そのほか、日本で活躍するの多数のインディー開発者のみなさまが共有してくださった知見が反映されています。

執筆は2年弱ほどの期間でしたが、それよりずっと前から「いずれはこういう本が必要だ」と考え、タスク管理ツールのなかで日々情報収集をしてきました。ですので、ここに挙げていない方からも影響を受けていると思います。当社の活動をサポートいただいているみなさま、私のゲーム開発活動を支えていただいたみなさまにも、この場を借りてお礼を申し上げます。

2021年10月5日
株式会社ヘッドハイ
一條貴彰

■ 著者プロフィール

一條貴彰（いちじょう・たかあき）

株式会社ヘッドハイ 代表取締役

個人ゲーム作家として、インディーゲーム『Back in 1995』を開発。2016年にSteamでリリース、2019年にNintendo Switch/PlayStation 4/Xbox Oneに展開。本書執筆時は次回作『デモリッション ロボッツ K.K.』を開発中。
コーディングの傍らで、ゲーム開発ツール会社の営業職に勤めていた経験を活かし、インディーゲーム開発者向けのツールやサービスを専門としたディベロッパー・リレーションズ事業を展開。技術書の執筆や、コミュニティー活動、インディーゲーム開発者向け情報サイト「IndieGamesJp.dev」の運営を通じて、日本でがんばる個人・小規模チームのゲーム開発者へ情報提供に努める。
2020年、インディーゲーム開発者専門のインキュベーションプログラム「iGi indie Game incubator」の創設メンバーとして関わり、現在はアドバイザーを務める。
'80s洋楽ポップスと国産クラフトビールが大好き。

■カバーデザイン・カバーイラスト
イノウエ

■本文デザイン
西岡裕二

■インタビュー協力
葛西祝

■税法監修
Switch税理士法人 鈴木雄平

■「ファン活動の促進」監修
HZ3 Software yuta

■「プレスリリースの作成と配信」監修
一筆社 秦亮彦

■著者写真撮影
電ファミニコゲーマー

■編集
村下昇平

■本書サポートページ
https://gihyo.jp/book/2021/978-4-297-12441-0
本書記載の情報の修正、訂正、補足については
当該Webページで行います。

■お問い合わせについて

本書に関するご質問は記載内容についてのみとさせていただきます。本書の内容に関係のないご質問にはー切お答えできませんので、あらかじめご了承ください。また、お電話でのご質問は受け付けておりません。書面、FAXまたは小社Webサイトのお問い合わせフォームをご利用ください。

〒162-0846
東京都新宿区市谷左内町21-13
株式会社技術評論社 雑誌編集部
『インディーゲーム・サバイバルガイド』係
FAX：03-3513-6173
URL：https://gihyo.jp/

ご質問の際には、書名と該当ページ、返信先を明記くださいますよう、お願いいたします。また、お送りいただいたご質問にはできる限り迅速にお答えできるよう努力しておりますが、場合によってはお時間を頂戴することがあります。回答の期日をご指定いただいても、ご希望にお応えできるとはかぎりませんので、あらかじめご了承ください。
ご質問の際に記載いただいた個人情報を回答以外の目的に使用することはありません。使用後はすみやかに個人情報を破棄します。

インディーゲーム・サバイバルガイド

2021年11月30日　初版　第1刷発行
2022年　1月26日　初版　第3刷発行

著者　一條 貴彰（いちじょう たかあき）
監修　PLAYISM（プレーイズム）
発行者　片岡 巌
発行所　株式会社技術評論社
東京都新宿区市谷左内町21-13
TEL：03-3513-6150（販売促進部）
TEL：03-3513-6177（雑誌編集部）
印刷／製本　港北出版印刷株式会社

ISBN 978-4-297-12441-0 C3055
Printed in Japan